建筑工人岗位培训教材

弱　电　工

（上册）

本书编写委员会　编写

中国建筑工业出版社

图书在版编目（CIP）数据

弱电工(上册)/《弱电工》编写委员会编写. —北京：中国建筑工业出版社，2018.12(2024.6重印)
建筑工人岗位培训教材
ISBN 978-7-112-23073-0

Ⅰ.①弱… Ⅱ.①弱… Ⅲ.①电工技术-教材 Ⅳ.①TM

中国版本图书馆CIP数据核字（2018）第287622号

本教材是建筑工人岗位培训教材之一。按照《弱电工职业技能标准》的要求，对弱电工应知应会的内容进行了详细讲解，具有科学、规范、简明、实用的特点。

本教材主要内容包括：弱电工程基础，管沟、管井施工，线管、线槽敷设，线缆敷设，设备设施安装，防雷与接地，工程管理。

本教材适用于弱电工职业技能培训，也可供相关职业院校实践教学使用。

责任编辑：李　明　李　杰　葛又畅
责任校对：王　瑞

建筑工人岗位培训教材
弱电工（上册）
本书编写委员会　编写
*
中国建筑工业出版社出版、发行（北京海淀三里河路9号）
各地新华书店、建筑书店经销
北京红光制版公司制版
建工社（河北）印刷有限公司印刷
*
开本：850×1168毫米　1/32　印张：10　字数：266千字
2019年2月第一版　2024年6月第四次印刷
定价：**27.00**元
ISBN 978-7-112-23073-0
(33135)

本书编写委员会

安徽省安泰科技股份有限公司
苏州朗捷通智能科技有限公司
北京中科软件有限公司
冠林电子有限公司
北京中科互联科技有限公司

出版说明

国家历来高度重视产业工人队伍建设，特别是党的十八大以来，为了适应产业结构转型升级，大力弘扬劳模精神和工匠精神，根据劳动者不同就业阶段特点，不断加强职业素质培养工作。为贯彻落实国务院印发的《关于推行终身职业技能培训制度的意见》（国发〔2018〕11号），住房和城乡建设部《关于加强建筑工人职业培训工作的指导意见》（建人〔2015〕43号），住房和城乡建设部颁发的《建筑工程施工职业技能标准》、《建筑工程安装职业技能标准》、《建筑装饰装修职业技能标准》、《弱电工职业技能标准》等一系列职业技能标准，以规范、促进工人职业技能培训工作，本书编写委员会以《职业技能标准》为依据，组织全国相关专家编写了《建筑工人岗位培训教材》系列教材。

依据《职业技能标准》要求，职业技能等级由高到低分为：五级、四级、三级、二级、一级，分别对应初级工、中级工、高级工、技师、高级技师。本套教材内容覆盖了五级、四级、三级（初级、中级、高级）工人应掌握的知识和技能。二级、一级（技师、高级技师）工人培训可参考使用。

本系列教材内容以够用为度，贴近工程实践，重点突出了对操作技能的训练，力求做到文字通俗易懂、图文并茂。本套教材可供建筑工人开展职业技能培训使用，也可供相关职业院校实践教学使用。

为不断提高本套教材的编写质量，我们期待广大读者在使用后提出宝贵意见和建议，以便我们不断改进。

本书编写委员会

2018年11月

前　言

国务院办公厅《关于促进建筑业持续健康发展的意见》（国办发〔2017〕19号）中提出了“加强工程现场建筑工人的教育培训。健全建筑业职业技能标准体系，全面实施建筑业技术工人职业技能鉴定制度”和“大力弘扬工匠精神，培养高素质建筑工人”的要求。同时也提出“推广智能和装配式建筑”和“在新建建筑和既有建筑改造中推广普及智能化应用”。

智能建筑在我国发展近30年，已经形成了建设领域的新兴产业和行业，未来发展潜力极大，智慧城市更是长期发展的愿景。为促进行业人力资源市场的发展，更好地为智能建筑施工、运营和管理服务，弘扬工匠精神，培育大国工匠，必须加快培养高素质的弱电工和新型产业化工人，使“弱电工”这支新兴产业工人队伍经过系统、专业的培训，德、智、体、美全面发展，成为理论知识扎实，基本技能强，富有创新精神的应用型工程技术人才。

为落实职业标准，规范工程现场建筑工人的教育培训，培养新型产业化工人，中国建筑业协会智能建筑分会组织国内行业知名企业专家、院校老师以及一线具有丰富工程施工经验的操作人员，根据住房和城乡建设部《弱电工职业技术标准》JGJ/T 428—2018具体规定编写完成本教材。

本教材共分为上册和下册。上册是以弱电工程施工顺序为主线，按照管沟管井施工、线管线槽施工、线缆敷设、设备设施安装的顺序编写，附以弱电工程基础、防雷与接地、工程管理的相关内容。下册是以智能化系统划分为主线，按照信息设施系统、公共安全系统、建筑设备管理系统、信息化应用系统、智能化集成系统、机房工程的顺序介绍智能化各子系统，以弱电工程施工顺序为辅线，描述设备安装、调试、联合调试和系统开通等相关知识。

其中，上册第1章由沈忠明、杜圣辉、李明荣、沈晔、罗德俊等编写；第2章由董玉安、张忠宏、陈应、方斌等编写；第3章由杜圣辉、王龙、王大伟、董倍琛、张敏等编写；第4章由杜圣辉、董倍琛、李翠萍、尹必康等编写；第5章由董玉安、李智、陈应、龚亮、李晓光等编写；第6章由杜圣辉、董玉安、王旭昕、刘亚峰等编写；第7章由程鸿、杜圣辉、李明荣、范同顺、温欣等编写。

本教材理论学习部分反映基础知识和各技能等级对应的专业知识、施工操作安全知识等。施工操作部分反映各技能等级对应的基本操作技能、工机具和仪器仪表的使用、施工安全操作、施工工艺标准等。

本教材文字通俗易懂，图文并茂。力求理论知识和实践操作相结合，理论内容以够用为度，重点突出操作技能的训练要求。充分注意了知识的覆盖面，以适应弱电工培训的需要。强调了影响施工质量和有关安全生产的相关内容。本教材内容符合现行标准、规范、工艺和新技术推广的要求，注重教材的实用性、科学性、规范性、针对性和可操作性。

本教材是弱电工开展职业技能培训的必备教材，也可供高、中等职业院校实践教学使用。

感谢住房和城乡建设部人力资源开发中心对本教材编写工作的支持。由于编者水平有限，书中难免存在缺点和不足之处，敬请各位读者批评指正。

目　　录

《弱电工》互动培训

一、弱电工程基础

（一）弱电工程概述

1. 弱电工程概念

(1) 什么是弱电工程

在建筑电气工程中，存在“强电”和“弱电”两类俗称。

所谓“强电”工程，一般是指在建筑工程中电压为380V/220V的交流供电、配电和用电设施、设备的安装工程，如为电梯、空调、照明、业务用电及各类机电设备的供电设施，包括供电接入、高/低压配电柜、供电箱和供电线路等。“强电”系统的主要功能是为建筑设备和用户提供电力能源。

所谓“弱电”，常见有两种，一种是指安全电压及控制电压等低电压电能，如24V直流/交流控制电源、应急照明灯备用电源等。另一种是处理、传输、呈现语音、图像、数据等电子信息技术系统。其显著特点是低电压、小电流、小功率。

根据《弱电工职业技能标准》的规定，本教材所指弱电工程是指“建筑智能化工程”，属于通常俗称为“弱电”的后一种类型。国外对弱电工程也有各种称谓，如：Low Current System Engineering、Extra Low Voltage Engineering 或 Weak Power Project 等。

“低电压”、“小电流”、“微弱功率”或“电子信息技术”这类表述难以准确阐明弱电工程（即建筑智能化工程）的基本概念。在我国已经兴起并得到长足发展的建筑智能化工程，应该对其赋予明确的定义：

弱电工程是智能化技术与建筑技术融合的建筑智能化工程。

其目的是建立以建筑物为平台，基于对各类智能化信息的综合应用，集架构、系统、应用、管理及优化组合为一体，具有感知、传输、记忆、推理、判断和决策的综合智慧能力，形成以人、建筑、环境互为协调的整合体，为人们提供安全、高效、便利及可持续发展的功能环境。

随着信息技术迅猛发展和我国经济建设蓬勃推进，20 世纪 90 年代起，从引入综合布线技术和产品，逐步以 3A、5A 的概念设计和建设现代建筑的智能化系统，到现在已经形成了一个包括设计、施工、运营在内的新兴产业，初步建立了智能建筑的工程技术标准和工程管理等体系。

当前，在“互联网+”政策驱动下，充分运用物联网、云计算、大数据、人工智能和新一代互联网技术，不断拓展和提升智能建筑的功能和品质，为智慧社区、智慧城市赋予新的含义，深刻改变着现代社会的生产方式和人们的生活方式，为我国现代化建设发挥着十分重要的作用。

（2）弱电工程基本内容

按照现行《智能建筑设计标准》GB 50314 的表述，当前弱电工程可以区分为如下 6 大部分：

1）信息设施系统

是指为满足建筑物的应用与管理对信息通信的需求，将各类具有接收、交换、传输、处理、存储和显示等功能的信息系统整合，形成建筑物公共通信服务综合基础条件的系统。主要包括信息接入系统、布线系统、移动通信室内信号覆盖系统、卫星通信系统、用户电话交换系统、无线对讲系统、信息网络系统、有线电视及卫星电视接收系统、公共广播系统、电子会议系统、信息导引及发布系统、时钟系统等子系统。

2）建筑设备管理系统

是对建筑设施、设备实施自动监测、控制和综合管理，确保建筑设备运行稳定、安全及满足物业管理的需求。实现对建筑设备运行优化管理及提升建筑用能功效，并且达到绿色建筑的建设目标的系统。建筑设备管理系统主要包括建筑设备监控系统、建筑能效监管系统等子系统。

3）公共安全系统

是指为维护建筑的公共安全，运用现代科学技术，具有以应对危害社会安全的各类突发事件而构建的综合技术防范或安全保障体系综合功能的系统。公共安全系统主要包括火灾自动报警系统、安全技术防范系统和应急响应系统。其中，安全技术防范子系统还可细分为入侵报警系统、视频安防监控系统、出入口控制系统、电子巡查系统、访客对讲系统、停车库（场）管理系统和安全防范综合管理平台等。

4）信息化应用系统

是指以信息设施系统和建筑设备管理系统等智能化系统为基础，为满足建筑物的各类专业化业务、规范化运营及管理的需要，由多种类信息设施、操作程序和相关应用设备等组合而成的系统。主要包括公共服务系统、智能卡应用系统、物业管理系统、信息设施运行管理系统、信息安全管理系统、通用业务系统和专业业务系统等子系统。

5）智能化集成系统

是指为实现建筑物运营及管理的目标，基于统一的信息平台，以多种类智能化信息集成方式形成的具有信息汇聚、资源共享、协同运行、优化管理等综合应用功能的系统。主要包括智能化信息集成（平台）和集成信息应用两部分。

6）机房工程

是指为提供机房内各智能化系统设备及装置的安装和运行条件，以确保各智能化系统安全、可靠和高效地运行和便于维护的建筑功能环境而实施的综合工程。常见弱电机房包括信息接入机房、有线电视前端机房、信息设施系统总配线机房、智能化总控室、信息网络机房、用户电话交换机房、消防控制室、安防监控中心、应急响应中心和智能化设备间（弱电间、电信间）等。工程内容主要包括机房供配电、通排风与空调、火灾报警与灭火、安全防范、设备安装与布线、机房环境监控、防静电与屏蔽以及机房装饰装修等，具体内容因机房内设备、装置的数量及运行环境要求等因素决定。

随着新技术、新产品、新材料不断涌现和应用的不断拓展和深化，弱电工程所涵盖的范围必将进一步延伸和扩展。

(3) 民用建筑智能化系统应用

按照使用功能民用建筑除工业建筑外，主要分为住宅建筑和公共建筑两大类。因使用、管理等因素，对智能化系统的配置需求也各具特色。

1) 住宅建筑中的弱电工程

为改善城市居民居住条件，特别是1994年《国务院关于深化城镇住房制度改革的决定》颁布后，住房正式由实物分配走向货币化市场供求的方式。由此，住宅的质量和品位逐步成为销售的重要因素。住宅建筑的智能化作为商品住宅的销售“亮点”和市民对于现代生活的向往而蓬勃兴起。各地政府作为重要的民生问题还陆续出台了一系列住宅和住宅小区智能化建设的规范和指导性文件。在《智能建筑设计标准》GB 50314中对住宅建筑智能化系统的配置也做出了指导性要求，成为我国住宅建筑弱电工程实施的基本依据。

我国新建住宅建筑一般实行“成片开发，集中管理”的模式，按照地域和管理区分形成住宅小区，进行封闭式管理。每个住宅小区一般由业主委员会委托一个物业管理企业进行管理和服务。住宅小区弱电工程主要以便捷信息通信、强化安全防范、优化管理服务为目的，常见配置如图1-1所示。

信息设施系统的通信网络接入、光纤到户的布线系统、计算机网络系统、有线电视系统等已经成为住宅小区的基本配置，高层住宅建筑和具有地下设施的住宅小区中，移动通信室内信号覆盖系统也成为必需。上述系统为居住业主语音、图像、数据通信提供了基本保障。

公共安全系统成为小区弱电工程的基本配置，并与小区建筑

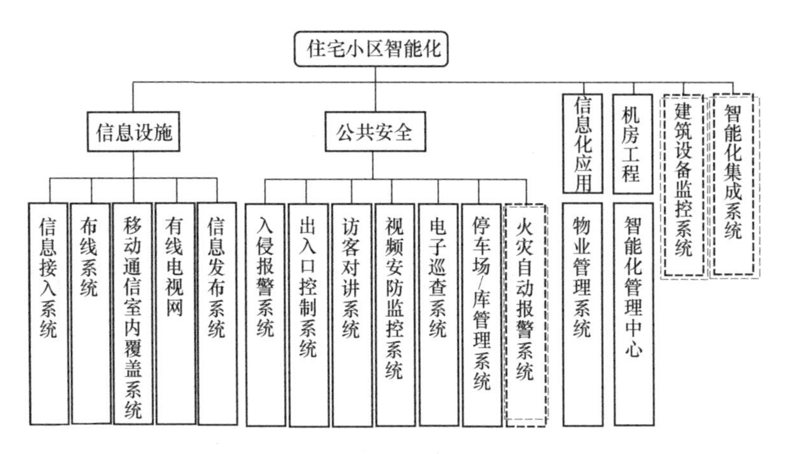

图 1-1　住宅小区智能化系统常见配置

的物理隔离、安保巡查和管理共同构成技防、物防和人防“三位一体”的业主安居保障。鉴于住宅小区封闭式管理的特点，住宅小区的入侵报警系统一般包含有周界入侵报警和住户报警求助系统两个部分。访客对讲系统和门禁系统对住宅单元、住宅小区出入口等进行控制和管理。停车场/库管理系统对进出小区机动车辆进行控制和管理。住宅小区的各个出入口、主要通道和重点部位设置摄像机，联网至安防监控中心予以集中显示、存储和监控，构成完整的视频安防监控系统。有的小区还在周界报警防区（特别是河道等无建筑围栏的区域）设置摄像机，为入侵报警信息进行图像复核。电子巡查系统对小区安保巡逻进行管理。一些高层建筑和设有地下设施的建筑还会依据规范要求设置火灾自动报警系统。上述各公共安全子系统的中央管理部分均集中于安保监控中心（或与消防控制室合用），配置保安人员 24 小时值守，随时响应小区报警和居民紧急求助。

物业管理系统为每个住宅小区物业管理企业配置。它为小区科学管理和优化服务提供技术条件。小区物业管理系统一般具有小区建筑物业、公共设施设备、居住业主、安全保卫、租售服务、财务、人员管理等功能模块。

住宅小区弱电机房包括信息设施系统的信息接入机房、电信间、前端设备机房、楼层设备箱、弱电井等。火灾自动报警系统一般汇集于消防控制室，公共安全系统均汇集于安防监控中心机房。为便于管理，住宅小区中的消防控制和安防监控共用一室，称“消控中心机房”。

一些住宅小区还配置智能化集成系统，将物业管理系统和小区各类智能化、信息化系统集成于一个平台上。显著提升信息共享和系统联动功能，对优化小区管理服务提供了良好的技术条件。

住宅小区因需要受监控的公共设备数量有限，建筑设备管理系统一般不予建设，只有少数拥有较多公共设施的住宅小区才配置建筑设备监控系统，对小区路灯、地下车库、小区公建配套设施等进行自动控制与管理。

2）公共建筑中的弱电工程

这里所指公共建筑是指民用公共建筑。公共建筑因业务不同而类型繁多，如办公建筑、旅馆建筑、文化建筑、博物馆建筑、观演建筑、会展建筑、教育建筑、金融建筑、交通建筑、医疗建筑、体育建筑、商店建筑等。公共建筑中的智能化系统配置具有以下一些基本的特点：

① 对通信设施具有较高的要求

现代建筑为满足不同单位或部门内部通信的需要，在同一建筑物或建筑群中往往需要建立多套独立的用户电话交换系统和计算机信息网络系统。为节省资源和造价，通常可以由电信运营商建立虚拟交换网。对于保密要求较高的办公建筑，则需要单独建网，除设置信息安全管理系统外，还需“物理隔离”，甚至采用屏蔽传输网络等措施。

② 火灾自动报警与公共广播系统成为必备配置

鉴于公共建筑和建筑群内人员集中且不固定的特点，必须配置火灾自动报警和公共广播系统。火灾自动报警系统按防火分区配置火灾探测器，系统还应联动消防灭火系统。

具有业务广播、呼叫广播、分区广播功能的公共广播系统为日常业务和管理提供条件，还与火灾自动报警系统、应急指挥系统联动，满足应急广播的需求。因此，公共建筑内具有应急广播功能的公共广播系统应采取可靠的供电措施，选用阻燃型传输线缆，以便在发生各类灾害时应急广播系统能够坚持工作到最后。

③ 建筑设备管理系统成为绿色运营的支撑

现代建筑应当低碳运营，其运营数据成为“绿色建筑”的评价指标。因此，各类公共建筑必须配置比较完善的建筑设备监控系统，对供配电、空调通风、照明、给排水和电梯等机电设备设施进行智能化管理，从而优化设备设施的运行，切实降低建筑设备耗能。此外，还需要对建筑能耗进行分项计量，通过数据分析，对建筑用能实行精准控制和科学管理。

④ 系统集成成为公共建筑弱电工程的亮点

现代公共建筑集中配置有各类功能的智能化子系统，智能化集成系统能够实现信息充分共享和系统间自动联动控制，最大程度发挥系统的作用，从而成为衡量现代建筑智能化水准高低的重要标志。

常见有应急指挥集成平台，它将建筑设备监控系统、公共安全各子系统、公共广播系统、信息导引系统和通信系统等接入同一平台，实现在突发事件等紧急状态下自动报警、自动广播、自动引导疏散和逃生的功能。

⑤ 弱电机房成为系统运行的重要保障

各类公共建筑或建筑群中均配置有各类弱电机房。弱电机房担负着各类弱电系统设备运行，传输线缆汇聚、交接、系统集中控制和管理等作用。弱电工程的设备安装、线缆交接大多集中于弱电机房，系统运行、维护也往往集中于机房。

合理布局各类弱电机房成为衡量弱电工程设计的重要内容。工程实施过程中，机房工程质量成为整个系统工程质量的重要标志。弱电系统设备集中于各类机房，各子系统调试和集成也在机房内进行，系统交付后的使用操作也集中于机房，系统检查和维护一般也都从机房开始。因此，保障各类弱电机房环境正常、系统设备运行正常成为机房使用和管理的重点。

在现代互联网、大数据、云平台技术日益发展的推动下，各类各级“数据中心”——一种独立的、专业的、高标准的弱电机房陆续投入建设与运营。

⑥ 信息化应用成为建筑功能提升的重要标志

信息化应用系统对建筑物高效、节能运营起着十分重要的作用。如信息安全管理系统为各类通信网络起着“保驾护航”的作用；物业管理系统显著提高了管理服务的效率和水准；智能卡应用系统为人员身份识别、出入口管理等提供便利；银行、医院的排队叫号、自助缴费等公共服务系统明显地改善了公共场所的秩序；政府部门为民服务窗口的各类信息化业务应用系统，极大地提升了服务质量、效率和水平……总之，现代建筑和建筑群智能化功能发挥是否充分，很大程度取决于建筑物或建筑群内信息化应用系统是否完备和运行正常。

2. 弱电工程特点

（1）弱电工程是建筑的分部工程

在建筑工程中，弱电工程与供配电工程、给水排水工程、机电安装工程等一样，属于建筑工程中的分部工程，各子系统成为其分项工程。因此，弱电工程具有分项工程的基本特点。

1）弱电工程设计依赖于建筑主体工程

弱电工程设计必须依据建筑功能需求与定位。在施工过程中，一旦主体设计发生变更，弱电工程设计应及时跟进，做出相应调整。弱电工程设计需要变更时，必须经建筑主体设计允许和认可。特别需要注意弱电工程中的管沟、管井、线管、线槽、预埋箱/盒和设备安装基础/基座、用电量以及弱电设备运行和系统管理的特殊需求等应体现在建筑施工图中。

2）弱电工程必须纳入建筑工程实施总体计划

弱电工程各个施工环节必须依据主体工程实施计划和进度来确定，弱电施工计划应纳入建筑工程总计划之中。只有这样，弱电工程的实施才能够得到必要的支撑和配合。

一般情况下，弱电设备的基础/基座、预埋箱/盒等的安装应纳入土建工程计划。弱电系统室外管沟、管井和设备安装基座、立杆等必须纳入建筑室外总体工程进行统一计划、有序实施。建筑墙面的孔、洞和管槽、管沟应当纳入土建或装饰工程统一计划和实施。弱电系统防雷、接地及等电位连接盒也应当在土建工程中统一计划。

（2）相辅其他分部工程

弱电工程与其他建筑分部工程具有密切关系，弱电工程的设计和施工必须与其密切协调与统筹。

1）与供配电工程的关系

① 弱电工程系统设备用电部位、供电方式和用电量需求应适时纳入供配电计划之中，以利于供配电设计具体落实供电接入，配置相应配电柜或配电箱。在弱电系统设备上电、系统调试过程中，应取得供配电安装工程实施单位和人员的支持和协助。

② 具有供配电监测系统和用电分项计量系统的弱电工程，应依据供配电系统设计确定监测点和计量方式，具体落实监测/计量设备和器件的安装部位和安装方式，确定系统传输线缆敷设路由、敷设方式和接续方法。在设备安装、线缆接续和系统调试过程中，还应取得供配电安装工程实施单位的支持和配合。

2）与给水排水工程的关系

① 具有给水排水监控系统的弱电工程，应依据给水排水设计资料确定系统监控点、监控方式，并根据监控系统设计要求协助完善给水排水系统设计，具体落实监控设备和器件安装部位和安装方式。系统设备安装和系统调试需取得给水排水安装工程实施单位和人员的支持和配合。

② 具有给水排水需求的弱电工程（如大型弱电机房采用水冷却方式）中，应事先将冷却需求提交专业单位设计，并由给水排水配套工程企业具体实施。弱电工程调试和运营时应取得配合。

3）与冷热源、空调、新风系统配套工程的关系

① 具有空调、新风、冷热源监控系统的弱电工程，须依据冷热源、空调、新风系统设计资料确定系统监控点、监控方式，具体落实监控设备和器件安装部位和安装方式，确定系统传输线缆敷设路由、敷设方式和接续方法。同时，根据设备监控系统设计要求协助完善空调、新风、冷热源系统的设计。在设备安装和系统调试过程中，还应取得空调、新风设备和冷热源安装工程实施单位和人员的支持和配合。

② 弱电工程中，除单独作为弱电机房工程另行设计和配置空调、新风系统外，在配置有弱电系统设备并对环境温度等具有要求的电信间、接入机房、控制室、弱电间等，应事先将环境温湿度指标要求提交给相关设计单位，以便纳入建筑空调、新风系统设计之中。

4）与照明、电梯等机电设备安装工程的关系

① 具有照明、电梯等机电设备监控系统的弱电工程，须依据机电设备系统设计资料确定系统监控点、监控方式，具体落实监控设备和器件安装部位和安装方式。同时，监控系统的设计可以帮助完善照明、电梯等机电设备系统设计。在弱电工程安装和系统调试过程中，须取得相关机电设备安装工程实施单位和人员的支持和配合。

② 弱电工程各类弱电机房具有照明要求，应将其及时提交相关专业单位设计，在建筑照明工程中一并实施。

5）与市政通信工程的关系

建筑与建筑群中的信息设施系统（用户电话交换系统、计算机网络、有线电视、移动通信覆盖等）需要与市政通信设施接入，成为城市通信网络的“最后1公里”。为此，任何城市建筑在规划设计时就应将有线电视和电信运营单位作为不可或缺的配套设计和实施单位。弱电工程在设计阶段应当遵守城市信息网络建设运营的政策法规和技术规约，在工程实施过程也必须与相关管理和运营单位相互协商和合作。需要配合的主要内容如下：

① 施工前准备

施工准备阶段应当与当地的电信、移动通信、有线电视等运营企业接洽和协商，主要解决以下事项：

(a) 市政通信网络接入。包括接入方式、接入机房和内外通信网络交接的工程界面。对于多个电信运营商接入的项目，需要解决内部通信网分别接入不同电信网络的相关技术问题。

(b) 城市有线电视网络接入。包括有线电视接入前端的位置，内部有线电视分配网与前端设备接入方式与工程界面。如有线电视运营企业直接完成系统信息入户，则应协调落实线缆敷设路由、管路和桥架区分、中间设备分布及安装方式、用户端共用信息配线箱等具体事项。对于具有卫星电视接收和有线电视共用内部分配网络的，还应协商空余频道占用等事项。

(c) 无线移动通信覆盖。在移动通信运营商完成覆盖设计后，应当与建筑弱电工程设计进行协调，特别要避免与无线对讲系统发生交叉影响。

此外，弱电工程还需要与装饰装修工程协调，取得配合和协同，以便于提升弱电设备安装的美观度，并避免返工。

② 施工过程协同

施工过程中应当将弱电工程施工内容与上述电信运营商施工单位协商一致，纳入统一施工计划之中，相互配合施工。

③ 系统调试检测协同

凡是接入城市信息网络的弱电系统，应当检验接入端预定达到的信号端数量、传输带宽以及信号强度和信号质量，并记录在案。

④ 工程验收

涉及城市网络接入的弱电工程子系统的验收应当与相关接入网同步验收或随后验收。

(3) 弱电工程贯穿于建筑的全生命周期

1) 弱电系统运行维护

弱电工程各系统在建筑运营过程中应始终处于运行状态，多数系统为昼夜不间断地工作。一旦系统出现故障，建筑应有的功能就会失效或降低，直接影响入驻单位和人员的业务工作和正常生活，降低建筑物使用价值和市场价值。因此，弱电系统维护必须得到重视，克服“重建轻管”现象，切实落实系统维护的经费、人员和制度。

弱电系统正常寿命远低于建筑物一般寿命。因此，在建筑全生命周期内，弱电系统必将面临多次改造和升级。

① 弱电系统运行一段时间（一般5～8年）后，因设备陈旧或线路老化，需要进行较全面的系统更新改造。此类弱电改造工程往往只涉及设备的更换和传输线缆局部整修，应当按照原设计资料和实际现状实施。系统更新或整修后应当重新调试，完善和补充图纸和资料，满足随后运维需要。

② 信息技术及其产品发展迅速，建筑物业主使用需求随之增长，为保持或提升物业价值，弱电工程需要按照新的技术系统或新的产品进行升级改造。对于此类工程，应当在既有建筑继续使用的基础上，根据改造升级的内容和新一代技术产品特点进行重新设计。设计过程中，应努力利用原有管/槽、箱/柜和线缆路由，避免或减少对建筑和装饰的影响。工程结束后应按照新建弱电工程的要求进行验收与交付。

2）改扩建工程的弱电工程

既有建筑改、扩建项目是建筑工程重要内容。此类项目中的弱电工程，与新建建筑项目一样，是改扩建主体工程的一个分部工程。

为适应新业务需求，既有建筑业态变更或新增业务的现象十分普遍。诸如办公建筑改变（或增设）为文化设施、教育设施，生产建筑改变为商业设施或数据中心等。此类项目中，往往保留既有建筑结构、框架和外墙，而建筑内部使用功能全部或局部作了改变。

在某些项目（如利用既有建筑改建为数据中心）中，弱电工程会成为项目的主体，供配电、给水排水、暖通等设备安装、装饰装修等工程均需围绕弱电工程的要求进行，成为该项目的分部工程。此种弱电工程中的项目经理除对弱电系统工程实施管理外，还应当担负起其他分部、分项工程的管控和协调。

3. 弱电工程实施

弱电工程与其他建筑工程一样包括设计和施工两个阶段。设计阶段一般包括方案设计、初步设计、施工图设计和深化设计四个环节，其实施的一般程序如图 1-2 所示。

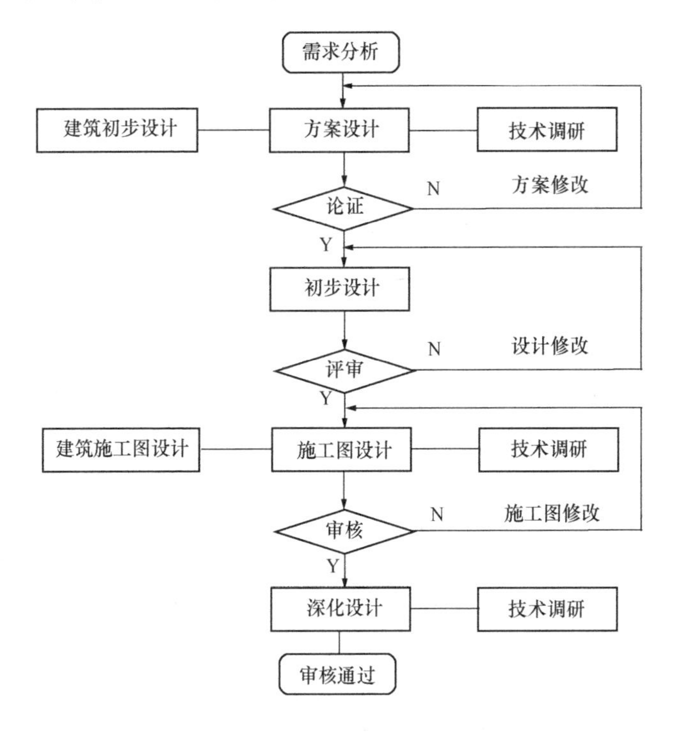

图 1-2　弱电工程设计阶段一般程序

当设计与施工由两个企业承担时，设计企业一般完成至施工图设计为止。深化设计一般由具有《建筑智能化设计资质》的专业单位进行。常见其设计文件中注有“由专业单位进一步深化”的说明。当弱电工程设计与施工由同一个企业承担时，常常将施工图设计与深化设计合并为一个环节进行。

“深化设计”通过“设计说明”和相关图纸中的文字、符号具体明确施工作业的内容和方法。深化设计还应满足设备材料采购、非标准设备制作、施工和调试的需要。

弱电工程的施工阶段按作业程序先后划分为施工准备阶段、安装调试阶段、试运行和验收交付阶段。一般程序如图 1-3 所示。

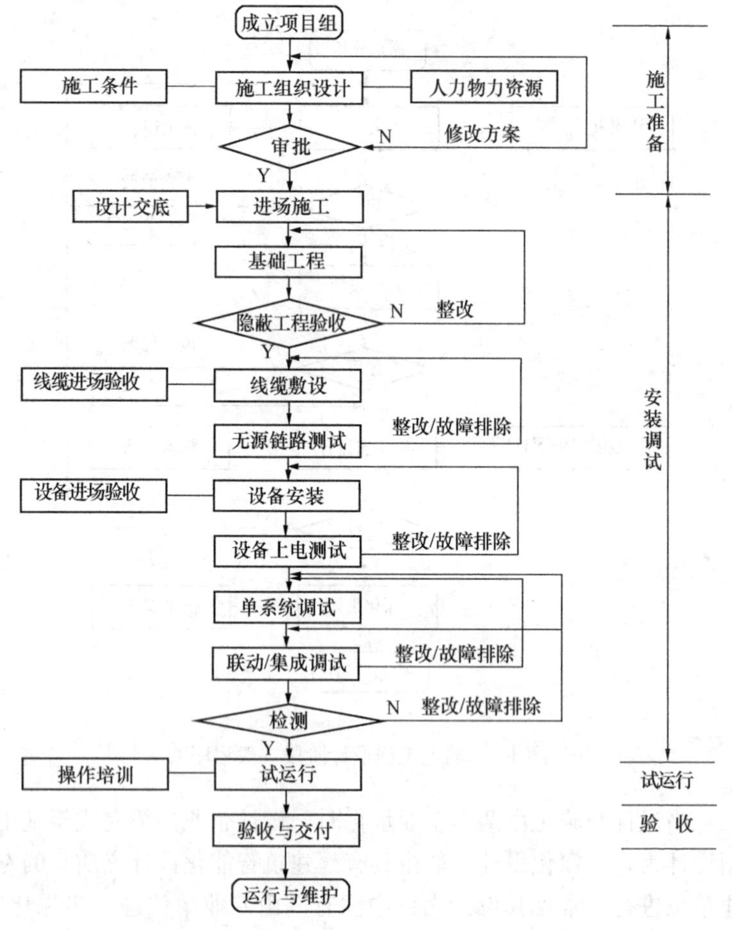

图 1-3 弱电工程施工阶段作业一般程序

弱电工是安装施工阶段作业的基本力量，在各施工阶段具有不同的作业内容和要求。

（1）施工准备阶段

1）设计交底

弱电工程安装施工的“设计交底”环节，除项目经理必须参加外，参与该项目的一级和二级弱电工可根据需要一并参加设计交底。

通过设计交底，使施工组织者和参与者进一步理解设计文件，弄清本工程的目标与要求、施工范围和内容、作业时机及与相关方作业界面的分割等。弱电工还可以依据项目现场实际和自身对弱电工程积累的经验，对设计或施工实施方案提出合理化建议。

2）施工组织设计

“施工组织设计”是施工作业的纲要，应依据工程实施全过程的分析，围绕人、机、料、法等因素和环节展开描述。项目不同，编制的内容和侧重点也有所区别。一般应包括以下基本内容：

① 弱电工程项目描述，说明项目来源、位置、规模、功能、定位及对弱电系统具体要求；

② 工程施工作业团队描述，包括工作岗位、职责区分以及全部作业人力组织构成；

③ 描述弱电工程各子系统功能需求、系统配置特点、施工作业内容、作业时机和作业要求；

④ 施工各阶段对工、机具和测试仪器仪表的需求计划；

⑤ 弱电工程各系统设备、材料需求清单和需求时限；

⑥ 施工现场设施布局、用途和管理措施；

⑦ 工程质量保证措施，对重要环节或首次实施的内容应明确施工方法和工艺要求；

⑧ 弱电工程进度计划，应根据土建工程和其他相关分部工程进度要求和自身施工能力编制；

⑨ 安全生产和文明施工的措施和保证；

⑩ 在系统调试、培训和验收环节相关技术人员和技术资料的配合需求；

⑪ 总包和其他分包单位协调和配合的需求；

⑫ 其他与施工质量、进度、成本控制有关的事项。

《施工组织设计》一般由项目经理编制，一、二级弱电工应当协助项目经理编制，以求合理组织、优化计划和科学调配资源，保证工程进度和质量，并努力降低成本。

《施工组织设计》应在弱电工程施工企业管理部门同意后，送交项目总包方、建设方或监理方批准，方可进场施工。

（2）安装调试阶段

弱电工的作业内容一般包括基础工程、线缆敷设、设备安装、单系统调试、系统联动和集成调试、试运行和验收交付等环节。

各作业环节的主要内容和基本要求如下：

1）基础工程

基础工程是指完成线缆敷设和设备安装所需要的基础条件的子项工程。从施工的区域划分，弱电基础工程可以区分为建筑室外工程和室内工程两大部分。

室外弱电基础工程主要包括：电缆管沟的开挖和被覆、电缆管井的砌筑、电缆管的敷设、室外设备地面安装基础（基座）的砌筑、室外设备安装立杆的固定、室外设备箱的安装、弱电系统接地装置的安装等。室外弱电基础工程应当纳入建筑外场总体工程，与室外交通道路、绿化景观、供热供气、给水排水、供电和电信接入等室外工程统一设计和规划，并纳入整体施工计划，协调分步实施。

建筑物室内弱电基础工程包括：墙面槽、孔的开凿与被覆，设备安装基座/基础的制作和砌筑，弱电线管、线槽的敷设，设备安装支架/吊架的制作和固定，设备柜/箱/盒的安装和预埋，接地设施和等电位连接器件的安装等。室内弱电基础工程应当与土建结构工程、室内装饰工程和其他室内分部分项工程统一计划，分步实施。

基础工程中需要被覆的部分，应在被覆前申请“隐蔽工程验收”，验收合格后方可被覆。

弱电基础工程中需要使用大型工、机具时（如挖土机、风镐、吊车等）应事先计划，由专业单位实施。需要专业工种承担的业务（如供配电接入、金属切割与焊接等）应交具有相应职业工种资格的技术工人完成。

弱电基础工程应单独自检或验收，填写自检记录或验收表单，连同隐蔽工程验收记录一起作为工程文档予以保存。

2）线缆敷设

弱电工程中使用的线缆因各子系统技术要求不同而相异，种类和规格型号繁多。按照功能区分，有通信线缆、控制线缆和供电线缆等三大类，其中通信线缆中又有语音通信线缆和数据通信线缆的区分。按照通信阻抗有 50Ω、75Ω、100Ω 等不同阻抗。按照传输介质，分为电缆和光缆两种。按照干扰防护特性，有屏蔽和非屏蔽之分。按照防护层性质区分，又有普通型、防水型、阻燃型、防火型等。按照芯线类型，有单芯、多芯和单股、多股之分。每一类线缆又有不同线径规格的区别。不同型号、不同规格的线缆具有不同的特性，其直接决定着系统性能和指标，因此在设计文件中对使用线缆均注明了名称、规格、型号和品牌，有的还注明了产地。

线缆敷设必须在线管、线槽敷设完毕，设备柜、箱、盒、立杆、支架安装就绪，线缆敷设路由畅通后进行，并尽量接近系统设备安装的时机。

室外工程中，系统线缆常见穿管埋地敷设，而在既有建筑弱电工程中也有架空敷设和沿墙明敷的情况。室内工程中，常采用穿管敷设和线槽敷设。

弱电工程中允许不同系统多根线缆同管、同槽敷设，但必须按照设计文件要求进行，防止传输信号间的相互干扰。管、槽敷设线缆应当留出足够的空余（40%～50%），以利系统维护、扩充和升级。

线缆敷设后应及时全面地进行无源链路测试，检测电缆的通断、环阻和绝缘，检测光缆的通断和光衰。测试的数据应对照线缆技术说明书或设计要求的指标，发现不合格应立即更换并重新敷设。

线缆敷设、测试完毕，应及时进行防护，包括：线槽上盖、管口封堵、柜/箱锁门等，必须裸露的线缆应采取相应保护措施，并加以标记标识，防止其他施工工序在实施过程中损伤已敷线缆。

3）设备安装

弱电系统设备、器件的品种和类型繁多，功能各异。设备进场应严格点验。依据设计文件和装箱说明书认真清点设备和附件，核查设备名称、规格型号、品牌、制造商、产地及本机序列号，还应采用直观法检查设备包装和设备本身有无破损、变形等外部损伤，并填写设备进场点验表。有条件情况下还应上电检查。必要时，重要和关键设备可委托专业机构进行查验。

设备进场时机应适时，尽量避免长时间在施工现场保管。需要现场临时保管时，应保证仓库环境和保管条件符合设备存放要求，须严格出入库制度。

弱电系统设备和器件在不同环境和条件下安装，其方式也各不相同。常见的安装环境和条件如下：

① 标准机柜、机箱内安装。如弱电机房、电信间等场所均配设相应规格的机柜、机箱，弱电系统设备均安装于其中。

② 预设基础、基座上安装。如弱电机房 UPS 往往在地面预设的基座上安装，卫星电视接收天线一般在建筑物顶部预设基座上安装。

③ 支架、吊架和立杆上安装。如音箱一般均预设支架或吊架安装固定，室外空旷区域安装监视摄像机时需要预设立杆。

④ 地面/墙面/顶面/桌面安装。弱电系统各类信息终端模块

通常都固定于标准面板，并安装于地面、墙面、顶面或桌面预设的安装盒内；线缆式漏水探测器常直接敷设于地面。

⑤ 管内、外安装。弱电系统中流量、压力、压差等探测传感器需要安装于液体或气体管道之中。特别应注意管道接口口径，实现无差别连接。BA系统中的驱动执行器等需要固定于管路外部。

4）调试

调试是弱电工程中的重要环节之一，是保证设备正常运行和系统功能、性能全面实现的基础。

弱电工程调试包括设备调试、单系统调试及系统间联动和集成系统的调试，应依次进行。

① 设备调试

系统设备、器件在安装后随即应进行检查和调试。例如：通信网络设备安装完毕，检查供电正常，即可上电查看设备运行显示是否正常；各类视频显示器件上电查检显示屏幅、亮度、色彩、对比度等直观指标并调试至适当量值；扬声器安装时应查检其放音状况；视频监控摄像机安装后应立即上电对监视方向、镜头配合、云台配置等方面进行调试；火灾报警探测器和入侵探测器安装时须对防区覆盖、探测灵敏度进行调试；BAS系统前端探测传感器应在安装同时查验其探测灵敏度；能耗计量表具安装后应随即查检其计量精度和量程；驱动执行器件安装时应对驱动灵敏度和可靠性进行查检等。发现问题应随即调整或更换。只有这样，才能尽可能地减少工程作业量，避免不必要的返工。

② 通信链路测试

通信链路是系统信息正常传输的保障，它包括系统设备之间的传输线缆、连接器件，有的还包括传输链路中的信号放大或转换设备。弱电系统调试前必须对系统的通信链路进行测试。不同子系统对通信链路具有不同的技术要求，应当按照设计要求和系统设备通信需求对相关的性能指标进行测试。

通信链路测试由三级以上弱电工在专业工程师指导下完成。

被测系统的技术指标、使用的测试仪器仪表和测试方法应取得专业工程师的指导，测试结果应即时送报专业工程师审核。如测试结果不符合预期要求，应在专业工程师指导下对通信链路中相关线缆、器件和设备进行修复、调整或更换。

测试过程填写的测试记录应妥善保存和汇集，归入工程验收文档。

③ 系统前端部分调试

不少弱电系统前端部分自成系统，即使脱离整个管理系统也能实现相应的使用功能。例如，BAS系统中包括DDC在内的现场控制系统、入侵报警系统中前端报警控制系统、停车场（库）管理系统中出入口控制系统等。这些前端设备系统都需要在整个系统调试前进行设置和调试，达到正常状态。

④ 单系统调试

单系统是指《智能建筑设计标准》GB 50314中通信设施系统、建筑设备管理系统、公共安全系统、弱电机房工程中的各个子系统，不包括智能化集成和信息化应用系统。这些子系统均能通过相关设备连接和管理软件配置进行独立运行，可单独发挥其使用功能，具有衡量其品质的独立的技术指标。

单系统调试是实现系统功能并达到预定技术性能指标的作业，应当在专业工程师指导下进行。一般应按照如下步骤实施：

(a) 调试准备——系统调试必须编制调试预案，落实调试组织，确定调试和配合作业人员及其职责。调试前组织相关人员阅读设计文件和系统产品技术说明书，掌握系统设计的目的、要求，熟悉系统使用功能及其性能指标，了解调试程序和方法。同时，应提前准备测试工具和仪器仪表，熟悉操作方法。

(b) 软件部署——系统管理软件部署是系统调试的重要组成部分，应按软件技术文档要求配置系统管理计算机（包括操作系统、硬盘、内存、外设等），部署系统管理软件安装、运行环境，按照规定步骤安装系统管理软件。

(c) 畅通通信——管理软件安装后，对系统管理范围内所有设备分配和设置通信地址或编码，保证管理计算机与所有设备保持正常通信状态。

（d）功能检验——提供或设置规定条件，逐一检验系统所有功能，应符合设计要求。

（e）性能检测——使用相关仪器仪表在规定条件下测试系统各项技术性能，应达到设计要求或产品说明书规定的指标。

（f）填写系统调试记录表——将调试过程各项内容和数据填入《系统调试记录表》，签字确认并归档。

所有功能均能实现且达到规定性能指标，单系统调试就完成了。

⑤ 信息化应用系统调试

各类信息化应用系统对于管理和业务开展具有重要作用，且因管理和业务的不同而各异。信息化应用系统的调试一般应在上述各子系统调试完成的基础上进行。

系统设备和软件安装应在专业工程师指导下可由二级以上弱电工实施，系统调试还应与从事管理和具体业务使用单位有关人员共同完成。

⑥ 系统集成和联动调试

智能化集成系统的调试必须在各子系统调试合格的条件下，在专业工程师指导下进行。一般按照如下步骤进行：

（a）配置平台硬件——按照设计和集成系统软件的要求配置平台硬件，诸如计算机、服务器、存储单元等，并组成通信网络。

（b）部署平台软件——在规定环境下安装集成管理软件和相关软件。

（c）开发接口软件——按照子系统技术特点和协议标准选用接口硬件或编制接口软件。

（d）连接子系统——将各子系统纳入集成平台网络，并通过接口保持平台与子系统正常通信。

（e）信息共享——统一定义应用数据，确定数据转换格式，完成设计要求的系统间信息共享，并逐项查验，应符合设计要求。

(f) 联动驱动——在单系统驱动基础上验证系统间联动驱动的功能，应符合设计规定的要求。

(g) 性能检测——使用相关仪器仪表或测试软件对集成性能逐一测试，达到规定的指标。

(h) 填写系统调试记录表——将调试过程各项内容和数据填入《集成调试记录表》，签字确认并归档。

系统集成和联动调试一般在专业工程师指导下由一级弱电工实施。

(3) 试运行

试运行是在实际应用环境下对系统功能、性能的全面检验，是弱电工程交付验收前最后一个作业环节，一般需要 1～2 周时间，但至少不应少于 120h (5d)。建筑设备监控系统的试运行周期在条件许可时，宜包括冬、春（或秋）、夏三个季节。

试运行期间，一般由使用方实际操作，工程实施方全程跟踪。为此，试运行前必须先进行操作培训。受训人员应具备相应的职业资格——三级及以上的弱电工或三级以上智能楼宇管理员，由建设方或物业管理方组织或指定。

操作培训一般分为知识学习和实际操作两部分，主要内容包括：岗位职责和值机守则；本项目各弱电系统功能、系统构成和主要设备；各系统终端信息点位表和设备、器件平面布置；各子系统运行管理操作程序；系统正常运行状态下对相关信息的响应和处置方法；常见故障判断及处置方法；值机日志的填写。

试运行期间，工程实施方派出人员专职跟踪，应做到：指导值机人员，规范操作行为，优化操作程序；发现和排除故障，确保系统正常运行；认真分析故障，结合运行状态，发现工程瑕疵或设备、线路质量问题，及时报告，主动整改或更换；配合使用方编制试运行报告。

（4）工程验收

工程验收是综合检验工程质量的最终环节，一般由建设方或监理方组织，工程相关各方参加，有时建设方还邀请专业单位或专家一同参加验收。

弱电工程实施方除维持弱电各系统正常运行外，还应按照《弱电工程质量验收规范》GB 50339 的要求递交以下工程文档和资料：项目合同；设计文件；竣工图纸；设计变更记录和工程协商记录；设备材料进场检验记录和设备开箱检验记录；隐蔽工程验收报告；分项工程质量验收记录；试运行报告；系统检测记录；培训记录和培训资料（含操作说明书）等。

此外，建设方或监理方另有要求的资料和文档亦应准备和提交，常见的有第三方检测记录和检测报告等。

弱电工应当在完成安装调试作业过程中配合项目经理编写、填报和汇集上述文档和资料。

（5）运行维护阶段

弱电系统正常运行是建筑智能化功能实现的根本保障，也是弱电工程实施的最终目标，所谓“建为了用”，就是这个道理。

弱电工在系统运行维护过程中除发现、分析和排除故障，保证各系统正常运行，发挥系统应有功能外，还应通过系统运行状态和数据分析，进一步做好以下工作：

1）优化系统运行参数，提高系统性能，充分发挥系统功能；

2）向使用单位提出提升管理和优化业务流程的建议方案；

3）发现设备瑕疵，向设计人员提出改善设备器材选用建议，或向设备厂商提出改进生产的合理化意见；

4）总结经验，提出优化设计和改善施工管理、作业流程、工序和工艺等方面的合理化建议，不断提高自身素质。特别是一、二级弱电工，应当在建筑生命周期内主动跟踪若干典型弱电工程项目案例，进行深入分析和研究。

（二）弱电工程技术基础

1. 计算机应用技术基础

（1）计算机基本概念

计算机（Computer）是一种现代化信息处理工具，是 20 世纪科学技术成就，是新技术革命的巨大推动力，是人类社会新的生产力的卓越代表。

（2）计算机组成

计算机由硬件和软件两大部分组成。

1）计算机硬件

直到目前，计算机的主流产品仍然是由运算器、存储器、控制器、输入装置和输出装置五大部分组成，经典模型如图 1-4 所示。

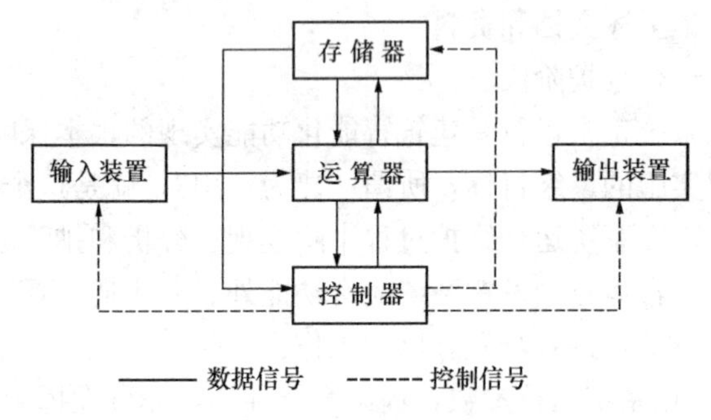

图 1-4　计算机基本组成部分

① 运算器（Arithmetic Unit）为处理数据的部件，主要执行算术运算和逻辑运算。

② 存储器（Memory）是存储计算程序和原始数据的记忆装置，主要功能是对指定地址单元存放数据。

③ 控制器（Control Unit）是计算机的控制和指挥中心，它决定程序中指令执行的顺序，同时按照指令操作码的要求向其他功能模块发出控制命令，并执行一系列操作，最终完成指令要求

的功能。

④ 输入装置（Input Device）接收外部信号输入，把计算程序和原始数据转换成计算机能够识别的信号输入计算机。常见的输入装置包括键盘、鼠标、扫描仪，U 盘、光盘也可作为输入装置使用。

⑤ 输出装置（Output Device）负责将计算机内部信息向外部输出，通常有显示器、打印机、绘图仪等。

随着大规模集成电路技术的高度发展，电路集成度越来越高，于是把计算机中关系最紧密、连线最多、速度要求最高的运算器、控制器及其附属电路集成在一起，做成一个芯片，成为计算机的中央处理器（Central Processing Unit，CPU）。CPU 在执行程序中与存储器密不可分，必须不断地访问存储器，取出指令，读写数据，因此把 CPU 与存储器一起称为主机，成为计算机的主体。

2）微型计算机

根据计算机指令系统复杂程度、字长、主存容量、外部设备配置规模以及系统软件情况，一般可分为巨型计算机（亦称超级计算机）、大型计算机、小型计算机、微型计算机和单片机五类。弱电工程中最常使用的是微型计算机和单片机。

微型计算机即微型化的电子数字计算机，简称微机，其基本结构和功能与一般计算机大致相同。但是，由于采用了由大规模和超大规模集成电路组成的功能部件，在系统结构上有着简单、规范和易于扩展的特点，它的中央处理器（CPU）亦称微处理器（Micro Processing Unit，MPU）。因此微型计算机就由微处理器、存储器和输入/输出设备构成，如图 1-5 所示。

① 微处理器，其基本功能是执行指令、算术和逻辑运算以及完成数据传输、控制、指挥其他部件协调工作。

② 存储器，微型计算机的存储器由集成度高、容量大、体积小、功耗低的半导体存储器芯片组成。常态下只能读出不能写入的存储器称为只读存储器（Read Only Memory，ROM），既

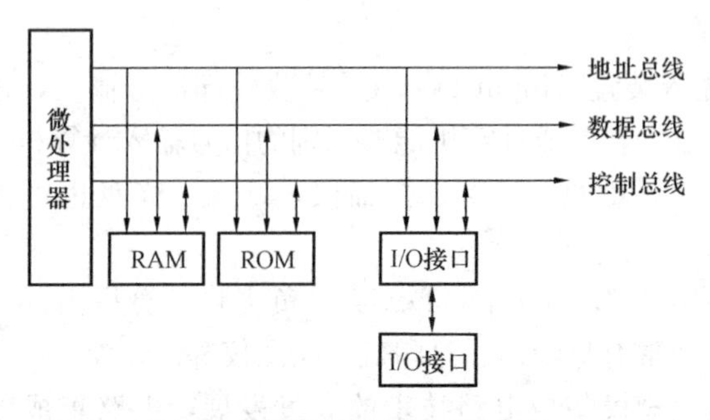

图 1-5　微型计算机的基本结构

可读出又可写入的存储器称为随机读写存储器（Random Access Memory，RAM）。存储器内有许许多多存储单元，每个单元存储一组二进制信息。微型计算机通常用 8 位二进制数构成一个存储单元，称为一个字节（Byte）。每个存储单元有一个编号，表示它在存储器内的顺序位置，称为地址（Address）。

③ 输入/输出电路，微型计算机中介于总线和外部设备之间的电路称为输入/输出电路（Input /Output Interface），简称 I/O 接口，实施数据缓冲、信号变换和连接等作用。

④ 总线（Bus），是一组公共的信号传输线，用于连接计算机各个部件，是构成计算机系统不可或缺的信息大动脉。位于微处理器芯片内部的总线称为内部总线。连接微处理器与存储器、输入/输出接口，用以构成完整微型计算机的总线称为系统总线，相对于内部总线有时也称外部总线。依据传输信号不同，可分为数据总线、地址总线和控制总线 3 组。微型计算机采用标准总线结构，任何部件只要正确地连接至总线，就能成为“系统”的一部分，系统各功能部件之间的两两连接关系变为面向总线的单一关系。凡符合总线标准的功能部件均可以互连、互换，显著地提高了微机系统的通用性和扩展性。

3）计算机软件

计算机软件是为方便使用计算机和提高使用效率而组织的程序以及用于开发、使用和维护的有关文档。软件可分为系统软件和应用软件两大类。

① 系统软件

系统软件，由一组控制计算机系统并管理其资源的程序组成，其主要功能包括：启动计算机，存储、加载和执行应用程序，对文件进行排序、检索，将程序语言翻译成机器语言等。实际上，系统软件可以看作用户与计算机的接口。它为应用软件和用户提供了控制、访问硬件的手段，这些功能主要由操作系统完成。此外，编译系统和各种工具软件也属此类，它们从另一方面辅助用户使用计算机。

操作系统是管理、控制和监督计算机软、硬件资源协调运行的程序系统，由一系列具有不同控制和管理功能的程序组成。它是直接运行在计算机硬件上的、最基本的系统软件，是系统软件的核心。操作系统主要目的有两个：一是方便用户使用计算机，是用户和计算机的接口。比如用户键入一条简单命令就能自动完成复杂功能，就是操作系统帮助的结果；二是统一管理计算机系统全部资源，合理组织计算机工作流程，以便充分、合理地发挥计算机效能。

操作系统种类繁多，依其功能和特性分为分批处理操作系统、分时操作系统和实时操作系统等；依同时管理用户数的多少分为单用户操作系统和多用户操作系统；适合管理计算机网络环境的称为网络操作系统。

微机操作系统随硬件技术的发展而发展，从简单到复杂。Microsoft 公司开发的 DOS 是一单用户单任务系统。而 Windows 操作系统则是多用户多任务系统，经过数十年的发展，已从 Windows 3.1 发展到目前的 Windows NT、Windows 2000、Windows XP、Windows vista、Windows 7、Windows 8、Windows 8.1 和 Windows 10 等。它是当前微机中广泛使用的操作系统之一。Linux 是一个原码公开的操作系统，目前已被越来越多用户所采用，是 Windows 操作系统强有力的竞争对手。

语言处理系统，人和计算机交流信息使用的语言称为计算机语言或程序设计语言。计算机语言通常分为机器语言、汇编语言和高级语言三类。如果要在计算机上运行高级语言程序就必须配备语言翻译程序（下简称翻译程序）。不同高级语言都有相应的翻译程序。翻译的方法有两种：

一种称为“解释”。早期的BASIC源程序的执行都采用这种方式。它调用机器配备的BASIC“解释程序”，在运行BASIC源程序时，逐条把BASIC的源程序语句进行解释和执行，它不保留目标程序代码，即不产生可执行文件。这种方式速度较慢，每次运行都要经过“解释”，边解释边执行。

另一种称为“编译”。它调用相应语言的编译程序，把源程序变成目标程序（以.OBJ为扩展名），然后再用连接程序，把目标程序与库文件相连接形成可执行文件。尽管编译的过程复杂一些，但它形成的可执行文件（以.exe为扩展名）可以反复执行，速度较快。运行程序时只要键入可执行程序的文件名，再按“Enter”键即可。

对源程序进行解释和编译任务的程序，分别叫作编译程序和解释程序。如FORTRAN、COBOL、PASCAL和C等高级语言，使用时需有相应的编译程序；BASIC、LISP等高级语言，使用时需用相应的解释程序。

服务程序能够提供一些常用的服务性功能，它们为用户开发程序和使用计算机提供了方便，像微机上经常使用的诊断程序、调试程序、编辑程序均属此类。

数据库管理系统是指按照一定联系存储的数据集合，可为多种应用共享。数据库管理系统（Data Base Management System，DBMS）则是能够对数据库进行加工、管理的系统软件。其主要功能是建立、消除、维护数据库及对库中数据进行各种操作。数据库系统主要由数据库（DB）、数据库管理系统（DBMS）以及相应的应用程序组成。数据库系统不但能够存放大量数据，更重要的是能迅速、自动地对数据进行检索、修改、统计、排序、合并等操作，以得到所需的信息。这一点是传统的文件柜无法做到的。

数据库技术是计算机技术中发展最快、应用最广的一个分支。可以说，在今后的计算机应用开发中大都离不开数据库。因此，了解数据库技术尤其是微机环境下的数据库应用是非常必要的。

② 应用软件

应用软件是为满足用户不同领域、不同问题应用需求而提供的软件。它可以拓宽计算机系统的应用领域，放大硬件功能。从其服务对象角度，又可分为通用软件和专用软件两类。Office、WPS等办公软件，Adobe PS等图像处理软件，QQ、微信等通信工具软件，360、卡巴斯基等杀毒软件均属于通用软件；弱电工程中程控交换机软件、报警软件、视频监控管理软件、建筑设备监控软件等属于专用软件。

衡量一台计算机性能的优劣，需根据多项技术指标综合确定，既包含硬件的机器字长、存储容量和运算速度等各种性能指标，又包括计算机软件的各项功能。

(3) 计算机在弱电工程中的作用

现代计算机应用归纳起来主要有科学计算、数据处理、自动控制、辅助设计、辅助教学、人工智能等六大方面。在弱电工程中，应用广泛的是自动控制和系统的管理。

1) 计算机在自动控制中的应用

计算机控制技术是一门以电子技术、自动控制技术、计算机应用技术为基础，以计算机控制技术为核心，综合可编程控制技术、单片机技术、计算机网络技术，从而实现生产技术精密化、生产设备信息化、生产过程自动化及机电控制系统最佳化的专门技术。计算机自动控制技术在弱电工程中占有十分重要的地位。

单片机（Microcontrollers），在CPU芯片上集成存储器及I/O接口，主要用于控制系统，也称微控制器。现代应用的单片机一般均采用超大规模集成电路技术把中央处理器CPU、随机存储器RAM、只读存储器ROM、多种I/O口和终端系统、定时器/计数器等功能（可能还包括显示驱动电路、脉宽调制电路、模拟多路转换器、A/D转换器等电路）集成到一块芯片上，构成一个小而完善的微型计算机系统，在工业控制领域得到广泛应用。从20世纪80年代，由当时的4位、8位单片机，发展到现在的300M的高速单片机。

单片机种类较多，与应用需要相关，可编程控制器（PLC）和直接数字控制器（DDC）就是应用比较广泛的两种单片机。

① 可编程控制器

可编程逻辑控制器（Programmable Logic Controller，PLC）也称可编程控制器，实质是一种专用于工业控制的计算机，其硬件结构基本与微型计算机相同。20世纪60年代首先在美国出现，其设计思想是把计算机功能完善、灵活、通用等优点和继电器控制系统的简单易懂、操作方便、价格便宜等优点结合起来。控制器的硬件是标准的、通用的，软件则需要根据实际应用编成软件写入控制器的存储器内。

PLC采用可编程序存储器，在其内部存储执行逻辑运算，顺序控制、定时、计算和算术运算等操作指令，并通过数字和模拟形式的输入输出，控制各类机电设备或生产过程。它将微机技术与传统继电器触控技术相结合，克服了继电器触控系统中机械触点接线复杂、可靠性低、功耗高、通用性低和灵活性差的缺点，充分发挥了微处理器的优点。PLC是一种无触点设备，改变程序即可改变生产工艺和流程。因此，可在初步设计阶段选用可编程控制器，在实施阶段再确定工艺和流程，利于重复和修改。另一方面，可编程控制器生产厂商不需要为用户专门设计而标准化批量生产，从而价格低廉，深受工业控制界的欢迎，并得到迅速发展。弱电工程中的程控交换机以及许多智能机电设备设施系统均普遍采用PLC可编程控制器。

② 直接数字控制器

直接数字控制器（Direct Digital Control，DDC）是弱电工程中又一类常用的单片机产品。它代替了传统控制组件，成为各种建筑设施设备控制的通用模式。

直接数字控制器通过通信模块与其他设备进行通信，包括向上位机发送监视状态、接收上位机发出的指令、与同级设备进行互操作以及通过现场控制面板改变部分程序参数等。

直接数字控制器包括以下四种最基本的输入输出接口：

开关量（亦称数字量）输入接口（DI），用来输入各种限位（限值）开关、继电器或阀门连动触点的开、关状态。输入信号可以是交流电压信号、直流电压信号或干接点。

开关量（亦称数字量）输出接口（DO），用于控制电磁阀门、继电器、指示灯、声光报警器等只具开、关两种状态的设备，一般以干接点形式进行输出，要求输出的 0 或 1 对应于干接点的“通”或“断”。

模拟量输入接口（AI），用于输入控制过程中的各种连续性物理量，如温度、压力、压差、应力、位移等，可以由现场传感器或变送器转变为相应的电信号送入现场控制器的模拟量输入通道。

模拟量输出接口（AO），其输出一般为 4～20mA 标准直流电流信号或 0～10V 标准直流电压信号。模拟量输出接口用来控制直行程或角行程电动执行机构的行程，或通过调速装置（如交流变频调速器）控制各种电机的转速。

DDC 控制器的软件通常包括基础软件、自检软件和应用软件三大类。其中，基础软件作为通用软件固定程序固化在模块中，通常由 DDC 生产厂家直接写在微处理芯片上，不需要也不可能由其他人员进行修改。设置自检软件是保证 DDC 控制器的正常运行、检测其运行故障，同时也便于管理人员维修的工具软件。应用软件是针对各个受监受控设备的控制内容而编写的系统设置软件，可根据需要进行一定程度的修改自定义设置。

2）计算机在智能化系统管理中的应用

各类建筑智能化系统之所以能够智能化，均是因为对功能系统实现了计算机管理。

弱电工程子系统大多由前端设备（信息采集/控制驱动）、信息传输系统、中央管理三大部分组成，如图 1-6 所示。

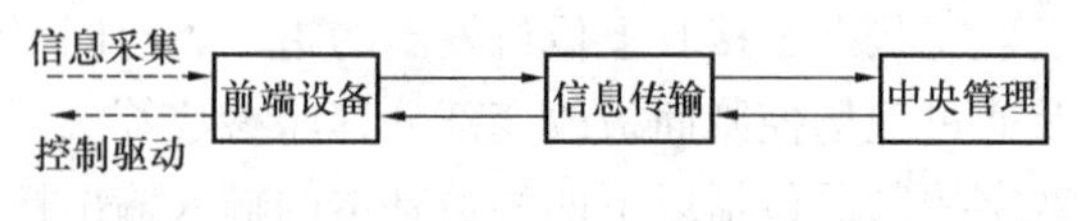

图 1-6　智能化系统基本组成

① 前端设备

智能化系统前端设备包括两大类。

一类为信息采集设备和器件，它们采集来自各类传感器的环境参数（如温度、湿度、压力、流量、液位等）、设备状态（包括前端采集/控制设备的运行、停止、故障等）、视/音频信息、防区报警（各类火灾探测传感器、入侵探测传感器输出的报警）等信息，经处理后送入传输通道。

另一类是对受监控设备、设施执行控制和驱动的设备和装置，如设备设施运行的继电器、电动控制阀、调节阀等，报警系统中的警铃、警灯等，视/音频系统中显示、扩声设备等。它们接收传输通道送来的中央管理系统的控制信息或数据信号，经转变后驱动受控、受监设备，改变其运行状态，或驱动声、像设备或器件显示警情、提示信息等。

② 信息传输通道

信息传输通道负责将前端设备送来信息准确地传递至中央管理系统，或将中央管理系统产生反馈或控制信息回送至前端相关设备系统。根据不同产品和需求，通信网络可以是局域网、传输总线或无线网络等。

③ 中央管理系统

中央管理系统，配置适合的计算机硬件和专用的系统管理软件，成为智能化系统的“大脑”，是系统管理、控制的核心。它具有对信息分析、运算、处理能力，它接收来自前端设备各类信息，经分析、处理，并按照系统运行预案进行比对和决策，发出相关调整或控制指令，如建筑设备监控系统中的中央管理计算机系统、入侵报警系统中的报警管理计算机系统、视频安防监控系统中监控中心的计算机管理系统等。各类智能化系统的中央管理系统除配置通用的各型计算机、专用系统管理应用软件外，还会根据使用功能的需要配置相关的外部设备。

2. 现代通信技术基础

弱电工程各类技术系统中通信系统都占有重要的地位，担负着信息传输的功能。现代信息通信技术就成为弱电工程重要的基础技术之一。

（1）现代通信基础介绍

现代通信系统的种类繁多。按信息传输媒质不同，通信方式可分为两大类，即有线通信和无线通信，有线通信还有铜缆和光缆之分。无线通信可按电磁波波长分为长波、中波、短波、超短波、微波以及光通信。

无论何种通信，其目的均是要完成从一地到另一地的信息传递或交换，因此，可以把通信系统概括为一个统一的模型，如图 1-7所示。

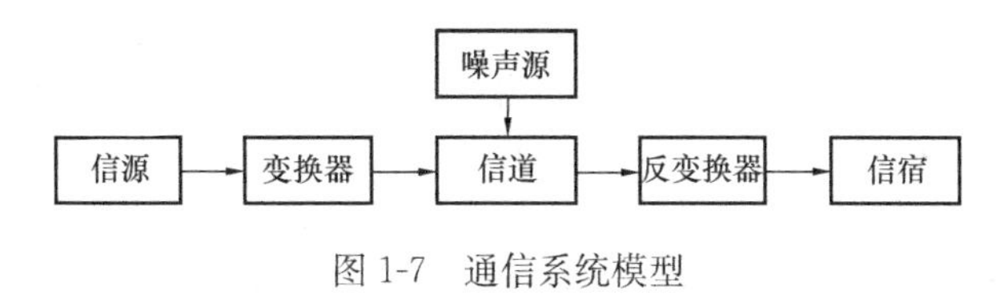

图 1-7　通信系统模型

信源，即原始信号来源。它采集原始信息并转换为相应电信号。常用信源有电话机、电报机、传真机、话筒、摄像机、计算机等。不同信源构成不同形式的通信系统，如对应语音形式信源的有电话通信系统，对应文字形式的信源有电报通信系统和传真通信系统等。信源输出的原始电信号常称为基带信号。

变换器，对信源产生的基带信号进行各种处理和变换，以使它适合在信道中传输。这些处理和变换通常包括调制、滤波、放大、编码等。对于数字通信系统来说，变换器又常常分为信道编码与信源编码。

信道，是指在变换器和反变换器之间用于传输信号的媒质。这些媒质可以是电缆线、光纤、无线电波、光波等，以及由这些媒质构成的通信网络。

反变换器，它的功能与变换器的功能相反，是从信道上接收到的信号中恢复出原始电信号，如解调器、译码器、光电转换器等。

信宿，其作用是将恢复出来的原始电信号转换成源信号，如打印机、绘图仪、扬声器、监视器、电视机等。

噪声源，是信道噪声、干扰以及分散在通信系统其他各处噪声的集中表示。

(2) 互联网通信技术基础

随着计算机网络技术迅速发展和 Internet 的普及，计算机网络如水、电一样已成为支持现代社会运行的基础设施，对科学技术、社会经济和人们日常生活都产生了重大影响。计算机通信网络是现代通信一个重要的独立分支，已成为各类弱电工程子系统信息传输的基础，是弱电工程重要组成部分。

1) OSI 参考模型

20 世纪 70 年代末，国际标准化组织 ISO 的计算机与信息处理标准化技术委员会成立一个机构，专门研究和制定网络通信标准，以实现网络体系结构国际标准化。1984 年 ISO 正式颁布了开放系统互连参考模型（Open System Interconnection Reference Model，OSI RM）标准，即著名的 OSI 七层模型。

OSI 参考模型是一个纯理论分析的参考模型，而非实际的网络。人们用它作为网络协议设计的指导原则，用于数据网络设计、操作规范和故障排除，帮助理解网络通信原理，该标准的制定和完善大大加速了计算机网络的发展。

OSI 参考模型将计算机网络分成了互相独立的七层，从下到上分别为物理层、数据链路层、网络层、传输层、会话层、表示层和应用层，如图 1-8 所示。OSI 参考模型在最大程度上解决了不同网络间的兼容性和互操作性等问题。

2) TCP/IP 参考模型

OSI 参考模型是网络的理想模型，但少有实际网络严格按照

OSI 参考模型设计并运行。随着 Internet 迅速发展和广泛使用，众多网络产品厂家都支持 TCP/IP 传输控制协议（即 Internet 协议）。

TCP/IP 协议已成为计算机网络体系结构的实际标准，得到市场广泛认同和实际应用。TCP/IP 模型是一种开放式标准，标准的定义和 TCP/IP 协议都在 RFC（Requests for Comments，请求注解）文档集中加以定义，并向公众开放。RFC 文档既包含数据通信协议的正式规范，也有说明协议用途的资源。

TCP/IP 参考模型只有 4 层，如图 1-9 所示。从下到上分别为网络接口层、网际互联层、传输层和应用层，与 OSI 参考模型相比，结构更为简单。

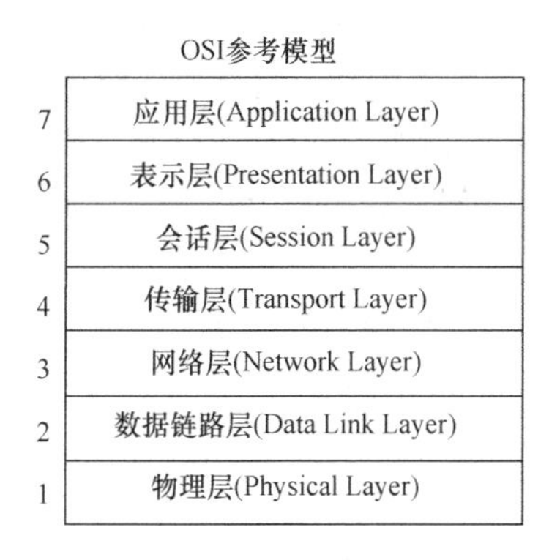

图 1-8　OSI 参考模型

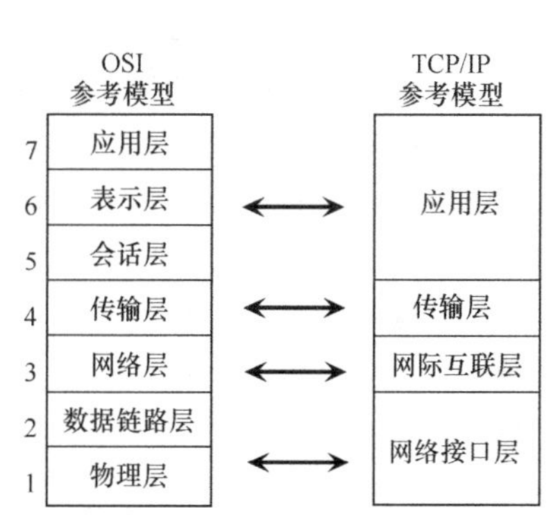

图 1-9　TCP/IP 参考模型和 OSI 参考模型的比较

TCP/IP 参考模型各层所对应的协议如图 1-10 所示。

3）计算机通信网络

计算机通信网络有不同的分类方式，主要有：按覆盖的地理范围、网络所使用的传输技术、网络的拓扑结构方式进行分类。

① 按覆盖的地理范围分类

计算机网络按覆盖的地理范围可分为局域网（Local Area Network ，LAN）、城域网（Metropolitan Area Network，

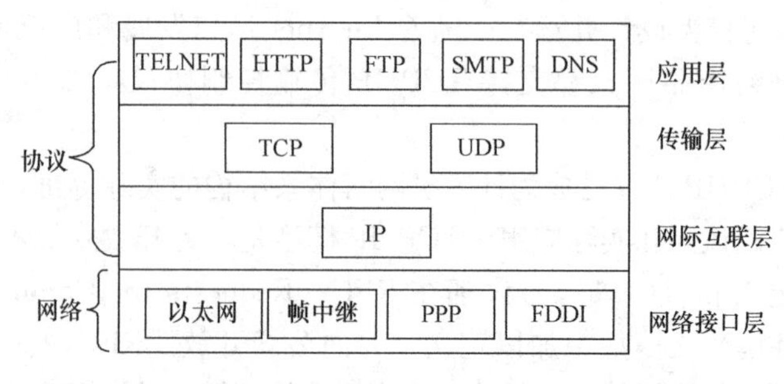

图 1-10　TCP/IP 参考模型各层所对应的协议

MAN)、广域网（Wide Area Network，WAN)。

局域网 LAN：是一组相互连接、接受统一管理控制的本地网络，在一个有限的地理范围内的计算机进行资源共享和信息交换。LAN 覆盖范围一般在几千米以内，属于同一栋建筑、同一个校园或同一个地区中运营。局域网通常使用有线以太网或无线网络协议，具有高数据传输速率、低误码率、组建方便、使用灵活等特点。LAN 也是弱电工程中常见的计算机网络。

城域网 MAN：城域网覆盖的区域介于局域网与广域网之间，其范围可覆盖一个城市或数十千米范围内多个 LAN。随着新技术不断出现和三网融合的发展，城域网业务扩展到了各种信息服务业务。目前，城域网以宽带光传输网为平台，以 TCP/IP 协议为基础，通过网络互联设备，实现大量用户之间数据、语音、图形和视频等多种信息传输服务。宽带城域网已成为现代化城市建设的重要基础设施。

广域网 WAN：广域网地理覆盖范围可以从数十千米到数千千米，它利用分组交换网、卫星通信网和无线分组交换网将分布于不同地理位置的 LAN 互联起来，甚至跨越国界而成为遍及全球的计算机网络。所以说，互联网就是最大的广域网，如图 1-11所示。

广域网连接有多种类型，如帧中继、综合业务数字（ISDN)、调制解调器（异步拨号)、T1 或 E1 租用线路等。广域网

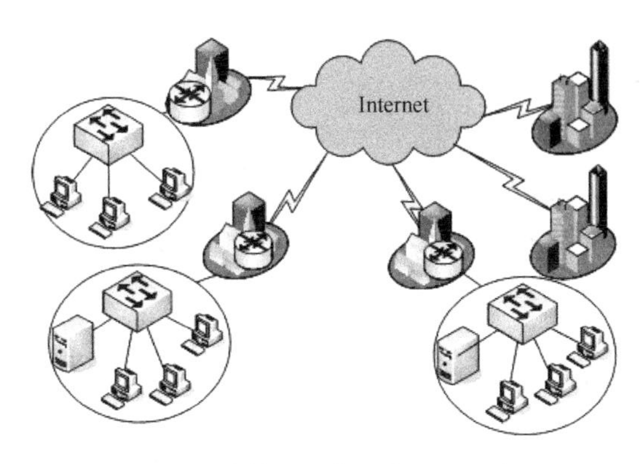

图 1-11　计算机通信网络互联示意图

传输距离远，通信速率比局域网低得多，误码率要比局域网高。

② 按网络传输技术分类

按照所使用的传输技术区分，计算机网络可分为广播式网络和点对点网络。

广播式网络：在广播式网络中，所有联网的计算机都共享一个公共信道。当一台终端设备发送报文时，在这条信道上的其他终端设备都可以接收。适宜范围较小或保密性要求低的网络。

点对点式网络：在点对点式网络中，两台终端设备通过连接的中间节点和线路进行数据存储和转发。从源端到目的端可能存在多条路径，需要通过路由选择算法来选择最佳路径。广域网基本上采用点对点通信技术。

③ 按网络拓扑结构分类

计算机网络拓扑是通过通信子网中的节点与通信线路之间的几何关系表示网络结构，反映了网络中各实体之间的结构关系。

广播式网络基本拓扑结构主要有总线型、树状、环状、无线通信和卫星通信型；点对点式网络基本拓扑结构主要有星形、树状、环状和网状，如图 1-12 所示。

总线型拓扑（Bus Topology）：即网络中所有节点均连接到一条称为总线的公共线路上，所有节点共享同一条数据信道，节

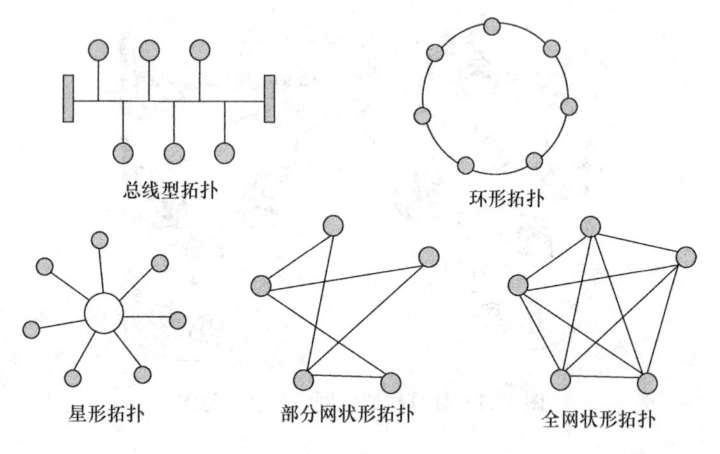

图 1-12 网络的拓扑结构

点间通过广播进行通信。总线型拓扑的优点是连接形式简单，布线方便，成本低廉。缺点是传输能力低，总线故障会导致整个网络瘫痪，增加或撤销节点时易使网络中断。

星形拓扑（Star Topology）：星形拓扑是局域网中最常用、最流行的物理拓扑结构。以一台设备为中心节点，其他节点必须与中心节点相连。各节点之间通信都要通过中心节点，中心节点控制全网通信。星形拓扑结构优点是结构简单，容易实现，便于维护，易于扩展、管理和实现网络监控，某个节点与中心节点的链路故障不影响其他节点间正常工作。缺点是对中心节点要求较高，中心节点单点故障会造成整个网络瘫痪。

环形拓扑（Ring Topology）：即网络中各节点通过链路形成一个首尾相接的闭合环路，数据沿环的一个方向逐站传播。其优点是数据传输延迟时间固定，且每个节点通信机会均等。缺点是网络建成后，节点的增加和撤出过程复杂，任何一个节点或链路发生故障，都可能造成整个网络瘫痪。

网状形拓扑（Mesh Topology）：由分布在不同地点、各自独立的节点互联组成，节点之间连接是任意的，每两个节点间的通信链路可能有多条。额外通信链路为数据传输提供了冗余链路，增加了网络可靠性和复杂性。网状形拓扑分为全网状形和部分网状形。在全网形状拓扑中，每个节点都与所有其他节点互联。这是最能防止网络故障的拓扑，也是成本最高的解决方案。网状形拓扑优点包括可靠性高，灵活性好；缺点是结构复杂、管理复杂、成本高。通过冗余链路可以平衡网络流量，并确保端和端之间的连通性。网状形结构是广域网常用的拓扑结构，Internet 采用的就是网状形拓扑。

在安装工程中，当网络安装好之后，需要创建物理拓扑图来记录各台主机位置及其与网络连接方式。物理拓扑图显示物理设备安装位置以及用于连接网络设备线缆路由。除了物理拓扑图之外，有时还需要网络拓扑逻辑视图。网络拓扑逻辑视图是由介质访问控制逻辑和设备在网络上发送信息流方式所决定的拓扑结构。逻辑拓扑与物理拓扑可以不一致，如逻辑拓扑为总线型和环形局域网，而其物理拓扑可以是星形的。

（3）无线通信基础

现代通信网络按照传输介质可分为有线通信和无线通信两大类。弱电工程中常见的 RS232、RS485、CAN、LON 等总线网络和 Ethernet、EPON 局域网，采用铜质线缆或光纤作为传输介质，均属于有线通信的范畴。无线通信则是利用电磁波信号在自由空间中传播进行信息传输的一种通信方式。

1）无线通信频道

无线通信信道一般建立在频段基础上进行，各种业务信息在某一频率或某一频段内传输。按照电磁波波长，可分为长波通信、中波通信、短波通信、超短波通信、微波通信，频率区分如表 1-1。

由于无线电波在空间传输的特性、信息载有量及受干扰程度不同，故用途也各不相同。其中，微波通信不但可以在空间进行，因其频率高、波长短，还可以在同轴电缆内传输。

随着数字信息技术发展和成熟，凭着数字信息通信协议和通信机制的区分，使同一频段内无线通信的信道大大得到扩展，如 Wi-Fi、ZigBee、蓝牙等无线通信信道均可以使用 2.4G 的频道。

无线通信波段区分表 **表 1-1**

	频段频率（Hz）	波长（m）	主要用途
长波	≤300k	1000	水下与海面船只、舰艇通信
中波	300k～3000k	100～1000	无线电中波广播
短波	3000k～30000k	10～100	短波通信与无线电广播
超短波	30M～300M	1～10	电视、调频广播、雷达探测、移动通信、军事通信等
微波	0.3G～300G	0.001～1	地面微波通信、卫星通信、移动通信

2）Wi-Fi

Wi-Fi 是一种允许电子设备连接到一个无线局域网（WLAN）的技术，其通信标准为 Wi-Fi 联盟（Wi-Fi Alliance）所持有，目的是改善基于 IEEE 802.11 标准无线网络产品之间的互通性。有人把使用 IEEE 802.11 系列协议的局域网就称为无线保真。

① Wi-Fi 无线局域网构成

常见的无线局域网核心设备是无线路由器。在无线路由器电波覆盖的有效范围内，个人电脑、手持设备（如 PDA、手机）等终端使用无线网卡都可以采用无线保真连接方式进行联网。

按照与有线局域网的关系，无线局域网可分为独立式与非独立式两种。独立式无线局域网是指整个网络都使用无线通信的无线局域网。非独立式局域网是指局域网中无线和有线网络设备相结合使用的局域网。目前非独立式无线局域网在实际应用中处于主流，它以有线局域网为基础，通过配置无线访问点、无线网桥、无线网卡等设备来实现无线通信。网络功能实现依赖于有线局域网，可以看作是有线局域网的扩展和补充，如图 1-13 所示。

Wi-Fi 使用 2.4G UHF 或 5G SHF ISM 射频频段。无线局域网是开放的，通常具有密码保护，无线通信终端通过 Wi-Fi 接入局域网一般需要密码认证。

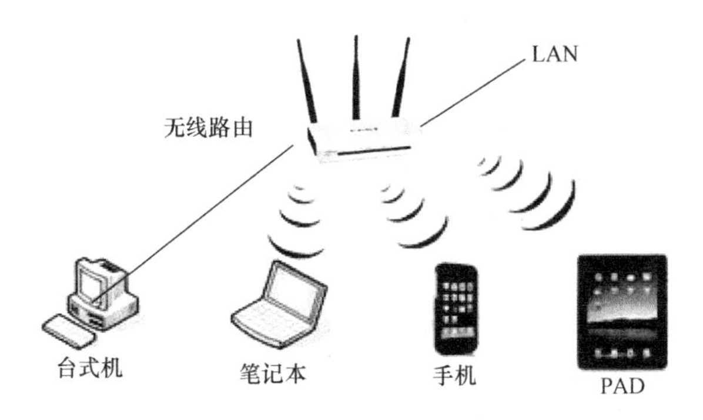

图 1-13　Wi-Fi 在局域网中的连接

② Wi-Fi 的优势

随着产品、技术和市场成熟，WLAN 应用越来越广泛。与传统有线网络相比，无线局域网具有以下优点：

(a) 安装便捷。无线局域网免去或减少了网络布线，一般只要安装一个或多个接入点 AP（Access Point）设备，就可建立覆盖一个建筑空间区域的局域网络。尤其是有线局域网中的网络交换机设有 POE（Power Over Ethernet）端口以后，可以在原有以太网布线基础架构不作任何改动的情况下，在网络中直接添加无线局域网接入点 AP。网络在通过该 AP 传输数据信号的同时，也为其提供直流供电。

(b) 使用灵活。用户终端可以在无线网信号覆盖区域内任何一个位置接入网络。

(c) 易于扩展。无线局域网有多种配置方式，能够根据需要灵活选择。无线局域网能胜任从只有几个用户的小型局域网到上千用户大型网络的扩展。

3) ZigBee

ZigBee 是基于 IEEE 802.15.4 标准局域网协议的一种短距离、低功耗无线通信技术。其特点是近距离、低复杂度、自组织、低功耗、低数据速率。主要适用于自动控制和远程控制领域，可以嵌入各种设备。

ZigBee数传模块类似于移动网络基站。通信距离从标准的75m到几百米、几公里，并支持无限扩展。ZigBee网络主要适用于工业现场自动化控制的数据传输。

ZigBee无线连接可工作在2.4GHz（全球流行）、868MHz（欧洲流行）和915MHz（美国流行）3个频段上，分别具有最高250kbit/s、20kbit/s和40kbit/s传输速率。我国采用2.4GHz频段，是免申请和免使用费的频率。

ZigBee在2.4GHz频段上具有16个信道，在2.405～2.480GHz之间分布，信道间隔为5 MHz，具有很强的信道抗串扰能力。

4）蓝牙

蓝牙（Bluetooth）是无线通信技术标准之一，可实现固定设备、移动设备和局域网间短距离数据交换，使用2.4～2.485 GHz ISM波段UHF无线电波，可连接多个设备，克服了数据同步的难题。

蓝牙技术联盟（Bluetooth Special Interest Group，简称Bluetooth SIG）负责监督蓝牙规范的开发、管理认证项目，并维护商标权益。制造商的设备必须符合蓝牙技术联盟的标准才能以“蓝牙设备”名义进入市场。蓝牙技术拥有一套专利网络，可发放给符合标准的设备。

当前，蓝牙技术应用主要有以下三类：①语音数据接入：是指将一台计算机通过安全无线链路连接到通信设备上，完成与广域网的联接。②外围设备互连：是指将各种设备通过蓝牙链路连接到主机上。③个人局域网：蓝牙技术在个人局域网中获得了很大成功，包括无绳电话、个人数字助理（PDA）与计算机互联，便携式计算机与手机互联，以及无线RS-232、RS-485接口等。

5）移动通信

① 移动通信进步历程

第一代移动通信系统：移动（无线）通信概念最早出现在20世纪40年代，无线电台在第二次世界大战中的广泛应用开创了移动通信。到20世纪70年代，美国贝尔实验室最早提出“蜂窝”概念，解决了频率复用问题，20世纪80年代大规模集成电路技术及计算机技术突飞猛进，长期困扰移动通信的终端小型化问题得到初步解决，给移动通信发展打下了基础。这些系统都是基于频分多址（FDMA）模拟制式系统，人们统称其为第一代蜂窝移动通信系统。

第二代移动通信系统：随着超大规模集成电路和计算机技术的飞速发展，语音数字处理技术成熟地发展起来，最后成熟于时分多址（TDMA）数字移动通信系统，即GSM（Global System for Mobile Communications）系统，成为世界上最大的蜂窝移动通信网络。

第三代移动通信系统：由卫星移动通信网和地面移动通信网所组成，形成一个对全球无缝覆盖的立体通信网络，满足城市和偏远地区各种用户密度，支持高速移动环境，提供话音、数据和多媒体等多种业务（最高速率可达2Mbit/s）的先进移动通信网，基本实现个人通信要求。至1999年11月确认了5种第三代移动通信RTT技术。其中，主流技术是三种CDMA技术：MC-CDMA、DS-CDMA和TDD CDMA。我国提出的TD-SCDMA建议标准与欧洲、日本提出的WCDMA和美国提出的CDMA2000标准一起列入该建议，成为世界三大主流标准。

第四代移动通信系统——4G：4G系统最大数据传输速率超过100Mbit/s。这一速率是移动电话数据传输速率的1万倍，也是3G移动电话速率的50倍。4G手机可以提供高性能的汇流媒体内容，并通过ID应用程序成为个人身份鉴定设备。它可以接收高分辨率的电影和电视节目，从而成为合并广播和通信新基础设施中的一个纽带。4G可集成不同模式无线通信——从无线局域网和蓝牙等室内网络、蜂窝信号、广播电视到卫星通信，移动用户可以自由地从一个标准漫游到另一个标准。4G通信技术是以传统通信技术为基础，利用一些新的通信技术不断提高无线通信网络效率和功能。如果说3G能为人们提供一个高速传输无线通信环境的话，那么4G通信就是一种超高速无线网络，一种不需要电缆的超级信息高速公路，这种新网络使用户以无线及三维空间虚拟实境连线。

② 第四代移动通信系统中的关键技术

4G的关键技术主要表现在以下几个方面：

(a) 新的调制技术。要求数据速率从2Mbit/s提高到100Mbit/s，对全速移动用户能够提供150 Mbit/s的高质量影像服务。

(b) 软件无线电技术。可使移动终端和基站从3G到4G的发展速度大大加快，系统升级变得十分便捷。

(c) 智能天线技术。具有抑制干扰、信号自动跟踪以及数字波束形成等智能功能，既可改善信号质量又能增加传输容量。

(d) 网络技术。4G系统要满足3G不能达到的高速数据和高分辨率多媒体服务的需要，能与宽带IP网络、宽带综合业务数据网（B-ISDN）和异步传输模式（ATM）兼容，实现多媒体通信，形成综合宽带通信网。

③ 第五代移动通信系统展望

第五代移动通信技术，缩写为5G。和4G相比，5G的提升是全方位的。按照3GPP的定义，5G具备高性能、低延迟与高容量特性。这些优点主要体现在毫米波、小基站、Massive MIMO、全双工以及波束成形五大技术上。

毫米波：无线传输增加传输速率一般有两种方法，一是增加频谱利用率，二是增加频谱带宽。5G使用毫米波（26.5～300GHz）就是通过增加频谱带宽提升通信速率。以28GHz频段为例，其可用频谱带宽达到1GHz，而60GHz频段每个信道的可用信号带宽为2GHz。

小基站：毫米波最大的缺点就是穿透力差、衰减大，因此要让毫米波频段下的5G通信在高楼林立的环境下传输并不容易，而小基站将解决这一问题。未来5G移动通信将不再依赖大型基站的布建架构，大量的小型基站将成为新的趋势，它可以覆盖大基站无法触及的末梢通信。因体积大幅缩小，可在250m左右部署一个小基站，在每个城市中部署数千个小基站以形成密集网络，每个基站可以从其他基站接收信号并向任何位置的用户发送数据。小基站的规模远远小于大基站，功耗也将大大降低。

除通过毫米波广播之外，5G基站还将拥有比现在蜂窝网络基站多得多的天线，这就是Massive MIMO技术。

2016年11月17日在3GPP RAN1 87次会议的5G短码方案讨论中，中国华为公司的Polar Code（极化码）方案，最终战胜列强，成为5G控制信道eMBB场景编码最终方案。中国三大通信运营商将力争在2020年实现5G大规模商用。

④ 5G通信对智能建筑行业的影响

5G通信具有泛在网、低功耗、高带宽、低延时、万物互联等显著特点，在智能建筑大量前端设备（如传感器、执行器等）中得到广泛应用，必将使智能化系统运行效率更高，主要表现在：

利用物联网技术使智能化系统前端设备联网更便捷，传统的联网控制方式将被颠覆；

具有5G联网功能的智能传感器必将拥有强大的生命力，获得更广泛的应用；

在更多监控点的基础上智能化系统将获得更多实时数据，通过大数据技术应用，系统控制与管理必将更为精准和全面，智能建筑将更加智能！

6）地面微波通信

地面微波通信示意如图1-14所示。微波通信中，信号通过中继站接力完成传输，中继站的天线一般在山顶、铁塔等视距长而无阻挡之处安装。

① 微波频段的划分

无线通信中通常将1～300GHz的频段称为微波频段。微波按波长可分为特高频（UHF）频段/分米波频段、超高频（SHF）频段/厘米波频段、极高频（EHF）频段/毫米波频段。

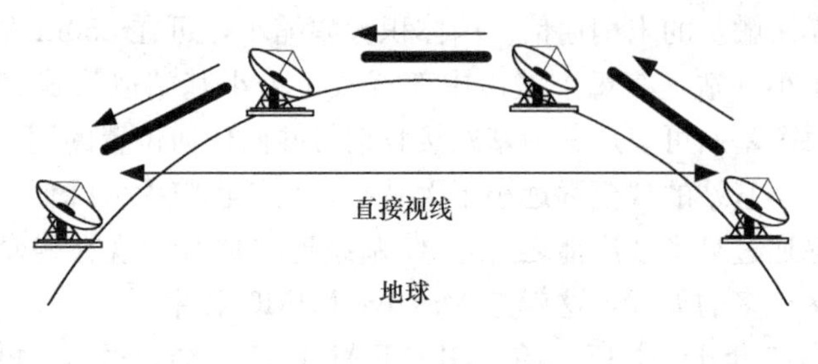

图 1-14 地面微波通信

② 微波通信特点

通信容量大。微波频段频带宽，多路复用可以容纳更多话路工作。一个短波通信设备一般只能容纳几个话路，而一个微波设备则可以同时容纳有成千上万个话路。

传输质量高。微波波段受工业、天电和宇宙等外部干扰影响小，所以其信道参数变化也很小，且微波波段内波束以直线定向传播，可以采用高增益定向天线，质量较高，通信稳定，并具备较好的保密性。

接力通信。由于地球是圆的，使得地球上两点（两个微波站）间不被阻挡的距离有限，为可靠通信，一条长的微波中继线路就要在线路中间设置若干个中继站，采用接力的方式传输信息。

方便灵活，成本较低。微波通信与其他波长较长的无线通信以及电缆通信相比，能较方便地克服地形带来的不利，具有较大的灵活性，且成本较低。微波通信一般使用面式天线，当面式天线的口径面积给定时，其增益与波长的平方成反比，故微波通信很容易制成高增益天线。

7）卫星通信

卫星通信是空间无线通信的一种，它利用人造地球卫星作为中继站来转发无线电信号，实现两个或多个地球站之间的通信，如图 1-15 所示。

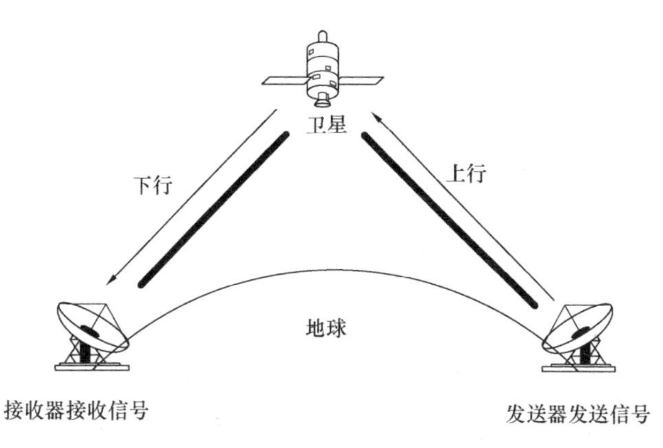

图 1-15　卫星通信

卫星通信的优点包括容量大、可靠性高、通信成本与两站点之间的距离无关、传输距离远、覆盖面广、具有广播特征；缺点是一次性投资大、传输延迟时间长。同步卫星传输延迟的典型值为 270ms，而微波链路的传播延迟大约为 3μs/km，电磁波在电缆中的传播延迟大约为 5μs/km。

为满足通信区域的需要，人造卫星必须严格在指定的轨道上运行。

① 静止卫星通信系统

利用静止卫星作为中继的通信系统，称为静止卫星通信系统，其优点是：卫星视区（从卫星“看到”的地球区域）大，可达全球表面积 1/4，只需三颗卫星适当配置，就可建立除地球两极地区以外的全球不间断通信；卫星相对于地球站几乎是静止的，卫星只发生微小漂移，地球站天线易于保持对卫星的瞄准状态，无须复杂的跟踪系统；卫星与地球站间相对运动产生的多普勒频移可以忽略，信号频率稳定，易于接收。

静止卫星也有一些缺点，主要是：因离地球远而使得自由空间传输损耗大、信号时延长（单跳时延约0.27ms）；地球两极附近用户难以利用其进行通信；轨道位置有限，因而可容纳的卫星数量受限。但是，它的优点更为突出，因而卫星通信得到了广泛应用。

② 卫星通信频率选用

卫星通信的射频使用微波频段（300MHz～300GHz），除可获得通信容量大的优点外，主要是考虑到卫星处于外层空间（即在电离层之上），电磁波必须能以较小的损耗穿透电离层，而微波频段恰好具备这一条件。

8）物联网通信

物联网（Internet of Things，IoT）是新一代信息技术的重要组成部分，也是信息化时代的重要发展阶段。顾名思义，物联网就是物物相连的互联网。这包含两层意思：其一，物联网的核心和基础仍然是互联网，是在互联网基础上的延伸和扩展；其二，其用户端延伸和扩展到了任何物品与物品之间，进行信息交换和通信。物联网通过智能感知、识别技术与普适计算等通信感知技术，广泛应用于网络的融合中。因此，也有人将物联网称为继计算机、互联网之后世界信息产业发展的第三次浪潮。

① 物联网特性

总结上述概念的表述，物联网具有以下四个重要特性：

(a) 全面感知。利用RFID、传感器、二维码等智能感知设施，随时随地感知、获取物体信息；

(b) 可靠传输。通过各种信息网络与计算机网络融合，将物体信息实时准确地传送到目的地；

(c) 智能处理。利用云计算等各种计算技术，对海量的分布式数据信息进行分析、融合和处理向用户提供信息服务；

(d) 自动控制。利用模糊识别等智能控制技术对物体实施智能化控制和利用，最终形成物理、数学、虚拟世界和社会共生互动的智能社会。

② 物联网无线通信技术

物联网必须依赖现代通信技术，主要分为两类：一类是Zigbee、WiFi、蓝牙等短距离通信技术；另一类是低功耗广域网（Low Power Wide Area Network，LPWAN）通信技术。LPWAN又可分为两类：一类是工作于未授权频谱的LoRa、SigFox等技术；另一类是工作于授权频谱下3GPP支持的2/3/4G蜂窝通信技术，如EC-GSM、LTE Cat-m、NB-IoT等。下面对LoRa和NB-IoT进行介绍。

LoRa（Long Range）是美国Semtech公司采用和推广的一种基于扩频技术的超远距离无线传输方案。LoRa网络主要由终端（可内置LoRa模块）、网关（或称基站）、服务器Server和云四部分组成，应用数据可双向传输。

LoRa使用的是免授权ISM频段，但各国或地区的ISM频段使用情况各不相同。中国市场由中兴主导的中国LoRa应用联盟（CLAA）推荐使用470～518MHz。由于LoRa工作在免授权频段，无须申请即可进行网络建设，网络架构简单，运营成本也低。LoRa联盟正在全球大力推进标准化的LoRaWAN协议，使得符合LoRaWAN规范的设备均可互联互通。

LoRa以其独有的专利技术提供最大168dB的链路预算和+20dBm的功率输出。一般情况下，在城市中无线距离范围是1～2km，在郊区无线距离最高可达20km。

NB-IoT（Narrow Band Internet of Things，NB-IoT，又称窄带物联网），是由3GPP标准化组织定义的一种技术标准，是一种专为物联网设计的窄带射频技术。

NB-IoT使用了授权频段，有独立部署、保护带部署、带内部署三种部署方式。全球主流频段为800MHz和900MHz。

移动网络的信号覆盖范围取决于基站密度和链路预算。NB-IoT具有164dB的链路预算，与GPRS和LTE相比，NB-IoT链路预算有20dB的提升，开阔环境信号覆盖范围可以增加七倍。20dB相当于信号穿透建筑外壁发生的损失，NB-IoT室内环境的信号覆盖相对要好。

3. 自动控制技术基础

（1）自动控制基本概念

自动控制（Automatic Control）是指在没有人直接参与的情况下，利用外加的设备或装置，使机器、设备或生产过程的某个工作状态或参数自动地按照预定的程序运行。

自动控制技术的研究有利于将人类从复杂、危险、烦琐的劳动环境中解放出来并大大提高控制效率。自动控制是工程科学的一个分支。它涉及利用反馈原理对动态系统的自动影响，以使得输出值接近我们想要的值。

（2）自动控制系统基本组成

典型的检测与自控系统如图 1-16 所示，是一个闭环控制系统。

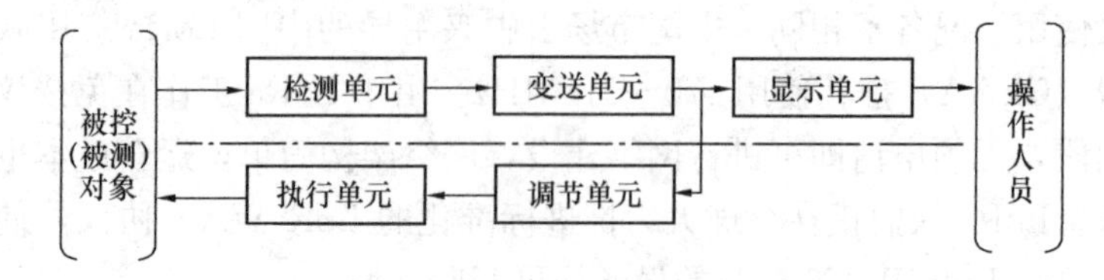

图 1-16　检测与自动控制系统组成

被控（被测）对象是系统的核心，它可以是单输入单输出对象，即常规的回路控制系统；也可以是多输入多输出，此时通常采用计算机仪表控制系统，如直接数字控制系统 DDC、分布式控制系统 DCS 和现场总线控制系统 FCS。

检测单元是控制系统实现控制调节作用的基础，它完成对所有被控变量的直接测量，包括温度、压力、流量、液位、成分等；亦可实现某些参数的间接测量，如采用信息融合技术的测量等。

变送单元完成对被测变量信号的转换与传输，其转换结果须符合国际标准的信号制式即 0～10V. DC 或 4～20mA. DC 模拟信号或各种仪表控制系统所需的数字信号。

显示单元是控制系统的附属单元，它将检测单元获得的有关参数，通过适当方式显示出来，显示方式包括数字、曲线、图形等。

调节单元完成调节控制规律的运算，它将变送器传输来的测量信号与给定值进行比较，并对比较结果进行调节运算，以输出作为控制的信号。调节单元采用常规控制规律，包括位式调节和PID调节。

执行单元是控制系统实施控制的执行机构，它负责将调节器的控制输出信号按执行机构需要产生相应信号，用以驱动执行机构实现对被控变量的调节。通常执行单元分为气动、液动和电动三类。

（三）电 工 常 识

1. 电路的基本概念

（1）基本物理量

1）电流

电荷在电场力的作用下做规则的定向移动形成电流。规定正向电荷定向移动方向为电流方向。电流强度是衡量电流大小的物理量，简称电流，是指单位时间内通过导体横截面的电量，用字母“I”表示。

电流的单位是安培（A），简称安，常用电流单位还有毫安（mA）、微安（μA），在电力工程中常用千安（kA）。它们的关系是：1kA=1000A，1A=1000mA，1mA=1000μA。

2）电压

电压也称为电位差，是衡量电场做功能力大小的物理量，用字母“U”表示。电压的大小等于单位正电荷受电场力作用从一点移到另一点所做的功，规定从高电位指向低电位的方向为电压的方向。

电压的单位是伏特（V），简称伏，常用电压单位还有毫伏（mV）、微伏（μV），在电力工程中常用千伏（kV）。它们的关系是：1kV=1000V，1V=1000mV，1mV=1000μV。

3）电阻

根据物质对电流产生的阻碍作用，所有物体可以分为导体、半导体和绝缘体三种。对电流没有阻碍或阻碍很小的物体称为导体，不能形成电流传输的物体称为绝缘体，介于导体与绝缘体之间的物体称为半导体。电阻是反映导体对电流阻碍作用大小的物理量，用字母“R”表示。

电阻定义公式：

$$R=U/I \tag{1-1}$$

式中 U——电压，单位伏特（V）；

I——电流，单位安培（A）。

电阻的单位是欧姆（Ω），简称欧，常用还有千欧（kΩ）、兆欧（MΩ）、毫欧（mΩ）。它们的关系是：1MΩ=1000kΩ，1kΩ=1000Ω，1Ω=1000mΩ。

4）电容

电容是衡量导体储存电荷能力大小的物理量，用字母“C”表示。

电容定义公式：

$$C=Q/U \tag{1-2}$$

式中 Q——电量，单位库仑（C）；

U——电压，单位伏特（V）。

电容的单位是法拉（F），简称法，常用电容单位还有微法（μF）、皮法（pF）。它们的关系是：1F=$10^6\mu$F=10^{12}pF。

5）电感

电感是衡量线圈产生电磁感应能力大小的物理量，用字母“L”表示。给一个线圈通入电流，线圈周围就会产生磁场。当线圈中的电流发生变化时，其周围的磁场也相应发生变化，这种变化的磁场可使线圈自身产生感应电动势，称为自感。当两个通电的线圈相互靠近时，一个线圈的磁场变化也会影响另一个线圈，这种影响称为互感。

电感定义公式：

$$L = \Phi / I \tag{1-3}$$

式中 Φ——磁通量，单位韦伯（Wb）；

I——电流，单位安培（A）。

电感的单位是亨利（H），简称亨，常用电感单位还有微亨（μH）、毫亨（mH）。它们的关系是：$1H=10^3mH=10^6\mu H$。

6）电功率

单位时间内电路产生或消耗的电能称为电功率，它是用来表示消耗电能快慢的物理量，简称功率，用字母“P”表示。

电功率计算公式：

$$P = UI = U^2/R = I^2R \tag{1-4}$$

式中 U——电压，单位伏特（V）；

I——电流，单位安培（A）；

R——电阻，单位欧姆（Ω）。

电功率单位为瓦特（W），简称瓦。工程上常用千瓦（kW）、兆瓦（MW）做单位。它们的关系是：1MW=1000kW，1kW=1000W。当电流与电压方向一致时，1W=1VA。

7）电能

当电流流过电路时，将发生能量转换。把电流在一段时间内通过某一电路，电场力所做的功，称为电功或电能，用字母“W”表示。

电能计算公式：

$$W = U^2t/R = I^2Rt \tag{1-5}$$

式中 U——电压，单位伏特（V）；

t——时间，单位秒（s）；

R——电阻，单位欧姆（Ω）；

I——电流，单位安培（A）。

电能的单位是焦耳（J）。在电力工程中常以千瓦时（kWh）作为电能的度量单位，1千瓦时俗称1度电，即电功率1kW的电器设备运行1小时消耗的电量。它们的关系是：1kWh=3600J，1J=1Ws。

（2）简单电路

1）电路

电路就是电流所流过的路径。它由电路元件按一定方式组合而成，最简单的电路由电源、导线、控制器件、负载等元器件组成。

电源是为电路提供电能的设备和器件（如发电机、电池等）。

负载是使用（或消耗）电能的设备和器件（如电动机、电灯等）。

控制器件用来控制电路工作状态的器件或设备（如开关等）。

导线是将电器设备和元器件按一定方式联接起来的导体（如电线等）。

2）直流电路

电流有直流电流和交流电流之分。直流电流是指大小与方向不随时间变化而变化的电流，用“DC”或“dc”表示。以直流电的形式产生电能或供给电能的设备称为直流电源。由直流电源（U_s）、用电设备（R）、控制器件（S）和连接导线组成的电流流通路径称为直流电路。简单直流电路原理如图 1-17 所示。

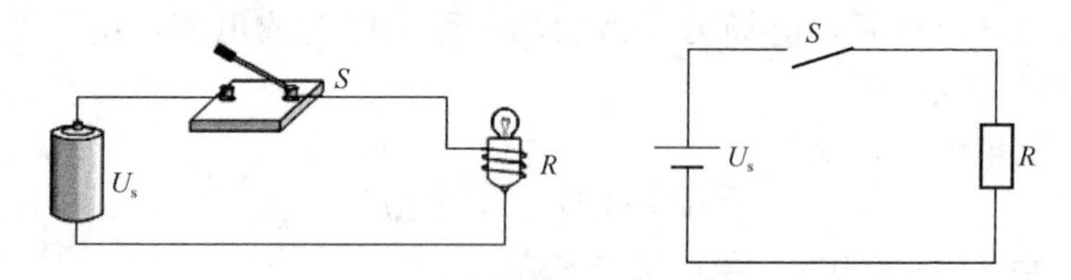

图 1-17　简单直流电路及其原理图

3）交流电路

交流电流是指大小与方向随时间变化而变化的电流。一种最常用的交流电流是正弦交流电流，其大小及方向均随时间按正弦规律作周期性变化，简称为交流，用“AC”或“ac”表示。以交流电的形式产生电能或供给电能的设备称为交流电源。由交流电源、用电设备、控制器件和连接导线组成的电路称为交流电路。

(3) 数字电路

1) 数字信号与数字电路

自然界中的物理量就其变化规律可以分为两大类。其中一类物理量在时间上是不连续的，总是发生在一系列离散的瞬间，我们把这一类物理量称为数字量，把表示数字量的信号称为数字信号，如图1-18所示。

另外一类物理量的变化在时间上或在数值上则是连续的。我们把这一类物理量称为模拟量，把表示模拟量的信号称为模拟信号，如图1-19所示。

数字电路是传递、处理数字信号的电子电路，模拟电路是传递、处理模拟信号的电子电路。

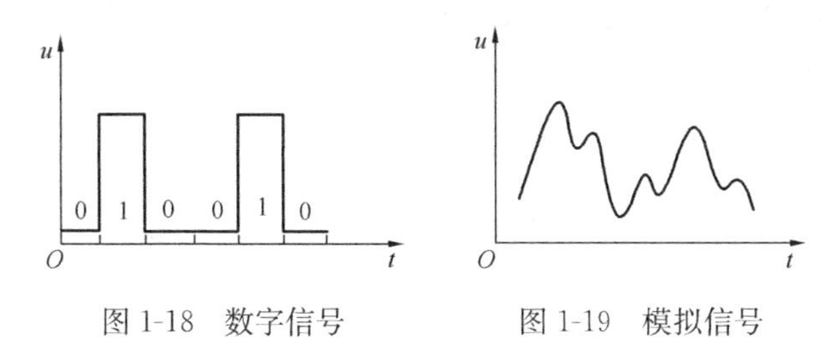

图1-18　数字信号　　图1-19　模拟信号

2) 数字信号的特点

数字电路需要处理的是各种数字信号，具有以下特点：

① 在数字电路中，研究的主要问题是电路的逻辑功能，即输入信号状态和输出信号状态之间的逻辑关系。

② 在数字电路中，分析工作主要是逻辑代数。

③ 数字信号只有高电平和低电平两个取值，即0和1两个逻辑值。通常低电平表示0，高电平表示1。

④ 在数字电路中，电子器件工作在开关工作状态，即导通(开关闭合)或截止(开关断开)。

⑤ 数字电路的主要优点是，便于高度集成化、工作可靠性

高、抗干扰能力强和保密性好等。

3）数字电路的分类

① 数字电路根据电路结构的不同分为分立元件电路和集成电路。分立元件电路是将晶体管、电阻、电容等元器件用导线在线路板上连接起来的电路。集成电路是将晶体管、电阻、电容等元器件和导线通过半导体制造工艺做在一块硅片上而成为一个不可分割的整体电路。

② 根据半导体的导电类型不同分为双极型数字集成电路和单极型数字集成电路。双极型数字集成电路以双极型晶体管（如NPN和PNP）作为基本器件，典型电路为集成TTL电路。单极型数字集成电路是以单极型晶体管（如FET）作为基本器件，典型电路为集成CMOS电路。

③ 根据集成密度不同分小规模集成电路（SSI）、中规模集成电路（MSI）、大规模集成电路（LSI）、超大规模集成电路（VLSI），具体内容见表1-2。

集成电路分类 **表1-2**

集成电路分类	集成度	电路规模与范围
小规模集成电路SSI	1～10门/片或10～100个元器件/片	逻辑单元电路 包括：逻辑门电路、集成触发器、模数和数模转换器等
中规模集成电路MSI	10～100门/片或100～1000个元器件/片	逻辑部件 包括：计数器、译码器、编码器、数据选择器、寄存器、算术运算器、比较器、转换电路等
大规模集成电路LSI	100～1000门/片或1000～100000个元器件/片	数字逻辑系统 包括：中央控制器、存储器、各种接口电路等

续表

集成电路分类	集成度	电路规模与范围
超大规模集成电路 VLSI	大于 10000 门/片或大于 100000 个元器件/片	高密度的数字逻辑系统 例如：各种型号的单片机（即在一片硅片上集成一个完整的微型计算机）、微处理器、超大规模可编程逻辑器件等

2. 变压器与电动机

（1）变压器

变压器是根据电磁感应原理做成的一种静止的电气设备，它能将某种电压、电流、相数的电能转换成另一种电压、电流、相数的电能。它具有电压变换、电流变换、阻抗变换和电气隔离的功能，在工程领域中得到广泛应用。

变压器由硅钢片叠成的铁芯和套在铁芯上的两个绕组构成。铁芯与绕组之间彼此绝缘，没有任何电的联系。将变压器和电源连接的绕组叫一次绕组（俗称一次线圈），把变压器和负载连接的绕组叫二次绕组（俗称二次线圈）。

如图 1-20 所示，当将变压器的一次绕组（A、X、匝数 N_1）接到交流电源 U_1（电动势 E_1）上时，铁芯中就会产生变化的磁力线（Φ）。由于二次绕组（x、a、匝数 N_2）绕在同一铁芯上，磁力线切割二次绕组，二次绕组上必然产生感应电动势 E_2，使绕组两端出现电压 U_2。因磁力线是交变的，所以二次绕组的电

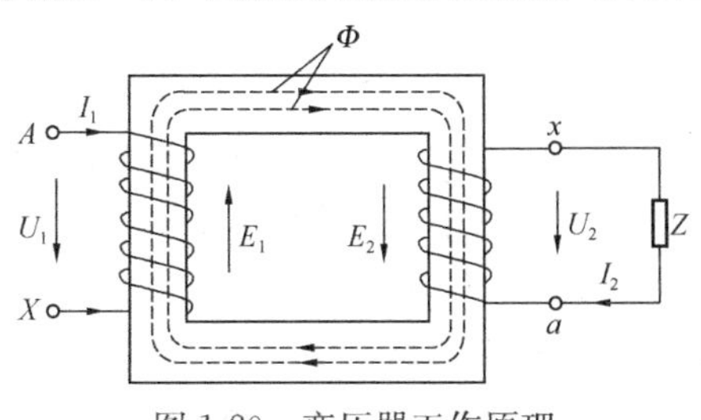

图 1-20　变压器工作原理

压 U_2 也是交变的，而且频率与电源频率完全相同。

当二次侧接上负载阻抗 Z 后，二次绕组中就有了电流（I_2）。变压器的一次绕组电流（I_1）与二次绕组电流（I_2）比和一次绕组与二次绕组的匝数比值（K_{12}）相关，即可用式 1-6 表示：

$$I_1/I_2 = N_2/N_1 = 1/K_{12} \tag{1-6}$$

变压器的容量为 $U_1I_1=U_2I_2$，单位为伏安（VA）。

三相变压器的基本工作原理和单相变压器的原理一样，仅是将三个相位角差互为 120°的交流电源接入同一台具有三个不同磁路铁芯的变压器，任何时候其中两相的电压或电流或磁通的和等于另一相的值，且大小相等方向相反，处于平衡状态。

互感器、调压器、电抗器等的工作原理类似于变压器。

（2）电动机

电动机是将电能转换成机械能的动力设备。电动机可分为交流电动机和直流电动机两大类。交流电动机又分为同步电动机和异步电动机。在工程现场中，交流异步电动机的使用最为广泛。

电动机与变压器都是机电安装中常见的电气设备，且二者的电磁原理有共同点。不同的是变压器的一次/二次线圈都是固定的；而三相异步电动机是一次线圈固定，二次线圈旋转。

三相异步电动机的定子铁芯线槽内嵌有电磁角相互差 120°的三相绕组。当定子绕组接上三相交流电源时，在电动机空气气隙中就会产生一个旋转磁场。这个旋转磁场切割定子、转子绕组而分别在绕组中感生电动势，转子电动势在自成闭合电路的转子绕组中产生电流，转子电流与旋转磁场作用产生转矩，使笼型导体顺着磁场的转动方向转动起来，这就是异步电动机的基本工作原理。

三相异步电动机的三相定子绕组有首端和末端之分，三个首端标以 U_1、V_1、W_1，三个末端标以 W_2、U_2、V_2。作△联结时，它的接线端子 W_2 与 U_1 相连，U_2 与 V_1 相连，V_2 与 W_1 相连，然后接电源；作 Y 联结时，接线端子 W_2、U_2、V_2 相连接，其余三个接线端子 U_1、V_1、W_1 接电源，如图 1-21 所示。

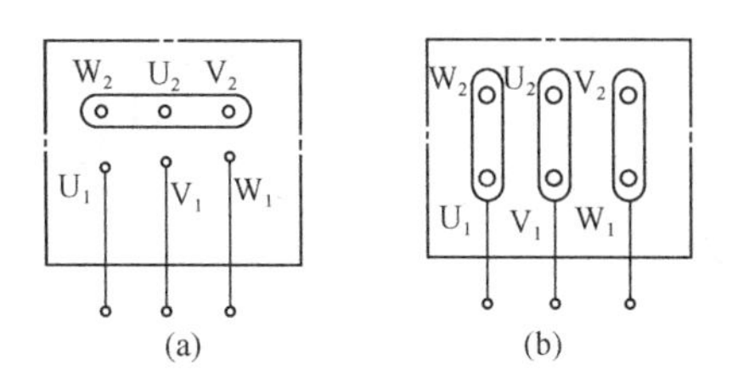

图 1-21　电动机三相绕组联结方式

（a）星形（Y）联结；（b）三角形（△）联结

3. 常用电工工具与仪表

（1）常用电工工具

1）验电器

验电器是用来检查导线或电气设备是否带电的工具，分为高压和低压两种。常用低压验电器也叫验电笔，又称试电笔，检测电压范围一般为 60～500V。验电笔常做成钢笔式或改锥式。目前市场上还有一种感应式数显验电笔。该新型验电笔适用于直接检测 12～250V 交、直流电压和间接检测交流电的零线、相线和断点，还可测量不带电导体的通断，读数直观，功能齐全，使用更加方便。常用验电笔如图 1-22 所示。

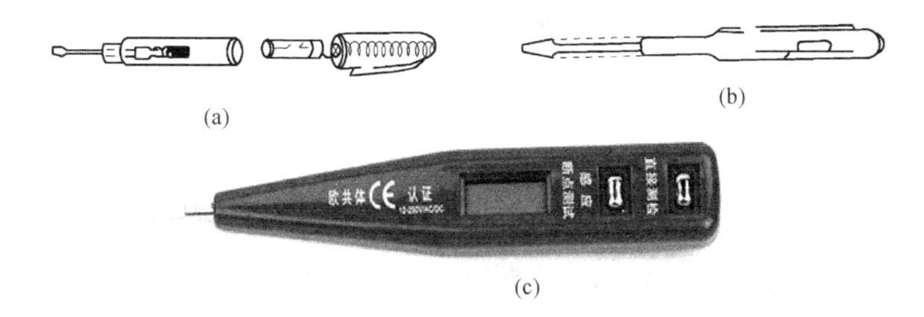

图 1-22　验电笔

（a）钢笔式验电器；（b）改锥式验电器；（c）感应式数显验电器

钢笔式或改锥式验电笔使用时，必须手指触及笔尾金属部分，并使氖管小窗背光且朝自己，以便观测氖管亮暗程度，防止因光线太强造成误判，使用方法如图 1-23 所示。

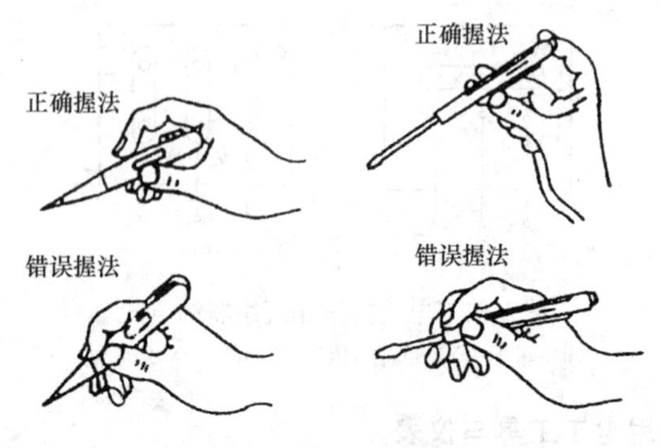

图 1-23　验电笔的握法

使用验电笔测试带电体时，电流经带电体、电笔、人体及大地形成通电回路，只要带电体与大地之间的电位差超过 60V，验电笔中氖管就会发光。

2）电工刀

电工刀是电工常用的一种切削工具。普通电工刀由刀片、刀刃、刀把、刀鞘组成。电工刀适用于割去导线绝缘外皮，刮去导线和元器件引线上绝缘物和氧化物。电工刀按尺寸分为大、小两号。还有一种多用途电工刀，既有刀片，又有锯片和锥针，不但可削割，还可以锯割电线槽板，锥钻底孔，使用起来更加方便。电工刀如图 1-24 所示。

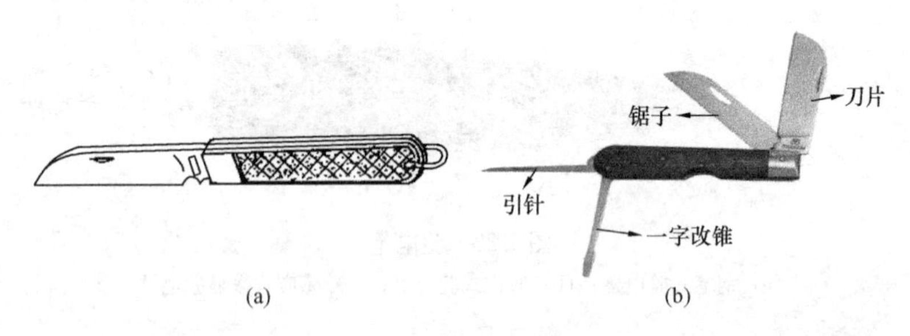

图 1-24　电工刀

（a）普通电工刀；（b）多功能电工刀

3）螺丝刀

螺丝刀也称为螺丝起子、螺钉旋具、旋凿、改锥等，用来紧固或拆卸螺钉。它的种类很多，按头部形状不同，可分为一字和十字两种；按手柄材料和结构不同，可分为木柄、塑料柄、夹柄和金属柄等四种；按操作形式可分为自动、电动和风动等形式，如图 1-25 所示。

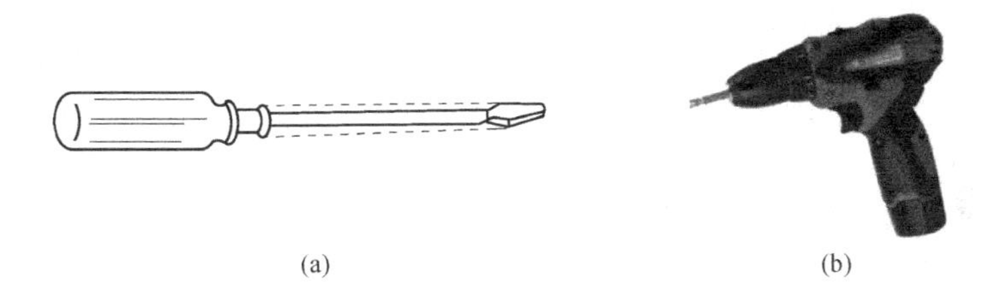

(a)　　(b)

图 1-25　螺丝刀

(a) 普通螺丝刀；(b) 电动螺丝刀

4）钢丝钳

钢丝钳是电工常用工具，俗称老虎钳，常用规格有 150mm、175mm、200mm、250mm 等。一般选用带绝缘手柄的钢丝钳，其绝缘套耐压 500V，适合在低压带电设备上使用。

钢丝钳用途广泛。钳口可用来弯绞或钳夹导线线头；齿口可用来紧固或起松螺母；刀口可用来剪切导线或钳削导线绝缘层；侧口可用来铡切导线线芯、钢丝等较硬线材。各型钢丝钳结构如图 1-26～图 1-29 所示。

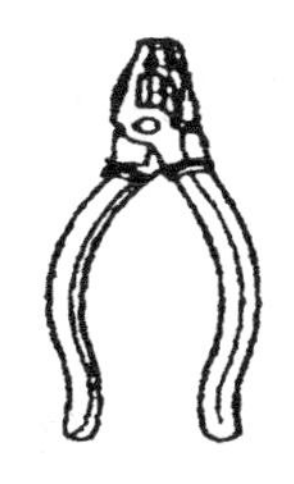

图 1-26　钢丝钳

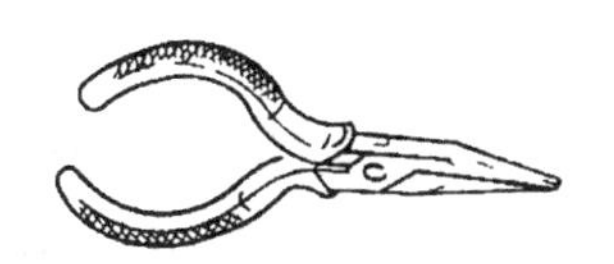

图 1-27　尖嘴钳

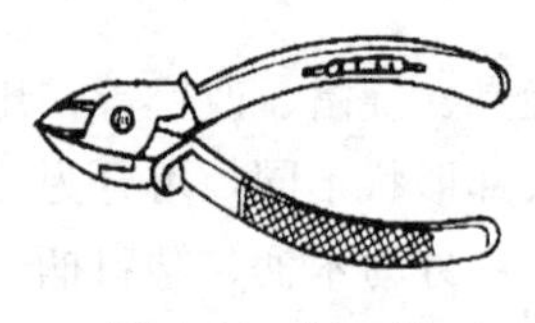

图 1-28　斜口钳

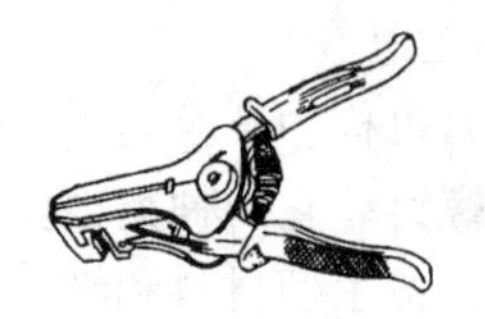

图 1-29　剥线钳

5）尖嘴钳

尖嘴钳是电工常用工具之一。电工用尖嘴钳应选用带绝缘柄的。尖嘴钳其头部尖细（如图 1-27 所示），适用于在狭小工作空间操作。

尖嘴钳可用来剪断较细小的导线，夹持较小的螺钉、螺帽、垫圈、导线等，也可对单股导线整形（如平直、弯曲等）。

6）斜口钳

斜口钳也是电工常用工具，其头部扁斜，又称斜嘴钳、扁嘴钳，专门用于剪断较粗的电线和金属丝，其柄部有铁柄和绝缘套管，如图 1-28 所示。

对粗细不同、硬度不同的材料，应选用大小合适的斜口钳。

7）剥线钳

剥线钳是专门用于剥削较细小导线绝缘层的工具，其外形如图 1-29 所示。

使用剥线钳剥削导线绝缘层时，先将要剥削的绝缘长度用标尺定好，然后将导线放入相应刃口中（比导线直径稍大），再用手将钳柄握住，导线绝缘层即被剥离。

使用上述各型工具钳带电作业时，应检查其绝缘是否良好，在作业时金属部分避免触及人体或邻近带电体。

8）电烙铁

电烙铁是手工焊接的主要工具，分为外热式、内热式、恒温式、调温式等类型。其基本结构都是由发热部分、储热部分和手柄部分组成，如图 1-30 所示。

焊接前，要把焊头的氧化层除去，并用焊剂进行上锡处理，

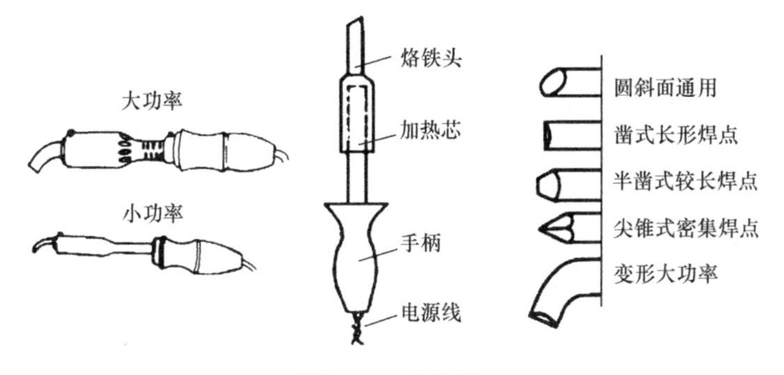

图 1-30　电烙铁

使焊头前端经常保持一层薄锡，以防止氧化、减少能耗、保持导热良好。

电烙铁的握法没有统一要求，以不易疲劳、操作方便为原则，一般有笔握法和拳握法两种，如图 1-31 所示。

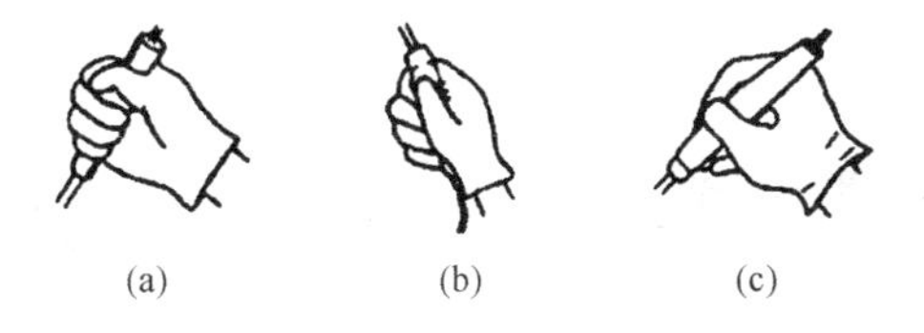

图 1-31　电烙铁握法

(a) 反握法；(b) 正握法；(c) 握笔法

使用电烙铁焊接导线时，必须使用焊料和焊剂。焊料一般为丝状焊锡或纯锡，常见焊剂有松香、焊膏等。

9）扳手

扳手是用于紧固和松动螺母的一种专用工具，分为活动扳手和固定扳手。

固定扳手（又称呆扳手）的扳口为固定口径，不能调整，但使用时不易打滑。固定扳手有开口扳手、梅花扳手、套筒扳手等形式。

活动扳手（又称活扳手或活络扳手），它的钳口可在规格所定范围内任意调整大小，主要由活扳唇、呆扳唇、扳口、蜗轮、轴销等构成，其规格以长度（mm）×最大开口宽度（mm）表示，常用的有 150×19（6 英寸）、200×24（8 英寸）、250×30（10 英寸）、300×36（12 英寸）等几种。

扳动较大螺杆螺母时，所用力矩较大，手应握在手柄尾部。扳动较小螺杆螺母时，为防止钳口处打滑，手可握在接近头部的位置，且用拇指调节和稳定螺杆。

使用活络扳手旋动螺杆螺母时，必须把工件两侧平面夹牢，以免损坏螺杆螺母棱角。使用活络扳手不能反方向用力，否则容易扳裂活络扳唇，不准用钢管套在手柄上作加力杆使用，不准用作撬棍撬重物，不准把扳手当手锤，否则将会对扳手造成损坏。常用扳手如图 1-32 所示。

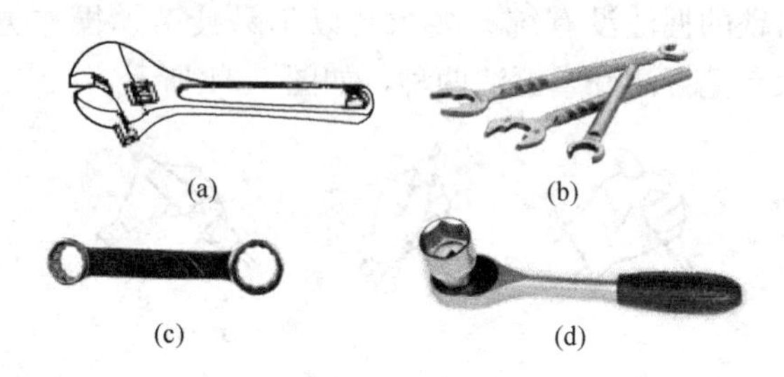

图 1-32 扳手

（a）活动扳手；（b）开口固定扳手；

（c）梅花扳手；（d）套筒扳手

10）电钻

电工常用的电钻有手电钻、冲击电钻和小型台钻。

① 手电钻

手电钻是电工在安装维修工作中常用的工具之一。它体积小、重量轻，还可以随意移动，如图 1-33（a）、（b）所示。

② 冲击电钻

冲击电钻，也称电锤，常用于在建筑物上钻孔，如图 1-33（c）所示。把冲击电钻的调节开关置于“钻”位时，钻头只旋转

图 1-33　电钻
（a）普通手电钻；（b）充电式手电钻；
（c）冲击电钻；（d）小型台钻

而没有前后冲击的动作，可以当普通电钻使用。把冲击电钻的调节开关置于“锤”位时，钻头边旋转边前后冲击，便于钻削混凝土或在砖结构建筑物上打孔。

遇到较坚硬的工作面时，不能加过大的压力，否则可能将钻头退火或电钻过载而损坏。电工用冲击电钻一般可以钻 6～16mm 圆孔。用作普通钻时，用麻花钻头；作冲击钻时，应使用专用冲击钻头。

③ 小型台钻

小型台钻是一种固定式的钻孔工具，比手电钻功率大，操作方便，可以钻孔、扩孔等，如图 1-33（d）所示。台钻的主体和工作台之间可进行上下、左右调节，调定后必须锁住手柄。

小型台钻具有多挡转速，改变转速时必须先停车。钻孔时，立轴应作顺时针方向旋动。

(2) 常用电工仪表

1) 电工仪表及分类

电工仪表是实现电工测量过程所需技术工具的总称。电工仪表的测量对象主要是电学量与磁学量。电学量又分为电量与电参量。通常要求测量的电量有电流、电压、功率、电能、频率等；电参量有电阻、电容、电感等。通常要求测量的磁学量有磁感应强度、磁导率等。

电工仪表的分类有以下几种：

① 按测量方法可分为比较式和直读式两类。比较式仪表需将被测量与标准量进行比较后才能得出被测量的数量，常用的比较式仪表有电桥、电位差计等。直读式仪表将被测量数量由仪表直接指示出来，常用的电流表、电压表等均属直读式仪表。直读式仪表测量过程简单，操作容易，但准确度不太高。比较式仪表结构较复杂，造价较昂贵，测量过程也不如直读法简单，但测量的结果较直读式仪表准确。

② 按被测量参数区分，可分为电流表、电压表、功率表、频率表、相位表等。

③ 按被测电量性质区分，可分为直流、交流和交直流两用仪表。

④ 按工作原理可分为磁电式、电磁式、电动式仪表等。

⑤ 按显示方法可分为指针式（模拟式）和数字式。指针式仪表用指针和刻度盘指示被测量的数值；数字式仪表先将被测量的模拟量转化为数字量，然后用数字显示被测量的数值。

⑥ 按测量精度区分，可分为 0.1、0.2、0.5、1.0、1.5、2.5 和 5.0 共 7 个等级。

2) 指针型万用表

万用表是一种多功能、多量程的便携式电工仪表，一般可测量直流电流、交直流电压和电阻，有些万用表还可测量电容、功率、晶体管共射极直流放大系数等。市场上万用表，主要分为两种：一种是模拟指针式万用表，具有直观、明了的特点，其指针与被测量之间保持一定的对应关系。另一种是数字万用表，它以数字形式显示被测量。数字万用表具有读数准确、精度高、电压灵敏度高，电流挡内阻小、测量种类和功能齐全、使用方便等优点。但不足之处是不能反映被测量的连续变化过程及变化趋势；测量动态量时数字跳跃，价格偏高，维修困难。

以 MF47 指针型万用表为例介绍其基本使用方法。MF47 指针型万用表外形图如图 1-34（a）所示。

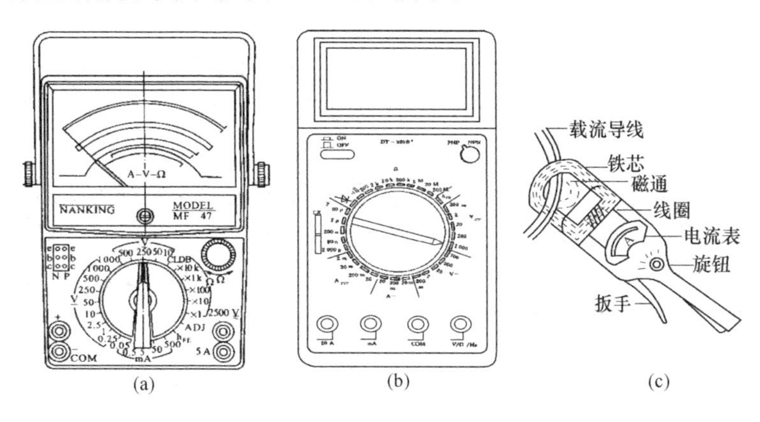

(a) (b) (c)

图 1-34　万用表

（a）MF47 指针型万用表；（b）DT890B+数字型万用表；（c）钳形表

① 直流电压测量

把万用表两表棒插好，红表棒接“+”，黑表棒接“−”，把挡位开关旋钮打到直流电压挡（DCV 挡），并选择合适的量程。当被测电压数值范围不确定时，应先选用较高的量程，把万用表两表棒并接到被测电路上，红表棒接直流电压正极，黑表棒接直流电压负极，不能接反。根据测出电压值，再逐步选用低量程，最后使读数在满刻度的 2/3 附近。

② 交流电压测量

测量交流电压时将挡位开关旋钮打到交流电压挡（ACV 挡），表棒不分正负极，与测量直流电压相似进行读数，其读数为交流电压的有效值。

③ 直流电流测量

把万用表两表棒插好，红表棒接“+”，黑表棒接“−”，把挡位开关旋钮打到直流电流挡（DCmA 挡），并选择合适的量程。当被测电流数值范围不确定时，应先选用较高的量程。把被测电路断开，将万用表两表棒串接到被测电路上，注意直流电流从红表棒流入，黑表棒流出，不能接反。根据测出电流值，再逐步选用低量程，保证读数的精度。

④ 电阻测量

插好表棒，打到电阻挡（Ω 挡），并选择量程。短接两表棒，旋动电阻调零电位器旋钮，进行电阻挡调零，使指针打到电阻刻度右边的“0”Ω 处，将被测电阻脱离电源，用两表棒接触电阻两端，从表头指针显示的读数乘所选量程的分辨率数即为所测电阻的阻值。如选用 R×10 挡测量，指针指示 50，则被测电阻的阻值为：50Ω×10=500Ω。如果显示值过大或过小要重新调整挡位，保证读数的精度。

3）数字型万用表

数字型万用表是目前建筑工程使用最广泛的一种电工测量仪表。下面以 DT890B+型数字万用表（图 1-34（b））为例介绍其使用方法。

DT890B+数字多用表整机电路设计以大规模集成电路、A/D 转换器为核心，并配以全功能的过载保护，可以测量直流电压和电流、交流电压和电流、电阻、电容、二极管正向压降、晶体管 h_{FE} 参数及电路通断等。

① 交流电压和直流电压测量

将黑表棒插入 COM 插孔，红表棒插入 VΩ 插孔。将旋转开关转到电压挡位适合量程，将表棒并接在被测负载或信号源上，红表棒所接端的极性也将与被测电压值同时显示。

② 电阻测量

将黑表棒插入 COM 插孔，红表棒插入 VΩ 插孔。将旋转开关转到 Ω 挡位适合量程，将测试表棒跨接到待测电阻上，直接由液晶显示器读取被测电阻值。

③ 电容测量

将黑表棒插入 COM 插孔，将红表棒插入 mA 插孔。将旋转开关转到电容挡适合量程，将被测电容连接到表棒两端（红表棒为正），有必要时请注意极性连接。

④ 晶体三极管 h_{FE}参数测量

将旋转开关转到 h_{FE}挡。先确定晶体三极管是 PNP 型还是 NPN 型，然后再将被测管 E、B、C 三脚分别插入面板对应的测试插孔内。仪表显示的是 h_{FF} 近似值，测试条件为基极电流 10μA、Vce 约 3V。

⑤ 二极管测量

将黑表棒插入 COM 插孔，红表棒插入 VΩ 插孔（红表棒极性为“＋”）。将旋转开关转到→⊢挡，将测试棒跨接在被测二极管上。

⑥ 蜂鸣连续性通断测试

将黑表棒插入 COM 插孔。将旋转开关转到·))挡（与二极管→⊢测试同一量程），将测试棒接在被测电路两端。当被检查两点之间的电阻值约小于 70Ω 时，蜂鸣器即刻发出鸣叫声。

4）钳形电流表

钳形电流表主要部件是一个穿心式的电流互感器。测量时，将钳形电流表的磁铁套在被测导线上，形成 1 匝的一次绕组，根据电磁感应原理，二次绕组便会产生感应电流，与二次绕组相连的电流指针便会发生偏转，指示出电路中电流的数值。

钳形电流表使用方便，无须断开电源和线路即可直接测量运行中电气设备的工作电流，便于及时了解设备的工作状况。用电磁系测量机构制成的钳形电流表，可以交直流两用，但还有一种由电流互感器和电流表组成的钳形电流表，只能测量交流电流，在使用中应当注意。图 1-34（c）为钳形电流表外形图。

使用钳形电流表时要正确选择量程。测量前应估计被测电流大小，选择合适的量程。若无法估算电流大小，应先选择大的量程范围，通过试测量后，再选择合适的量程。

测量时，将被测导线钳入钳口中央位置，以提高测量的准确度；被测导线的电流就在铁芯中产生交变磁力线，钳形电流表上指示感应电流读数。测量结束后，应将量程开关调到最大量程位置，以便下次安全使用。

5）绝缘电阻表

绝缘电阻表又称兆欧表，俗称摇表。通常用来测量设备和线缆的绝缘电阻。主要由磁电式流比计与手摇直流发电机组成。目前市场上还有电子式的绝缘电阻表或绝缘电阻测试仪，使用更加方便。图 1-35（a）为 ZC-7 型绝缘电阻表的外形图。

测量方法按如下所示进行：

① 调零。在测量前，绝缘电阻表应分别做一次开路试验和短路试验。表针在开路试验中应指到“∞”处，而在短路试验中指针应指到“0”位。

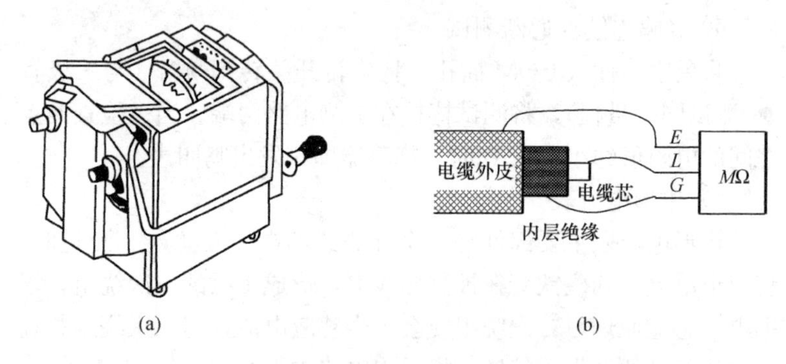

图 1-35 ZC-7 兆欧表及测量接线图

（a）ZC-7 兆欧表；（b）电缆绝缘电阻测量接线图

② 电压等级选择。根据被测电气设备额定电压选用绝缘电阻表的电压等级：一般测量 50V 以下的用电设备的绝缘电阻时，可选用 250V 绝缘电阻表；测量 50～380V 用电设备的绝缘电阻时，可选用 500V 绝缘电阻表；测量 500V 以上用电设备的绝缘电阻时，应选用 1000V 绝缘电阻表。当回路绝缘电阻值大于

10MΩ 时，应采用 2500V 兆欧表代替，试验持续时间应为 1min。

③ 兆欧表的接线端钮有 3 个，分别标有“G（屏）”、“L（线）”、“E（地）”。被测的电阻接在 L 和 E 之间，G 端的作用是为了消除表壳表面 L、E 两端间的漏电和被测绝缘物表面漏电的影响。在进行一般测量时，把被测绝缘物接在 L、E 之间即可。但测量表面不干净或潮湿时，为了准确测出绝缘材料内部的绝缘电阻，就必须使用 G 端。图 1-35（b）为测量电缆绝缘电阻的接线图。

6）接地电阻表

接地电阻表又称接地摇表，主要用于测量电气系统、防雷系统等接地装置的接地电阻和土壤电阻率。ZC-8 型接地电阻表是一种常用的工程接地电阻测试仪，如图 1-36 所示。

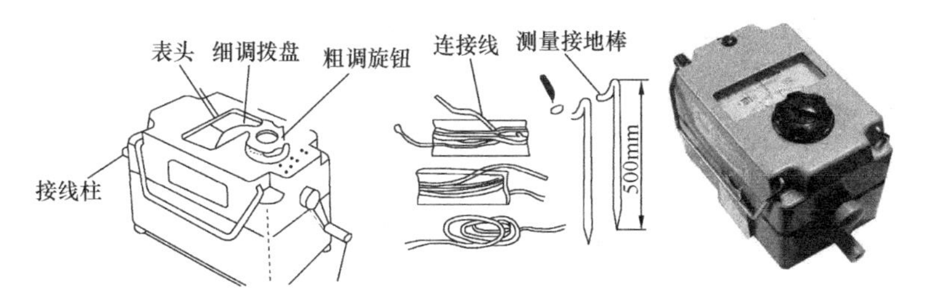

图 1-36　ZC-8 接地电阻测试表及附件

ZC-8 型接地电阻测定仪由高灵敏度的检流计 G、交流发电机 M、电流互感器 LH 及调节电位器 RP、测量用接地极 E、电压辅助电极 P、电流辅助电极 C 等组成。交流发电机 M 以 120r/min 的速度转动时，产生 90～98Hz 的交变电流 i，通过互感器 LH 的原边、接地极 E、电流辅助电极 C 形成回路。在接地电阻 R_X 上产生电压降 iR_X，其电位分布如图 1-37 中 EP 段曲线所示。通过 PC 之间的电阻 R_C 产生的电压降 iR_C 的电位分布如图中曲线 PC 所示。测量方法如下：

① 如图 1-37 所示，沿被测接地极 E'，使电位探测针 P' 和电流探测针 C' 依直线彼此相距 20m 插入地中，且电位探测针 P'

要插于接地极 E' 和电流探测针 C' 之间。

② 用导线将 E'、P'、C' 分别接于仪表上相应的端钮 E、P、C 上。

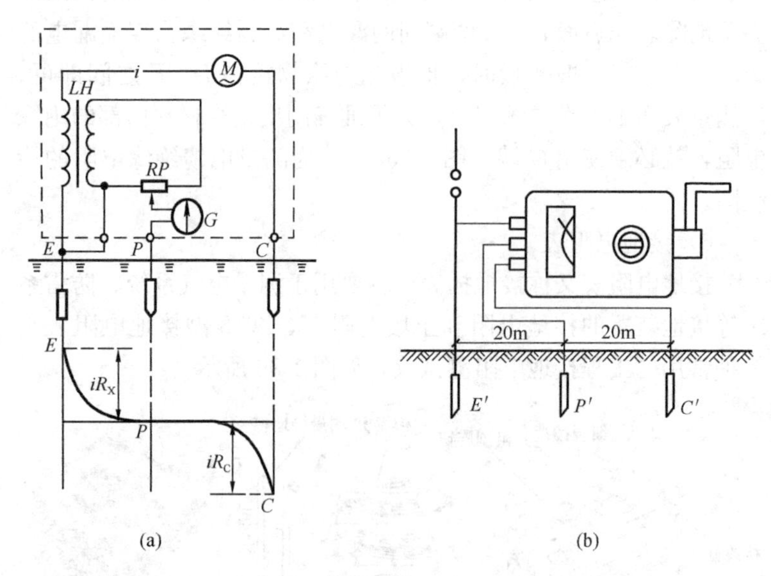

图 1-37 ZC-8 接地电阻表测试原理及接线

(a) 工作原理；(b) 接线方式

③ 将仪表放置水平位置，检查零指示器的指针是否指于中心线。若偏离中心线，可用零位调整器将其调整指于中心线。

④ 将“倍率标度”置于最大倍数，慢慢转动发电机的手柄，同时旋动“测量标度盘”，使零指示器和指针指于中心线。当零指示器指针接近平衡时，加快发电机手柄的转速，使其达到每分钟 120r 以上。调整“测量标度盘”，使指针指于中心线上。

⑤ 如果“测量标度盘”的读数小于 1，应将“倍率标度”置于较小的倍数，再重新调整“倍率标度盘”，以得到正确的读数。

⑥ 当指针完全平衡在中心线上以后，用“测量标度盘”的读数乘以倍率标度，即为所测的接地电阻阻值。

4. 施工现场临时用电常识

（1）施工现场供用电设施

1）电工胶带

电工绝缘带主要用于包扎电线和电缆的接头，常用电工绝缘带如图 1-38。

① 绝缘黑胶布

绝缘黑胶布简称黑胶布，是在棉布上绝缘涂胶卷切而成，具有良好的缠绕性和绝缘性。使用时用手即可扯断，较为方便。适用于交流 380V 及以下电线电缆包扎，常用作照明电路和低压施工供电线路绝缘包扎。其绝缘强度为 1kV，适用于－10℃～＋40℃的环境温度，可用于室外工程，如图 1-38（a）所示。

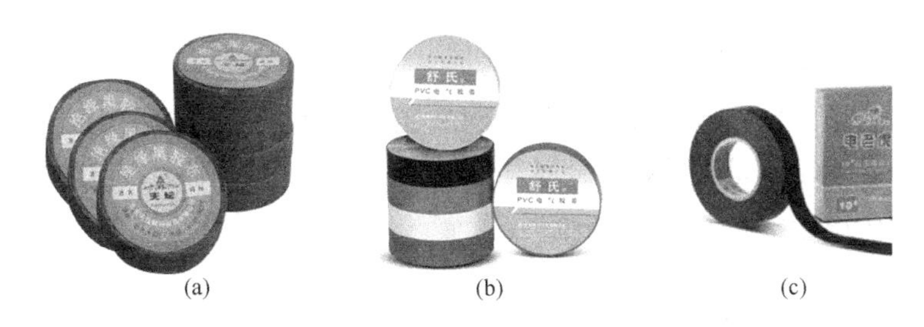

图 1-38　常用电工胶带

（a）绝缘黑胶布；（b）PVC 电气胶带；（c）自黏性橡胶带

② PVC（聚氯乙烯）电气胶带

也称塑料胶带，是在聚氯乙烯薄膜上涂敷胶浆卷切而成。其绝缘性能及防水性能均比黑胶布强。绝缘强度为 2kV，适用于－5℃～＋60℃的环境温度。如图 1-38（b）所示。

③ 自黏性橡胶带

它是带黏性的橡胶带，适用于 10kV 以下电缆终端头和对接头绝缘密封。在拉伸之后经一定时间便成为一个紧密的整体，使用环境温度不低于－15℃，击穿电压大于 20kV/mm。如图 1-38（c）所示。

2）常用低压电器

常用低压电器通常分为配电电器和控制电器两类。配电电器指断路器、熔断器、万能开关和转换开关；控制电器是指继电器、启动器、控制器、主令电器、电阻器、变阻器、电磁铁等。

① 刀开关

刀开关通常由绝缘底板、动触刀、静触座、灭弧装置和操作机构组成，如图 1-39 所示。刀开关按照极数可以分为单极刀开关、双极刀开关和三极刀开关；按照转换方式可以分为单投式刀开关、双投式刀开关；按操作方式可分为手柄直接操作式和杠杆式刀开关。常用“QS”标注。

刀开关的主要特点是构造简单，价格低廉，但容量较小，常用的有 16A、32A，最大为 63A，常用于家庭、建筑工地临时用电。

② 熔断器

熔断器，俗称保险，是电网和用电设备的安全保护电器之一，其主体是用低熔点金属丝或金属薄片制成的熔体，串联在被保护电路中，如图 1-40 所示。

图 1-39　刀开关

图 1-40　熔断器

在正常情况下，熔断器的熔体相当于一个导线，当发生短路或过载时，电流很大，熔体因过热熔化而切断电路。常用“FU”标注熔断器。

熔断器由熔体和绝缘底座组成，作为保护电器，具有结构简单、价格低廉、使用方便等优点，应用极为广泛。

③ 断路器

断路器是低压电路中重要的保护电器之一。它主要用于保护交、直流电路内的电气设备，使之免受短路、严重过载或欠电压等不正常情况的危害。断路器主要由触头系统、灭弧装置、操作机构和保护装置等几部分组成，常用“QF”标注，如图 1-41 所示。

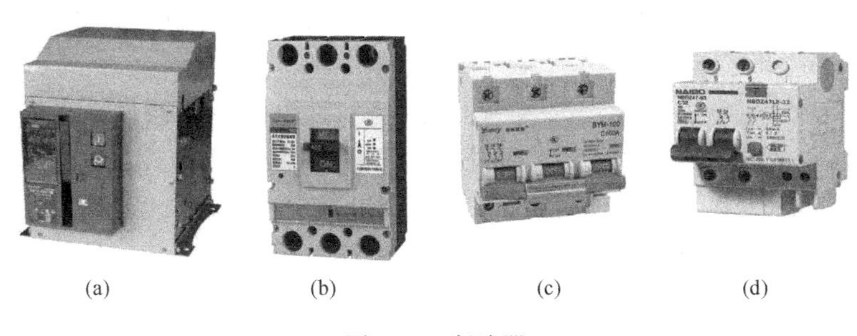

(a) (b) (c) (d)

图 1-41 断路器

(a) 框架断路器；(b) 塑壳断路器；(c) 微型断路器；(d) 漏电保护器

低压断路器具有多种保护功能、动作后不需要更换元件、动作电流可按需要整定、工作可靠、安装方便和分断能力较强等特点。

施工现场一般使用空气断路器，俗称空开。根据其对应的额定电流大小及分断能力，一般有微型断路器、塑壳断路器和框架断路器几种形式。

在断路器基础上加装剩余电流装置就成了常用的漏电保护开关，成为防止人身触电、电气火灾及电气设备损坏的一种有效的防护电器。

④ 接触器

接触器是一种用来自动接通或断开大电流电路的电器。大多数情况下其控制对象是电动机，也可用于其他电力负载。接触器不仅能自动接通和断开电路，还具有控制容量大、低电压释放保护、寿命长、能远距离控制等优点，所以在电气控制中广泛采用。常用“KM”标注。如图 1-42 所示。

图 1-42　接触器

接触器的工作原理是：当接触器线圈通电后，线圈电流产生磁场，使静铁芯产生电磁吸力吸引动铁芯，并带动交流接触器点动作，常闭触点断开，常开触点闭合；当线圈断电时，电磁吸力消失，衔铁在释放弹簧作用下释放，使触点复原，常开触点断开，常闭触点闭合。

⑤ 继电器

继电器是一种电气控制器件，当输入量的变化达到规定要求时，在电气输出电路中使被控量发生预定阶跃变化。通常应用于自动化控制电路中。它实际上是用小电流去控制大电流运作的一种“自动开关”，在电路中起着自动调节、安全保护、转换电路等作用。

电气工程中常用有中间继电器、时间继电器和热继电器等，如图 1-43 所示。

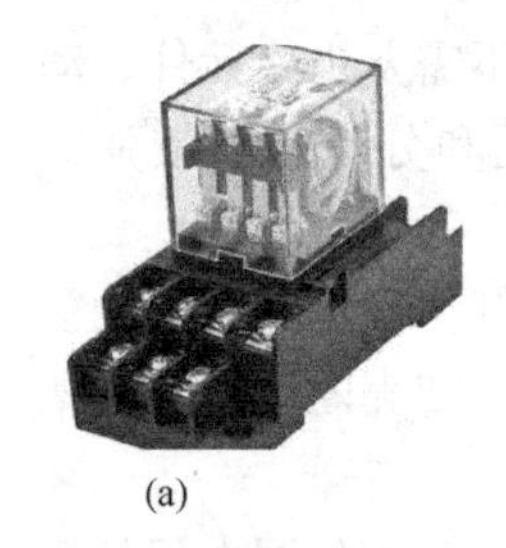

(a)

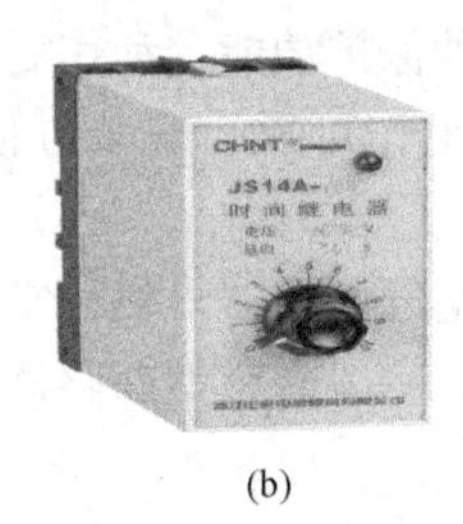

(b)

(c)

图 1-43　继电器

(a) 中间继电器；(b) 时间继电器；(c) 热继电器

中间继电器在结构上是一个电压继电器，是用来转换控制信号的中间元件。它输入线圈的通电信号或断电信号，输出信号为触头动作。触头数量较多，各触头的额定电流相同，多数为 5A，小型的为 3A。输入信号（线圈通电或断电）时，较多地触头动作，所以可以用来增加控制电路中信号的数量，同时，它的触头额定电流比线圈大得多，所以还可以用来放大信号，常用

“KA”标注。

时间继电器是一种利用电磁或机械动作原理来延迟触头闭合或分断的自动控制器件。在电气控制过程中起到延时开关的作用。常用“KT”标注。

热继电器是一种过载保护电器，主要用于电动机的过载保护、断相保护、电流不平衡保护以及设备发热状态时的控制。常用“FR”标注。

3）变压器

施工现场临时用电一般采用220V/380V低压供电，施工用电量较大时，一般采用高压进线，这时就需要采用降压变压器。为了安全，低电压电路（如安全照明）可采用行灯变压器，其输入、输出绕组在电气上至少由相当于双重绝缘或加强绝缘隔离开来。

施工现场用电力变压器常采用干式变压器，常用变压器规格有100kVA、200kVA、250kVA、315kVA、400kVA、500kVA、630kVA、800kVA、1000kVA、1250kVA、1600kVA等，如图1-44所示。

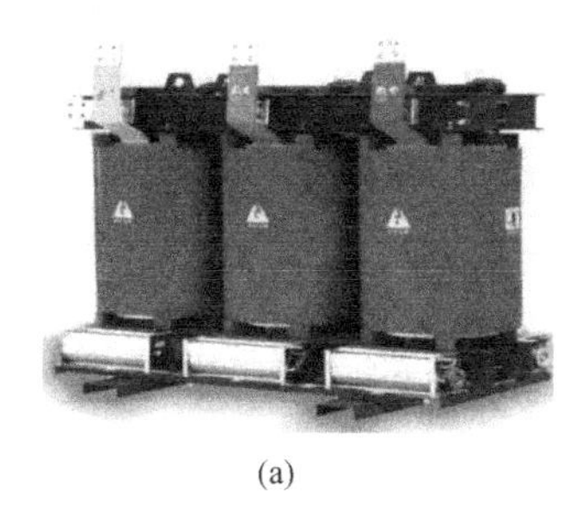

(a)

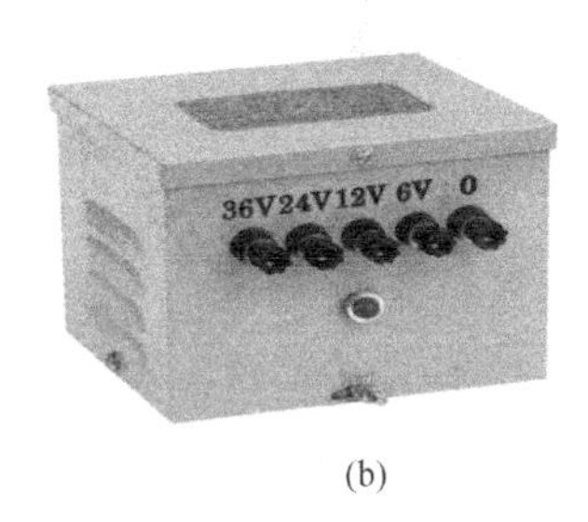

(b)

图1-44 变压器

(a) 电力变压器；(b) 行灯变压器

4）临时配电柜（箱）

施工现场临时配电包括总配电柜（箱）、分配电箱和开关箱。

施工现场临时配电柜（箱）的型号是根据临时用电设计方案

进行定制的，并应符合国家相关标准规范要求。如图 1-45 为三级临时配电箱实例。

(a)

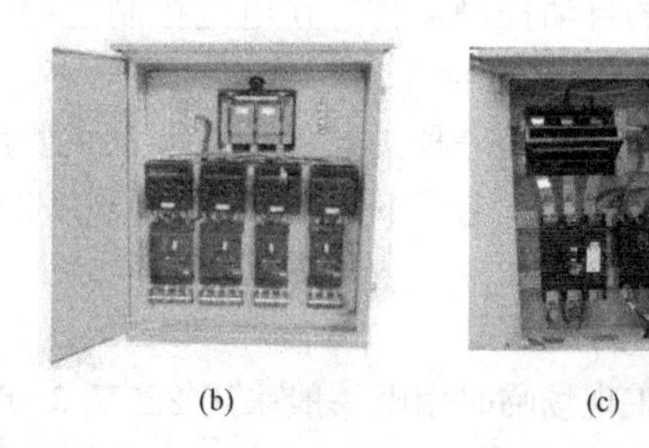
(b)

(c)

图 1-45 临时配电箱

(a) 总配电箱；(b) 分配电箱；(c) 开关箱

5）临时照明灯具

施工现场常用临时照明灯具主要有：高压汞灯、金属卤化物灯、卤素灯、直管荧光灯、手提胶柄灯、防爆行灯、防爆灯、防水灯等。

① 荧光高压汞灯

荧光高压汞灯具有光效高、寿命长、省电等特点，适合于工地上大面积照明。荧光高压汞灯利用水银放电管、钨丝和荧光质三种发光要素同时发光。荧光高压汞灯又分为镇流器型荧光高压汞灯、自镇型荧光高压汞灯（图 1-46（a)），其中镇流器型还需要外置镇流器。

反射型荧光高压汞灯（图 1-46（b)）的光线集中，可作为定向照射投光灯用。

② 金属卤化物灯

金属卤化物灯光效高（是普通灯的 4～5 倍)、光色好，寿命可在 500～1000h，电压有 220V 和 380V，开始点燃需 10min 才稳定，熄灭后再启动需 10～15min，功率 250～2500W。如图 1-46（c)所示。根据充金属物的不同又分为：镝灯、钠铊铟灯、钪钠灯等。

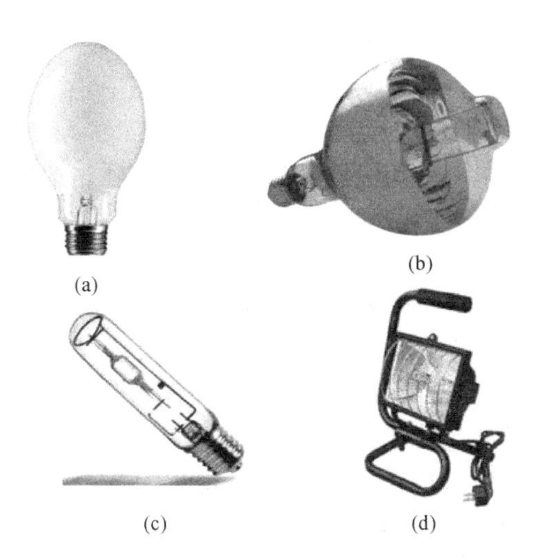

图 1-46　临时照明灯具

(a) 自镇荧光高压汞灯；(b) 反射型荧光高压汞灯；
(c) 金属卤化物灯；(d) 碘钨灯

③ 卤钨灯

卤钨灯体积小、光通稳定、光效高，寿命 1500h。也可以作为安全照明灯具使用。常用的卤钨灯有溴钨灯和碘钨灯，溴钨灯比碘钨灯的光效要高一些。图 1-46（d）所示为碘钨灯。

（2）施工现场临时供电要求

根据《施工现场临时用电安全技术规范》JGJ 46 的规定，建筑施工现场临时用电工程专用电源中性点直接接地的三相四线制低压电力系统，采用 TN-S 接地保护系统。

在施工现场的下列特殊场所应使用安全特低电压照明器具：

1）隧道、人防工程、高温、有导电灰尘、比较潮湿或灯具离地面高度低于 2.5m 等场所的照明，电源电压不应大于 36V；

2）潮湿和易触及带电导体场所的照明，电源电压不得大于 24V；

3）特殊潮湿场所、导电良好的地面、锅炉或金属容器内的照明，电源电压不得大于 12V。

(3) 施工现场临时用电安全技术要求

1) 配电线路布置

① 架空线路敷设基本要求

施工现场架空线必须采用绝缘导线；导线长期连续负荷电流应小于导线计算负荷电流；三相四线制线路的N线和PE线截面不小于相线截面的50%，单相线路中性线截面与相线截面相同；架空线路必须有短路保护。采用熔断器做短路保护时，其熔体额定电流应不大于明敷绝缘导线长期连续负荷允许载流量的1.5倍；架空线路必须有过载保护。采用熔断器或断路器做过载保护时，绝缘导线长期连续负荷允许载流量不应小于熔断器熔体额定电流或断路器长延时过流脱扣器脱扣电流整定值的1.25倍。

② 电缆线路敷设基本要求

电缆中必须包含全部工作芯线和作保护地线的芯线，即五芯电缆；五芯电缆必须包含淡蓝、绿/黄两种颜色绝缘芯线。淡蓝色芯线必须用作N线；绿/黄双色芯线必须用作PE线，严禁混用。电缆线路应采用埋地或架空敷设，严禁沿地面明设，并应避免机械损伤和介质腐蚀。直接埋地敷设的电缆过墙、过道、过临建设施时，应套钢管保护。电缆线路必须有短路保护和过载保护。

③ 室内配线要求

室内配线必须采用绝缘导线或电缆。室内非埋地明敷主干线距地面高度不小于2.5m；室内配线必须有短路保护和过载保护。

2) 配电箱与开关箱的设置

① 配电系统应采用配电柜或总配电箱、分配电箱、开关箱三级配电方式。

② 总配电箱应设在靠近电源的区域。分配电箱应设在用电设备或负荷相对集中的区域。分配电箱与开关箱的距离不大于30m。开关箱与其控制的固定式用电设备的水平距离宜小于等于3m。

③ 每台用电设备必须具有各自专用的开关箱，严禁用同一

个开关箱直接控制 2 台及以上用电设备（含插座）。

④ 配电箱、开关箱（含配件）应装设端正、牢固。固定式配电箱、开关箱的中心点与地面的垂直距离应为 1.4～1.6m。移动式配电箱、开关箱应装设在坚固、稳定的支架上。其中心点与地面的垂直距离宜为 0.8～1.6m。

⑤ 配电箱的电器安装板上必须分设 N 线端子板和 PE 线端子板。N 线端子板必须与金属电器安装板绝缘。PE 线端子板必须与金属电器安装板做电气连接。进出线中的线必须通过 N 线端子板连接，PE 线必须通过 PE 线端子板连接。

⑥ 配电箱、开关箱的金属箱体、金属电器安装板以及电器正常不带电的金属底座、外壳等，必须通过 PE 线端子板与 PE 线做电气连接，金属箱门与金属箱体必须采用编织软铜线做电气连接。

（3）施工现场临时用电管理

1）施工现场临时用电组织设计

根据《施工现场临时用电安全技术规范》JGJ 46 的规定：

① 施工现场临时用电设备在 5 台及以上或设备容量在 50kW 及以上者，应编制用电组织设计。

② 施工现场临时用电设备在 5 台以下或设备总容量在 50kW 以下者，应制定安全用电和电气防火措施。

③ 临时用电组织设计变更时，必须履行“编制、审核、批准”程序，由电气工程技术人员组织编制，经相关部门审核及具有法人资格企业的技术负责人批准后实施。变更用电组织设计时应补充有关图纸资料。

④ 临时用电工程必须经编制、审核、批准部门和使用单位共同验收，合格后方可投入使用。

2）临时用电安全

① 临时用电工程图纸应单独绘制，临时用电工程应按图施工。

② 安装、巡检、维修或拆除临时用电设备和线路，必须由电工完成，并应有人监护。

③ 各类用电人员应掌握安全用电基本知识和所用设备的性能。

④ 施工现场临时用电必须建立安全技术档案。

3）使用与维护

施工现场临时用电设施的使用与维护应符合下列要求：

① 临时配电箱、开关箱箱门应配锁，并应有专人负责。

② 临时配电设施应定期检查、维修。检查、维修时必须按规定做好防护和记录。

③ 对配电箱、开关箱进行定期维修、检查时，必须将其前一级相应的电源隔离开关分闸断电，并悬挂"禁止合闸、有人工作"的停电标志牌，严禁带电作业。

④ 漏电保护器应采用专用仪器检测其特性，且每月不应少于1次，发现问题应及时修理或更换。

⑤ 漏电保护器每天使用前应启动试验按钮试跳一次，试跳不正常时不得继续使用。

（四）计算机操作

弱电工程中普遍应用计算机，特别是微型计算机。微型计算机亦称个人计算机或微型机（PC机）。这是目前发展最快的领域，根据微处理器芯片的不同而分为若干类型。这里将重点讲述个人计算机。

1. 个人计算机介绍

个人计算机由硬件系统和软件系统组成，是一种能独立运行、完成特定功能的设备。

硬件系统是指计算机的物理设备如电源、主板、CPU、内存、硬盘等。

软件系统是指为方便使用计算机而设计的程序，软件系统包括系统软件和应用软件。

以下主要介绍个人计算机分类。

（1）台式机（DesktopPC）

台式机也叫桌面机，是一种独立相分离的计算机，相对于笔记本和上网本计算机，其体积较大，价格便宜。台式机主要部件包括主机、显示器、键盘、鼠标等设备和器件，一般都是相对独立，需要放置在电脑桌或者专门的工作台上，因此称为台式机（或 PC 机）。台式机的性能相对笔记本电脑要强。台式机具有如下特点：

散热性，这是台式机相对笔记本计算机所无法比拟的优点。台式机的机箱具有空间大、通风条件好的特点，故而一直被人们广泛使用。

扩展性，台式机机箱方便用户硬件升级，如包括光驱、硬盘、显卡。台式机箱一般拥有多个光驱驱动器或硬盘驱动器插槽。非常方便用户日后升级和扩容。

保护性，台式机机箱保护硬件不受灰尘侵害，而且具有一定的防水性。

明确性，台式机机箱的开关键、重启键、USB、音频接口都在机箱前置面板中，方便用户使用。

（2）电脑一体机

电脑一体机是由一台显示器、一个电脑键盘和一个鼠标组成的电脑。其芯片、主板与显示器集成在一起。因此只要将键盘和鼠标连接到显示器上，机器就能使用。随着无线技术的发展，电脑一体机的键盘、鼠标与显示器可实现无线连接，机器仅需一根电源线，就解决了一直为人诟病的台式机线缆多而杂的问题。有的电脑一体机还具有电视接收、AV 功能（视频输出功能）、触控功能等。

（3）笔记本计算机（Notebook 或 Laptop）

笔记本计算机也称笔记本电脑、手提电脑或膝上型电脑，是一种小型、可携带的个人计算机。它和台式机架构类似，但提供了台式机无法比拟的绝佳便携性：包括液晶显示器、较小的体积、较轻的重量。笔记本电脑除了键盘外，还提供了触控板

（TouchPad）或触控点（Pointing Stick），提供了更好的定位和输入功能。

笔记本电脑大体分为6类：商务型、时尚型、多媒体应用型、上网型、学习型、特殊用途型。

（4）掌上电脑（PDA）

掌上电脑是一种运行在嵌入式操作系统和内嵌式应用软件之上，具有小巧、轻便、易带、实用、价廉等特点的手持式计算设备。它无论在体积、功能和硬件配备方面都比笔记本电脑简单轻便，但在功能、容量、扩展性、处理速度、操作系统和显示性能方面又远远优于电子记事簿。掌上电脑除了用来管理个人信息（如通讯录、计划等）外，还可以上网浏览页面，收发Email，甚至还可以当手机使用。另外其还具有录音机功能、英汉汉英词典功能、全球时钟对照功能、提醒功能、休闲娱乐功能、传真管理功能等。掌上电脑的电源通常采用普通碱性电池或可充电锂电池。掌上电脑的核心技术是嵌入式操作系统，各种产品之间的竞争也主要在此。

（5）平板电脑（Tablet）

平板电脑是一款无须翻盖、没有键盘、大小不等、形状各异、功能完整的电脑。其构成组件与笔记本电脑基本相同，但它利用触笔在屏幕上书写，可替代键盘和鼠标输入，并且打破了笔记本电脑键盘与屏幕垂直设计模式。它支持手写输入或语音输入，移动性和便携性比笔记本电脑更胜一筹，支持来自Intel、AMD和ARM的芯片架构，小到足以放入手袋。

2. 个人计算机硬件

完整的计算机系统包括两大部分，即硬件系统和软件系统，电脑主机包括以下主机部件：

（1）CPU

CPU即中央处理器，是一台计算机的运算核心和控制核心。其功能主要是解释计算机指令以及处理计算机软件中的数据。CPU由运算器、控制器、寄存器、高速缓存及实现它们之间联系的数据、控制及状态的总线构成。作为整个系统的核心，CPU也是整个系统最高的执行单元，因此CPU已成为决定电脑性能的核心部件，很多用户都以它为标准来判断电脑的档次。

字长，是CPU能同时处理二进制数据的位数（bit），它决定了计算机运算精度和运行速度。

主频，是CPU在单位时间内发出的脉冲数，单位是MHz。主频越高，CPU速度就越快。

（2）主机板

主板是电脑中各个部件工作的一个硬件平台，它把电脑各个部件紧密连接在一起，各个部件通过主板进行数据传输。也就是说，电脑中重要的“交通枢纽”都在主板上，它工作的稳定性直接影响着整机工作的稳定性。

主机板上有CPU插座、内存插座、ROMBIOS、CMOS及电池、输入输出接口和输入输出扩展槽（系统总线）等主要部件。不同档次的CPU需用不同档次的主机板，它的质量直接影响着PC机的性能和价格。

（3）内存储器

内存储器，即内部存储器（RAM），简称内存，属于电子式存储设备。它由电路板和芯片组成，特点是体积小，速度快，有电可存，无电清空，即电脑在开机状态时内存中可存储数据，关机后将自动清空其中的所有数据。存储器中的信息是用“1”和“0”组成的二进制数的形式来表示，一个二进制位为1bit（比特）。

存储器所能容纳的信息量称为存储容量，度量单位是“字节”（BYTE）。八个二进制位组成一个字节。存储容量具有如下转换关系：

1KB（千字节）＝1024字节

1MB（兆字节）＝1024KB

1GB（千兆字节）＝1024MB

内存储器存放正在运行的程序和数据。PC机的内存做成内存条形式，目前流行的内存有 DDR、DDR Ⅱ、DDR Ⅲ三大类，容量 1～8GB。

（4）外存储器

外存储器又称为辅助存储器。用来存储大量暂时不处理的数据和程序。外存储容量大，速度慢，价格低，在停电时能永久地保存信息。最常用的外存储器是硬盘。

硬盘属于外部存储器，由金属磁片制成，而磁片有记忆功能，所以存储到磁片上的数据，不论在开机，还是关机，都不会丢失。硬盘容量很大，目前已达 TB 级，尺寸有 3.5 英寸、2.5 英寸、1.8 英寸、1.0 英寸等，接口有 IDE、SATA、SCSI 等，SATA 最普遍。

固态硬盘与普通硬盘比较，具有以下优点：

① 启动快，没有电机加速旋转的过程。

② 不用磁头，快速随机读取，延迟极小。

③ 相对固定的读取时间。由于寻址时间与数据存储位置无关，因此磁盘碎片不会影响读取时间。

④ 基于 DRAM 的固态硬盘写入速度极快。

⑤ 无噪声。因无机械马达和风扇，工作时噪声值为 0 分贝。某些高端或大容量产品装有风扇，仍会产生噪声。

⑥ 低能耗。低容量基于闪存的固态硬盘在工作状态下能耗和发热量较低。但高端或大容量产品能耗会较高。

⑦ 可靠性高。内部不存在任何机械活动部件，不会发生机械故障，不怕碰撞、冲击、振动。即使在高速移动甚至伴随翻转倾斜的情况下也不会影响到正常使用。在笔记本电脑发生意外掉落或与硬物碰撞时，数据丢失的可能性降到最小。

⑧ 环境温度适应性强。典型的硬盘驱动器只能在 5～55℃范围内工作。而大多数固态硬盘可在－10℃～70℃工作，一些工业级固态硬盘还可在－40℃～85℃，甚至更大的温度范围下工作。

⑨ 体积小、重量轻。低容量固态硬盘比同容量硬盘体积小、重量轻。这一优势随容量增大而逐渐减弱。直至 256GB，固态

硬盘仍比相同容量的普通硬盘轻巧。

固态硬盘目前最大的不足是价格昂贵，相对普通硬盘，价格方面没有任何优势，用户在使用时感觉应用差距并不明显，另外固态硬盘容量小，无法满足大存储数据需求。

（5）显示器

显示器有大有小，有薄有厚，品种多样，其作用是把电脑处理完的结果显示出来。它是一个输出设备，是电脑必不可少的部件之一。分为 CRT、LCD、LED 三大类，主要的常见接口有 VGA、DVI、HDMI 三类。

（6）打印机

通过打印机可把电脑中的文件打印到纸上，它是计算机重要的输出设备之一。在打印机领域形成了针式打印机、喷墨打印机、激光打印机三足鼎立的主流产品，各自发挥其优点，满足各界用户不同需求。

针式打印机具有价格低，但噪声大、打印质量差的特点。喷墨打印机具有价格低、噪声小、打印质量好、可打印彩色、适合家庭使用，但消耗费用高（墨盒贵）等特点。激光打印机具有速度快、分辨率高、无噪声，但价格高、难实现彩色打印等特点。

3. 个人计算机软件

系统软件是管理、监控和维护计算机资源以及开发其他软件的软件。有操作系统、程序设计语言处理程序、支持软件等。其中最重要的是操作系统，它是控制和管理计算机的核心。用来对计算机系统中各种软、硬件资源进行统一管理和调度。它也是人和计算机的操作界面。人们使用计算机就是和操作系统打交道，学习使用计算机就是学习操作系统的使用。常用的操作系统有 Linux、Windows、UNIX、MAC 等。目前普遍使用 Windows 10。

个人电脑市场从硬件架构区分目前包括两大阵营：PC 机与 Apple 电脑。它们支持的操作系统也区分为：Windows 系列操作系统，由微软公司生产；Mac 操作系统，由苹果公司生产，一般安装于 Apple 电脑。

应用软件是为解决各种实际问题而编制的计算机程序。如财务软件、学籍管理系统等。应用软件可以由用户自己编制，也可由软件公司编制。

4. 常用软件介绍

（1）办公软件

1）Microsoft Office

Microsoft Office——微软公司的办公软件，提供强大的数据分析和可视化功能，其完整版包括 Word、Excel、PowerPoint、OneNote 等工具都能帮助用户更好地处理文字、工作文档、演示 PPT 等。

Word 和 PowerPoint 中的现成模板可以有创意地表达其想法，具有丰富视觉效果和媒体编辑功能，创建出色的作业。Excel 可提供用于简化数据处理的电子表格工具，从跟踪支出到创建家庭预算。OneNote 是一个捕获内容及其访问位置组织笔记、文件和资源的工具。

2）WPS

WPS Office 是由金山软件股份有限公司自主研发的一款办公软件，可以实现办公软件常用文字、表格、演示等多种功能。具有内存占用低、运行速度快、体积小巧、强大插件平台支持、免费提供海量在线存储空间及文档模板、支持阅读和输出 PDF 文件、全面兼容 Microsoft Office 格式（doc/docx/xls/xlsx/ppt/pptx 等）独特优势。覆盖 Windows、Linux、Android、IOS 等多个平台。WPS Office 支持桌面和移动办公。WPS 移动版通过 Google Play 平台，已覆盖 50 多个国家和地区。

WPS Office 个人版对个人用户永久免费，包含 WPS 文字、WPS 表格、WPS 演示三大功能模块，与 MS Word、MS Excel、MS PowerPoint 一一对应，应用 XML 数据交换技术，无障碍兼容 doc、xls、ppt 等文件格式，可以直接保存和打开 Microsoft Word、Excel 和 PowerPoint 文件，也可以用 Microsoft Office 轻松编辑 WPS 系列文档。

（2）绘图软件

1）CAD介绍

计算机辅助设计（Computer Aided Design，CAD）指利用计算机及其图形设备帮助设计人员进行设计工作。设计中通常要用计算机对不同方案进行大量的计算、分析和比较，以决定最优方案；各种设计信息，不论是数字的、文字的或图形的，都能存放在计算机的内存或外存中，并能快速检索；设计人员通常用草图开始设计，将草图变为工作图的繁重工作可以交给计算机完成；由计算机自动产生的设计结果，可以快速做出图形，使设计人员及时对设计做出判断和修改；利用计算机可以进行图形的编辑、放大、缩小、平移、复制和旋转等有关的图形数据加工。

常用的CAD软件，也就是所谓的三维制图软件，较二维图纸和二维绘图软件而言，三维CAD软件能够更加直观、准确地反映实体和特征。CAD既是一个可视化的绘图软件，许多命令和操作可以通过菜单选项和工具按钮等多种方式实现，同时具有丰富的绘图和绘图辅助功能，如实体绘制、关键点编辑、对象捕捉、标注、鸟瞰显示控制等。它的工具栏、菜单设计、对话框、图形打开预览、信息交换、文本编辑、图像处理和图形输出预览为用户的绘图带来很大方便。CAD不仅在二维绘图处理方面更加成熟，三维功能也更加完善，可方便地进行建模和渲染。

二维CAD的基本功能如下：

① 平面绘图。能以多种方式创建直线、圆、椭圆、圆环、多边形（正多边形）、样条曲线等基本图形对象。

② 绘图辅助工具。提供了正交、对象捕捉、极轴追踪、捕捉追踪等绘图辅助工具。正交功能使用户可以很方便地绘制水平、竖直直线，对象捕捉可帮助拾取几何对象上的特殊点，而追踪功能使斜线操作及沿不同方向定位点变得更加容易。

③ 编辑图形。具有强大的编辑功能，可以移动、复制、旋转、阵列、拉伸、延长、修剪、缩放对象等。

④ 标注尺寸。可以创建多种类型尺寸，标注外观可以自行

设定。

⑤ 书写文字。能轻易在图形的任何位置、沿任何方向书写文字，可设定文字字体、倾斜角度及宽度缩放比例等属性。

⑥ 图层管理功能。图形对象都位于某一图层上，可设定对象颜色、线型、线宽等特性。

⑦ 三维绘图。可创建3D实体及表面模型，能对实体本身进行编辑。

⑧ 网络功能。可将图形在网络上发布，或是通过网络访问AutoCAD资源。

⑨ 数据交换。提供了多种图形图像数据交换格式及相应命令。

AutoCAD软件是由美国欧特克有限公司（Autodesk）出品的一款自动计算机辅助设计软件，可以用于绘制二维制图和基本三维设计，通过它无须懂得编程，即可自动制图，因此它在全球广泛使用于土木建筑、装饰装潢、工业制图、工程制图、电子工业、服装加工等多方面领域。

2）BIM介绍

建筑信息化模型（Building Information Modeling，BIM）是一个完备的信息模型，能够将工程项目在全生命周期中各个不同阶段的工程信息、过程和资源集成在一个模型中，方便被工程各参与方使用。通过三维数字技术模拟建筑物所具有的真实信息，为工程设计和施工提供相互协调、内部一致的信息模型，使该模型达到设计施工的一体化，各专业协同工作，从而降低工程生产成本，保障工程进度和质量。

BIM的特点主要包括以下几方面：

① 可视化（Visualization）

可视化即“所见所得”的形式。可视化对于建筑业的作用是巨大的。例如现场拿到的施工图纸，只是各个构件的信息在图纸上采用线条绘制表达，其真实构造形式就需要建筑业参与人员自行想象。对于一般简单结构，这种想象也未尝不可。但是对于建筑形式各异、造型复杂的结构，光靠人脑去想象未免不太现实。而正是BIM，提供了可视化思路，将以往线条式的构件形成一种三维立体实物图形展示在人们面前。以往建筑业也有效果图展现，往往是分包给专业的效果图制作团队识读设计文件后制作出来的，并不是通过构件信息自动生成的，缺少了同构件之间的互动性和反馈性。然而BIM的可视化是一种能够同构件之间形成互动性和反馈性的可视。BIM可视化成果不仅可以用效果图展示及生成报表，更重要的是，可使项目设计、建造、运营过程中的沟通、讨论、决策都在可视化的状态下进行。

② 协调性（Coordination）

多方协调是建筑业的重点内容，不管是施工单位、业主还是设计单位，无不忙于大量的协调及配合工作。一旦项目实施过程中遇到问题，就要将各有关人士组织起来开协调会，研究问题发生的原因及解决办法，然后决定变更和补救措施。实际上许多问题往往是由于各专业设计师之间的沟通不到位而出现的不合理碰撞，例如暖通等专业的管道错误地布置在结构梁等。这种碰撞问题，传统设计很难避免。BIM的协调性服务就可以在建筑物建造前的设计阶段解决此类碰撞。这种协调包括电梯井布置与其他设计布置及净空要求的协调，防火分区与其他设计布置的协调，地下排水布置与其他设计布置的协调等。

③ 模拟性（Simulation）

模拟性并不是只能模拟设计出的建筑物模型，还可以模拟不能够在真实世界中实际操作的事务。在设计阶段，BIM可以对设计上需要模拟的一些内容进行模拟实验，例如：节能模拟、紧急疏散模拟、日照模拟、热能传导模拟等；招标投标和施工阶段的4D模拟（三维模型加项目的发展时间），也就是根据施工的组织设计模拟实际施工，从而确定合理的施工方案来指导施工。同时还可以进行5D模拟（基于3D模型的造价控制），从而实现成本控制。后期运营阶段可以模拟日常紧急情况的处理方式，例如地震人员逃生模拟及消防人员疏散模拟等。

④ 优化性

建筑设计、施工、运营的过程就是一个不断优化的过程。借助 BIM 则可以更好地实现优化。优化效果取决于信息的完整程度、业务的复杂程度和系统的运行时间。BIM 模型提供了建筑物实际存在的信息，包括几何信息、物理信息、规则信息，还能提供建筑物变化以后的预测信息。现代建筑物的复杂程度大多超过参与人员本身的能力极限，BIM 及与其配套的各种优化工具则为人们提供了掌控复杂项目的可能。基于 BIM 的优化可以做下面的工作：

（a）项目方案优化。把项目设计和投资回报分析结合起来，设计变化对投资回报的影响可以实时计算出来，而使业主客观地了解哪种方案更有利于自身的需求。

（b）特殊项目的设计优化。例如裙楼、幕墙、屋顶、大空间等常见异形设计，虽然占整个建筑的比例不大，但占投资和工作量的比例却要大得多，而且通常也是施工难度比较大和施工问题比较多的地方。优化对这些内容的设计，可以为工期和造价带来显著的改进。

⑤ 可出图性

BIM 通过对建筑物进行了可视化展示、协调、模拟、优化，可以出具如下图纸：综合管线图（经过碰撞检查和设计修改，消除了相应错误以后）；综合结构留洞图（预埋套管图）；碰撞检查侦错报告和建议改进方案。

⑥ 一体化性

基于 BIM 技术，可实现从设计到施工，再到运营，即贯穿项目全生命周期的一体化管理。BIM 的技术核心是一个由计算机三维模型所形成的数据库，不仅包含了建筑设计信息，而且可容纳从设计到建成使用，甚至是使用周期终结的全过程信息。

⑦ 参数化性

参数化建模指的是通过参数而不是数字建立和分析模型，简单地改变模型中的参数值就能建立和分析新的模型。BIM 中图元是以构件的形式出现，这些构件之间的不同，是通过参数的调整反映出来的，参数保存了图元作为数字化建筑构件的所有信息。

⑧ 信息完备性

信息完备性体现在 BIM 技术可对工程对象进行 3D 几何信息和拓扑关系描述以及完整的工程信息描述。

5. 网络设置

（1）有线网络

使用 Windows XP 的“网络安装向导”可以大大简化小型办公网络的设置。安装网络硬件并将计算机连接在一起后，即可运行“网络安装向导”。选择作为 Internet 连接，然后向导会启用“Internet 连接共享”（ICS）和“Internet 连接防火墙”（ICF）。此计算机就成为 ICS 主机，并控制网络上其余计算机的 Internet 通信。在 ICS 主机上运行“网络安装向导”后，还需在网络的其余计算机上运行该向导。在回答了一些基本问题后，向导会配置这些计算机以便它们能在网络上正确运行。

正确设置家庭或小型办公网络需要两个步骤：

1）在每台计算机上安装并配置适当的硬件；

2）在每台计算机上运行“网络安装向导”（打开“网络安装向导”，单击“开始”，指向“设置”，然后单击“控制面板”。单击“网络和 Internet 连接”，然后单击“网络连接”。在“公用任务”下，单击“网络安装向导”即可），“网络安装向导”会指导用户配置“Internet 连接共享”、启用“Internet 连接防火墙”和网络桥、命名计算机以及创建计算机说明。

（2）PPPoE 拨号

通过 ADSL 方式上网的计算机大都是通过以太网卡（Ethernet）与互联网相连。同样使用普通 TCP/IP 方式，没有附加新的协议。另外一方面，调制解调器的拨号上网，使用的是 PPP 协议，即点到点协议（Point to Point Protocol），该协议具有用户认证及通知 IP 地址的功能。PPP over Ethernet（PPPoE）协议，是在以太网络中转播 PPP 帧信息技术，尤其适用于 ADSL 等方式。

（五）工程识图

1. 工程图的成图原理

（1）投影的概念

投影是平面绘图的基础。用一组假想的投射线把物体形状投到一个平面上，就可以得到一个图形，称为投影法。投影线由一点放射出来投射到物体上，这种作图方法称为中心投影法；投影线呈相互平行状投射到物体上，称作平行投影法。投影线垂直于投影面，称为正投影，否则称为斜投影。图 1-47 显示了两类不同投影的作图方法。

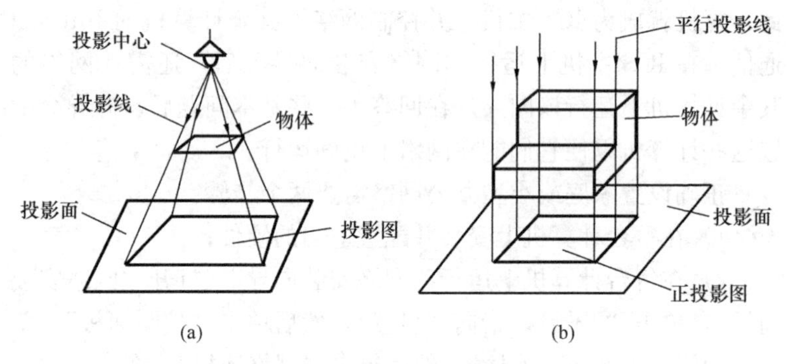

图 1-47　投影作图法

(a) 中心投影法；(b) 平行投影法

（2）物体的三面正投影图

1）三面正投影体系的形成

将物体放在三个相互垂直的投影面间，用三组垂直于投影面的投影线作投影，在三个投影面上就能得到三个正投影图。将三面正投影体系展开（正立投影面不动，水平投影面向下转动 90°，侧立投影面向右后方转动 90°）就得到物体三面投影图，如图 1-48 所示。

2）三面投影图特性

不全面性。每个投影图只能反映物体两个方向尺寸：立面图反映长度和高度；平面图反映长度和宽度；侧面图反映高度和宽度。

“三等关系”。长对正——立面图与平面图的长度相等；高平齐——立面图与侧面图的高度相等；宽相等——平面图与侧面图的宽度相等。

(3) 镜像投影图

当使用正投影图不易表达物体形状时，可在物体下方放一个镜面，再用正投影法从上向下进行投影，在镜面中反射出物体的图形就是镜像投影图，如图 1-49 所示。镜像投影法一般应用在绘制各层结构顶板平面图。

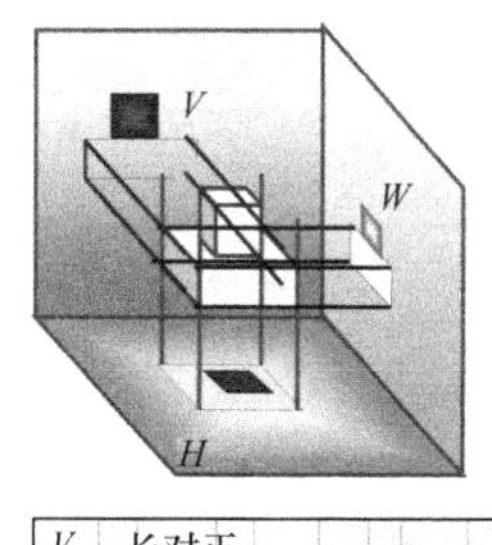

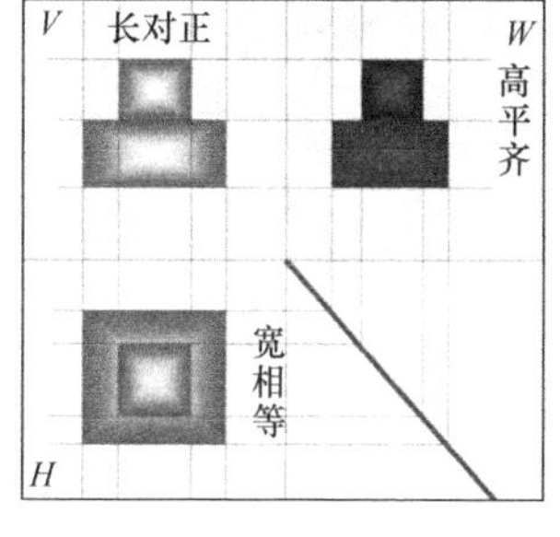

图 1-48　物体三面投影图

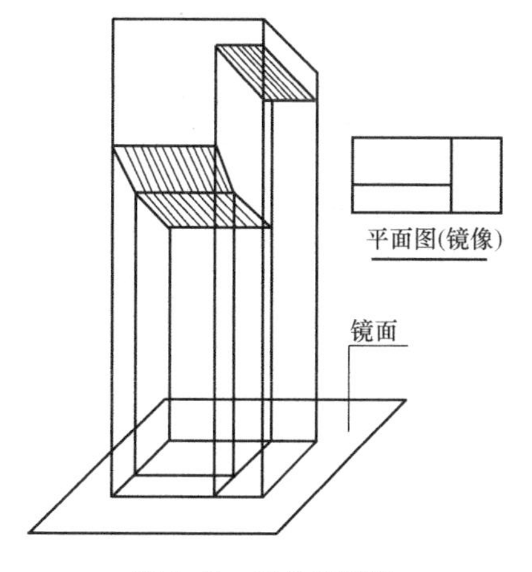

图 1-49　镜像投影图

(4) 剖面图

1) 剖面图形成：用一个假想的平面把物体切开，移走一部分，作剩下这部分物体的正投影，如图 1-50 所示。

2) 剖面图形式：根据需要，剖面图分为全剖面图、半剖面

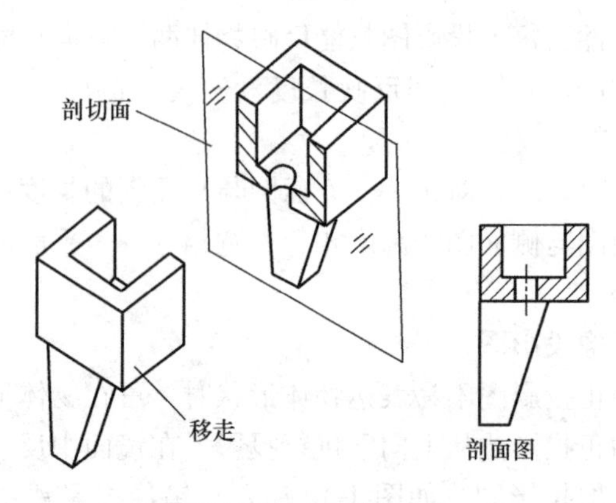

图 1-50　水池剖面图

图、局部剖面图、阶梯剖面图，图 1-51 显示了半剖面和局部剖面的形成。

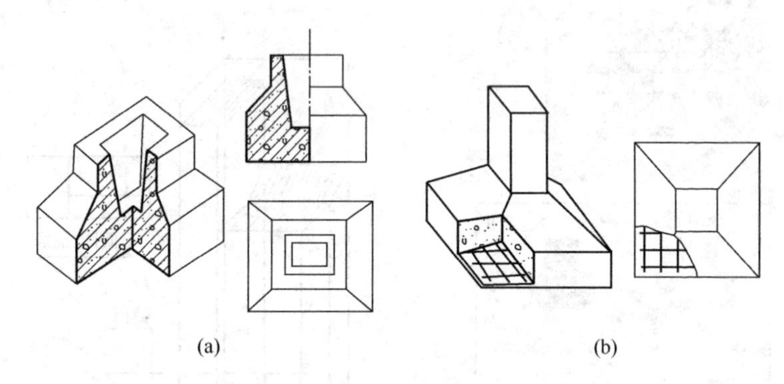

图 1-51　水池半剖面图和局部剖面图
（a）半剖面图形成；（b）局部剖面图形成

3）剖面图标注方式：剖面图应显示剖切线，标明剖切位置、剖切方向以及剖面编号，如图 1-52 所示。

2. 建筑通用制图标准

建筑图主要参考《房屋建筑制图统一标准》GB/T 50001，其基本要素有如下基本规定：

（1）尺寸，一般以毫米（mm）为单位。

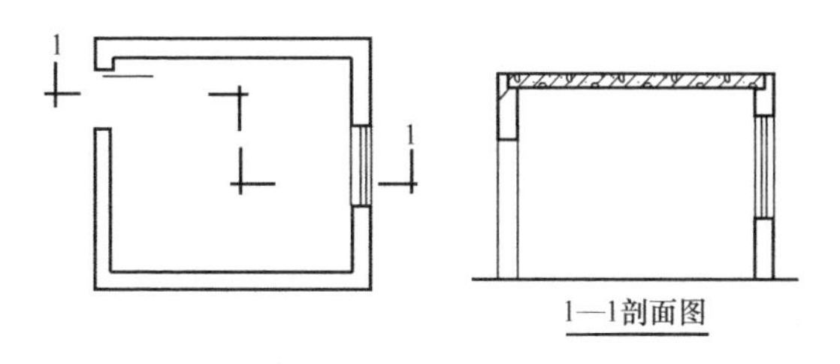

图 1-52　阶梯剖面图

（2）图标和会签栏，应标注工程名称、图名、图号及设计人签字。

（3）比例，是指图样大小与实物大小的尺寸之比，制图中常用的比例如表 1-3 所示。

制图常用比例　　**表 1-3**

图名	常用比例
总平面图	1∶500，1∶1000，1∶2000
平、立、剖面图	1∶50，1∶100，1∶150，1∶200
次要平面图	1∶300，1∶400
详图	1∶1，1∶2，1∶10，1∶20，1∶25，1∶50

（4）线型，包括实线、虚线、点划线、折断线、波浪线等。

（5）定位轴线，是确定建筑物结构或构件位置及其标志尺寸的线，如图 1-53 所示。

（6）剖切符号，表示剖切的位置、剖视方向及剖面编号，如图 1-54 所示。

（7）引出线，用细实线引出后注明各层材料做法，如图 1-55 所示。

（8）尺寸标注，由尺寸线、尺寸界限和尺寸起止符号组成，如图 1-56 所示。

（9）标高，表示建筑物各部位高度的符号，分绝对标高和相对标高：绝对标高——我国以青岛黄海平均海平面为绝对标高的

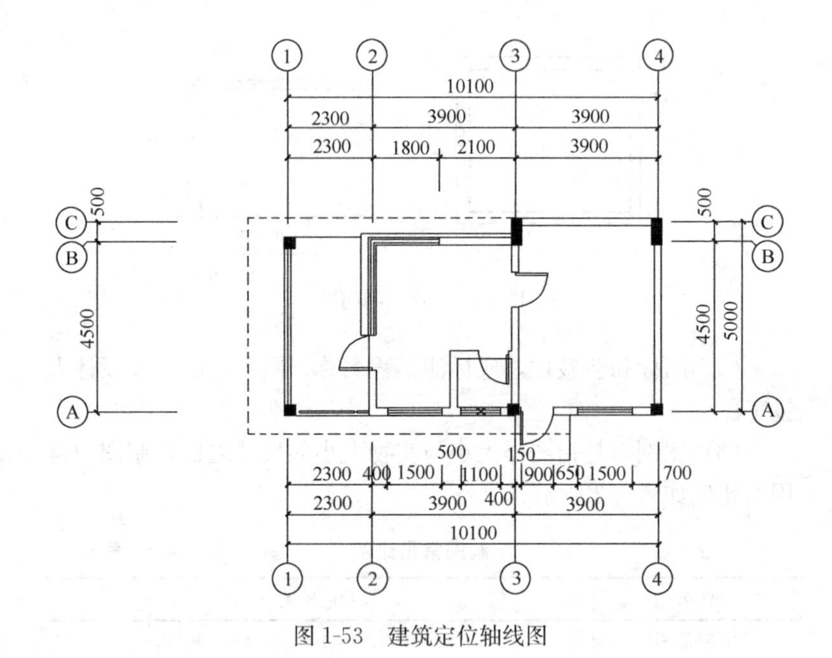

图 1-53 建筑定位轴线图

零点；相对标高——以建筑物室内首层地面为零点的标高。图1-57为几种标高的符号图。

（10）指北针和风玫瑰图，指北针表述图纸和建筑物的方向，风玫瑰图表示各地区的风向和频率。标注方式如图1-58所示。

3. 建筑智能专业工程设计文件基本要求

（1）系统图应表达系统结构、主要设备数量和类型、设备间连接方式、线缆类型及规格、图例；

（2）平面图应包括设备位置、线缆数量、线缆管槽路由、线型、管槽规格、敷设方式、图例；

（3）图中应表示轴线号、管槽距、管槽尺寸、设计地面标高、管槽标高（标注管槽底）、管材、接口形式、管道平面示意，并标出交叉管槽的尺寸、位置、标高，对平面管槽复杂的位置，应绘制管槽横断面图；

（4）在平面图上不能完全表达设计意图以及做法复杂容易引

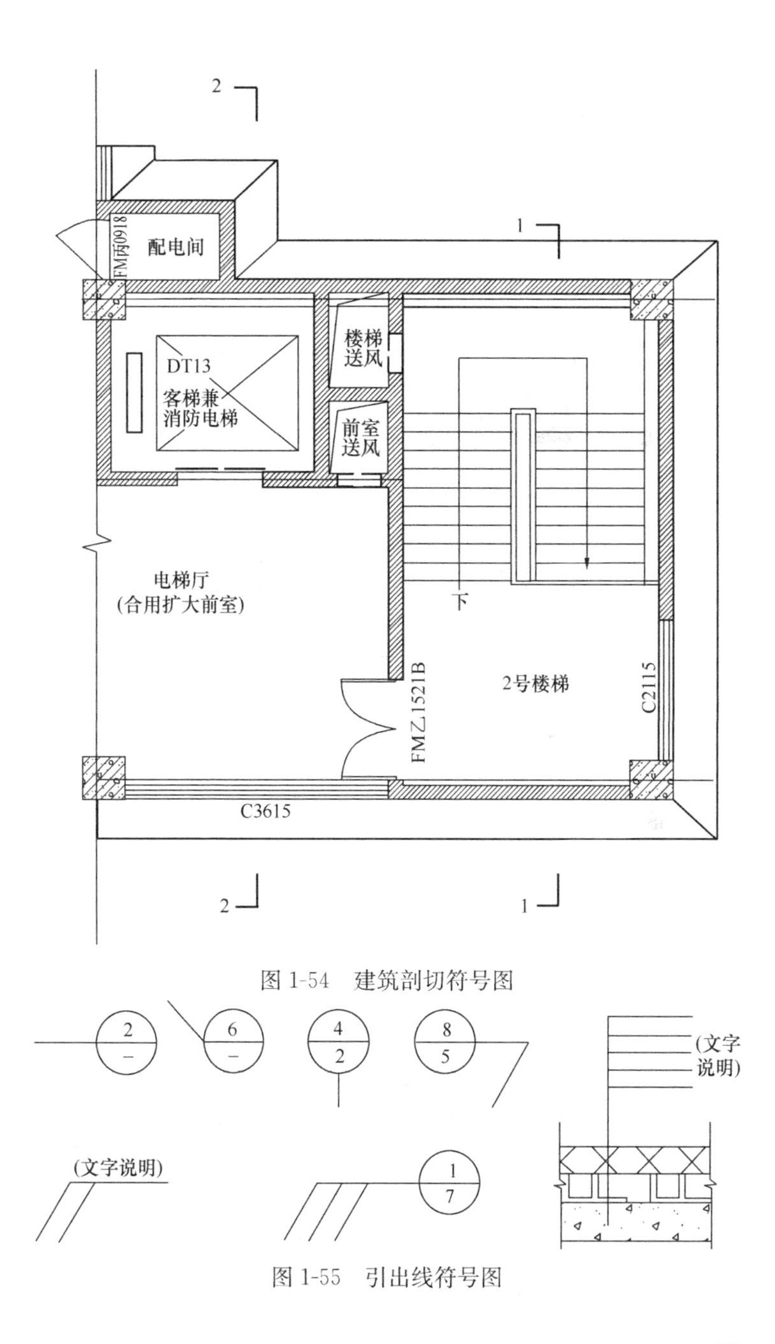

图 1-54　建筑剖切符号图

图 1-55　引出线符号图

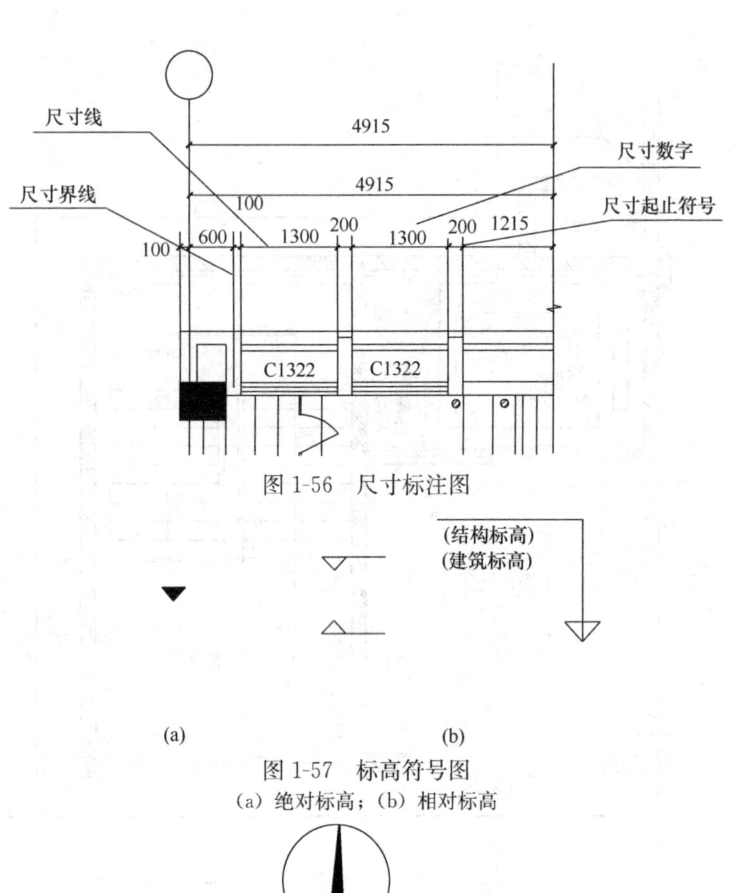

图 1-56　尺寸标注图

图 1-57　标高符号图

（a）绝对标高；（b）相对标高

(a)

(b)

图 1-58　指北针及风玫瑰图

（a）指北针；（b）风玫瑰图

起施工误解时，应绘制做法详图，包括设备安装详图、机房安装详图等；

(5) 图中表达不清楚的内容，可随图作相应说明或补充其他图表。

4. 弱电工程图例

在建筑弱电工程设计文件中，常用的图形符号较多，应参考《建筑电气工程设计常用图形和文字符号》09DX001 标准使用。

弱电工程设计文件中，图例贯穿整个施工图，一般在平面图、系统图中均有图例表达。也有在“设计说明”后面附有总图例表。

图例中除系统设备名称和图形符号外，还常常标明了该设备安装方式，图 1-59 显示了某项目工程图的图例。

序号	图符	名称
1	TD	数据插座
2	TV	电视插座
3	FX	传真插座
4	TO	信息插座
5	⊠	配线架
6	FD	楼层配线架
7	HUB	集线器
8	DDF	数字配线架
9	LIU	光纤连接盘
10	SW	交换机

(a)

序号	图符	名称
1		彩色摄像机
2		球形摄像机
3	R	云台摄像机
4	OH	室外摄像机
5	EL	电控锁
6		保安巡查打卡器
7	◎	紧急报警按钮
8		对讲门禁主机
9		声光报警器

(b)

图 1-59 弱电工程图中的图例

(a) 综合布线系统图例；(b) 安防系统图例

5. 弱电专业工程图识读

1）识读流程

弱电工程图识图时，应首先确认图纸完整性，阅读图纸目录，图纸设计说明，了解工程包含系统内容、设计要求及规范要求。然后，熟悉图纸图例，熟记图例代表内容。结合平面图、系统图详细阅读，了解末端点位设备、器件布置的位置和安装要求；明确线缆敷设的始端和终端位置，线缆种类及规格型号，线缆敷设方式以及接续要求。根据图纸内容核对设备材料表，避免发生错、漏。通过详细阅读设计文件，从工程整体角度进一步理解各系统架构及设计原则。识图基本流程一般如图 1-60 所示。

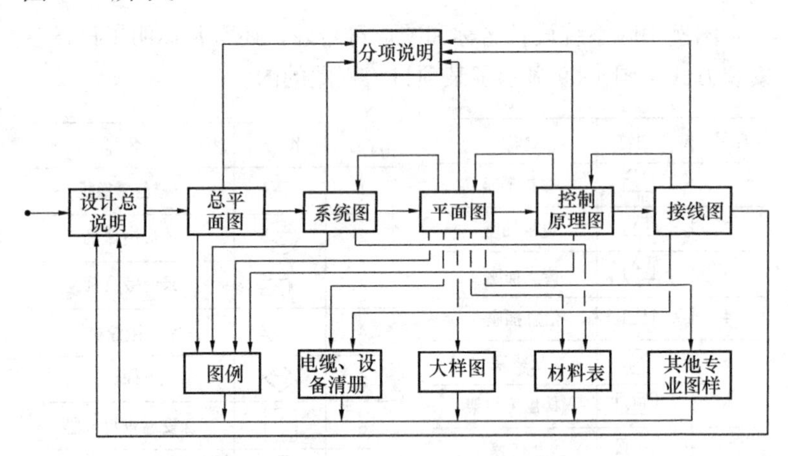

图 1-60　弱电工程识图基本流程

2）识读内容

① 图纸目录

图纸目录主要表达图纸名称、数量及每张图纸大小，具体根据各设计单位要求进行确认。通过识读目录，了解设计图纸的内容、大小、数量和排序，便于阅读和查找。表 1-4 为某一项目的图纸目录。

图纸目录 **表 1-4**

序号	图别图号	图纸内容	图幅	比例
1	智能施-000	图纸目录	A2	—
2	智能施-001	设计说明	A2	—
5	智能施-004	综合布线系统图	A2	—
6	智能施-005	视频监控系统图	A2	—
8	智能施-007	建筑设备监控系统图	A2	—
9	智能施-008	UPS配电系统图	A2	—
10	智能施-009	主要设备材料表	A2	—
13	智能施-012	弱电总图	A1	1∶500
14	智能施-013	一层弱电平面图	A1	1∶100
15	智能施-014	二层弱电平面图	A1	1∶100
16	智能施-015	三层弱电平面图	A1	1∶100
	……			

② 系统图

通过系统图可以从中了解弱电系统架构、系统组成、系统配置及连接方式等相关主要内容。

图 1-61 为某学校数据网综合布线系统图。通过阅读，可明确系统主机房在一层，各楼层弱电井通过多模光纤与主机房相连，弱电井配线架至末端采用六类非屏蔽线缆进行连接。信息点类型和数量，配线架、交换机数量等均明确体现。图纸右下角还有线缆类型、图例等相关说明。

③ 平面图

图 1-62 为某酒店客房弱电工程平面图。图中表达了各弱电设备、器件安装点位、线缆连接方式、管槽路由、敷设方式、敷设高度、图例等相关内容。在图纸中，保留建筑原有轴线号、标高、房间名称等相关内容。其他无法在图纸上直观表达的内容需由其他说明文本、系统大样图等方式表达。

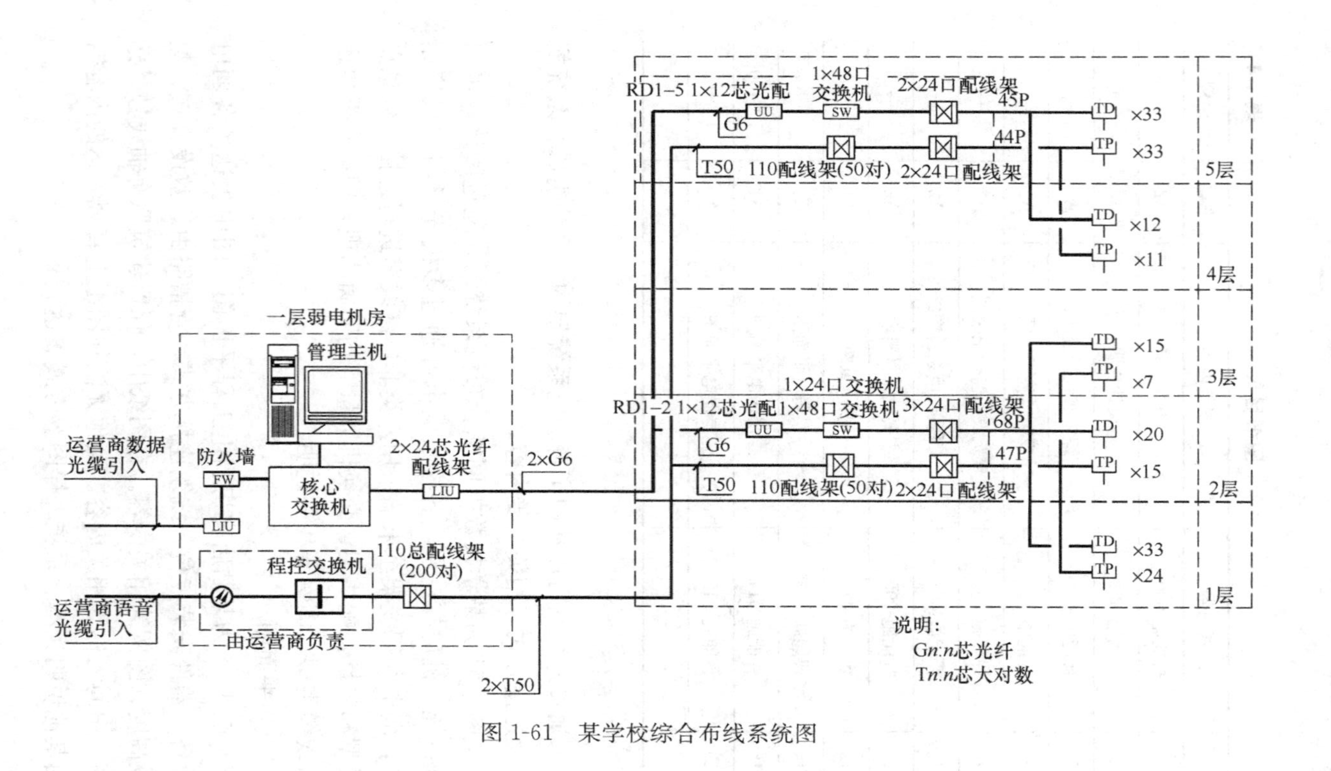

图 1-61　某学校综合布线系统图

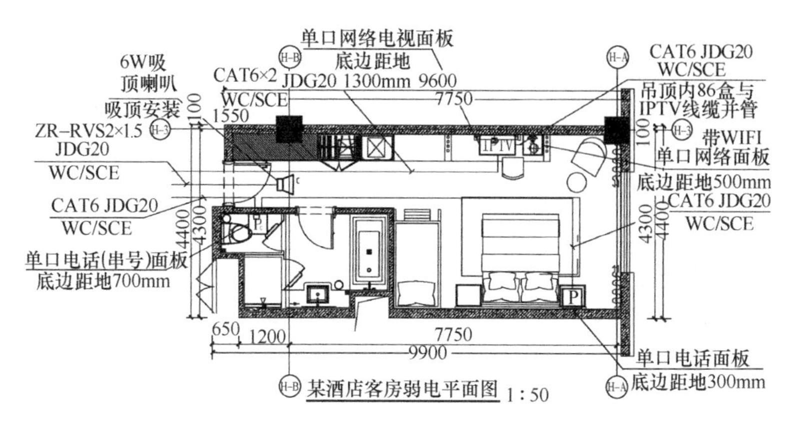

图 1-62　某酒店客房弱电平面图

④ 主要设备材料表

在施工图案例中，主要设备材料表是不可或缺的内容。造价工程师、施工单位需根据该表相关要求进行产品选型，弱电工需要依据该表领料、备料。表 1-5 为某弱电工程项目中视频安防监控系统的主要材料表。

某项目视频安防监控系统主要材料表　　表 1-5

序号	设备名称	参数及规格	数量	单位	备注
1	枪式摄像机	具有 200W 像素 CMOS 传感器。最大分辨率 1920×1080；在 1920×1080@25fps 下，码率设定为 2Mbps，RJ45 输出	5	台	
2	半球摄像机	具有 200W 像素 CMOS 传感器。最大分辨率 1920×1080；在 1920×1080@25fps 下，码率设定为 2Mbps，RJ45 输出	5	台	
3	视频解码器	解码性能单解码卡 6 路 1080p/14 路 720p/30 路 4CIF；整机最大 40 路 1080P 解码输出（4M 码率）；支持平台版 PUSH 流解码上墙	1	台	
……					

设备材料表不但显示设备、器件的名称和数量，还显示有设备规格和主要参数。

施工单位及造价工程师均按照参数及规格相关内容对产品进行选型询价；在保证工程质量的前提下，选择合适的产品进行询价、施工。

⑤ 安装详图

部分内容无法在平面图、系统图中表达清楚时，应在施工图文件中的常用大样图、安装详图、参考图集等进行说明。图1-63即为球形摄像机室外安装详图。

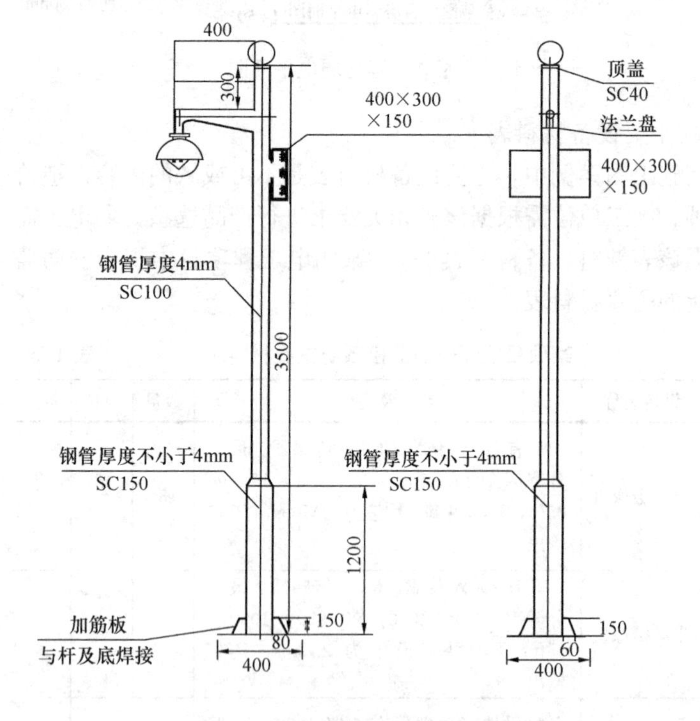

图 1-63　室外快球型摄像机立杆安装示意（一）

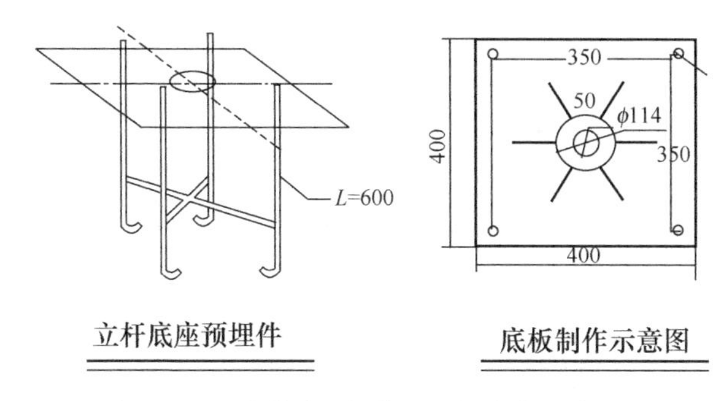

图 1-63　室外快球型摄像机立杆安装示意（二）

注：(1) 摄像机立杆为圆形镀锌喷塑杆，杆高 4.00m，壁厚 5mm。监控杆直径 114mm。立杆支臂为镀锌喷塑管，直径 114mm，壁厚 5mm，底板为 10mm 厚钢板；

(2) 接线箱为钢质灰色喷塑，规格为 400mm×300mm×150mm（箱加钢质喷塑背板）；

(3) 立杆处接地体接地电阻小于 4Ω；施工方需根据现场实际测试，保证达到规定要求；

(4) 基础钢板配镀锌螺栓、平光垫圈和弹簧垫圈。杆件基础结构件钢板不小于 3.5mm、钢筋不小于 16mm、混凝土强度等级 C30；立杆基础混凝土浇筑不应小于 1.5m³；

(5) 摄像机立杆中心线应与水平面垂直；横挑杆应与道路走向垂直。

通过示意图及图中注释，详细表达了摄像机立杆结构、材料和尺寸，表明了摄像机在立杆上安装的位置、安装方式和安装需要的固定器件，还具体说明了安装立杆所需的预埋件、安装底板的材料、具体结构、尺寸和安装方式，并对接地电阻提出了具体指标要求。弱电工能够按照图纸正确选材、定制器件，规范地进行施工作业。

⑥ 接线图

弱电工程中，部分系统接线、设备安装内容无法在平面图、系统图中进行明确体现，需要补充详细安装、接线示意图。图 1-64 为出入口门禁系统安装接线示意图。

图中清晰显示了读卡器、开门按钮、门磁安装大体位置，线

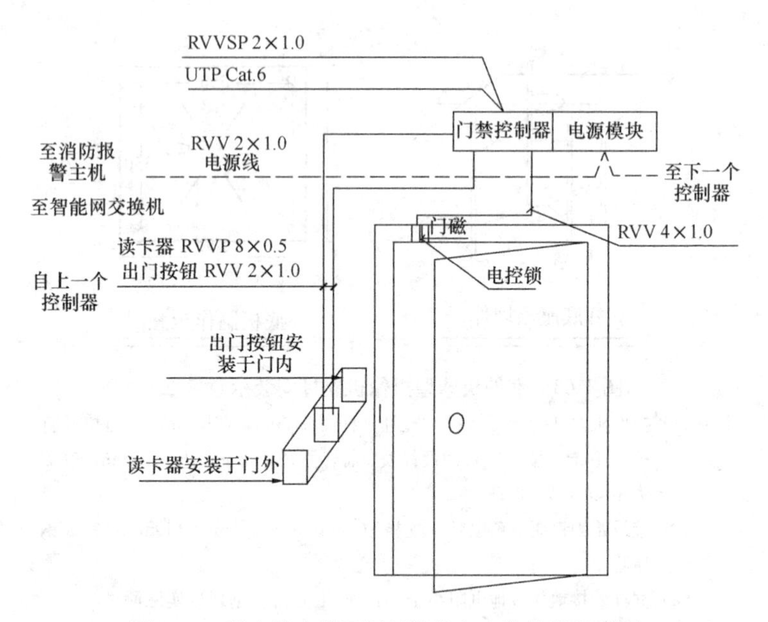

图 1-64　单向读卡单开门门禁设备安装接线示意图

缆敷设原则及各设备之间线缆型号等。

⑦ 设备、器材随机文件

安装施工所需的设备、器件一般均附有产品说明书等随机文件，文件均会体现产品具体尺寸、重量、功耗、安装方式等内容，在施工作业前，应认真阅读随机文件，根据实际对大样图、安装详图和接线图进行核对或作相应调整。如与设计偏差较大时，应和设计单位沟通具体施工细节，避免出现无法安装、无法启用等问题。

鉴于弱电系统与其他专业工程相关联，因此在安装过程中还应在相关专业工程师指导下识读与弱电工程安装、调试相关的其他专业的工程图纸，如暖通、给水排水、机电设备等专业工程相关的设计文件。

二、管沟、管井施工

（一）管沟土方施工

管沟开挖采用机械或人工开挖方法进行。根据现场地勘情况，管沟开挖方式将按不同开挖深度进行分类。弱电工程中管沟深度小于 2m 的，开挖方式、支护形式及开挖方法如下：

1. 管沟深度小于等于 1.5m

（1）土方开挖方式

采用小型挖机垂直挖土，人工修理沟边及沟底的方式。

（2）支护方式

管沟两侧留 300～500mm 工作面，无须采用边坡处理措施（视土质情况进行适当放坡）。

（3）开挖方法

根据管沟路线，并结合工作面留设确定土方开挖边线，洒白灰线，然后采用小型反铲挖掘机开挖，人工清底、修整边坡，并用小型将土车将挖出的土石运到弃土区。

2. 管沟深度 1.5～2m 范围内

（1）土方开挖方式

采用小型反铲挖掘机挖土，直接挖至基底，采用人工配合清土、修整边坡。

（2）支护方法

为防止施工过程中雨水或地下水、沟边堆载等对管沟稳定性的影响，在开挖的过程中采用两道钢管、顶托、模板等做临时支撑进行加固，第一道支撑距沟顶 50cm，第二道支撑距沟底 50cm，两根支撑之间的距离小于 1m，如图 2-1 所示。

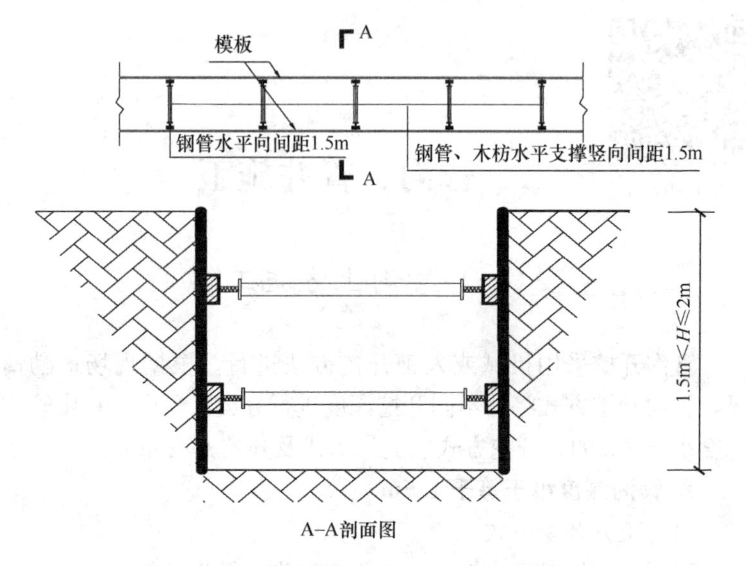

图 2-1　管沟深度 1.5～2m 范围内边坡支护方法

（3）开挖方法

根据管沟路线，并结合工作面留设确定土方开挖边线，洒白灰线，然后采用小型反铲挖掘机开挖，人工清底、修整边坡，渣土用小型运土车运到弃土区。

（二）管井及竖井土方施工

1. 管井及竖井深度小于等于 1.5m 土方开挖

（1）土方开挖方式

深度小于 1.5m 的管井及竖井，采用反铲挖掘机按 1∶0.2 坡比挖土，人工配合清底及修坡。

（2）支护方式

无须支护，如图 2-2 所示。

（3）开挖方法

根据管井基础边线，并考虑周边 300～500mm 工作面和

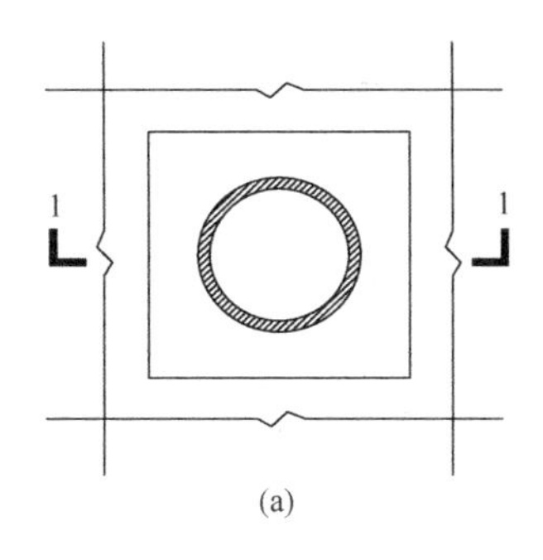

(a)

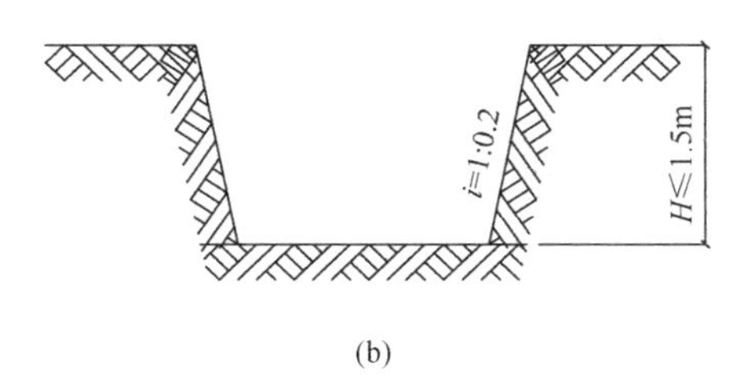

(b)

图 2-2　管井及竖井深度小于等于 1.5m 范围内边坡支护方法
(a) 管井平面图；(b) 1—1 剖面图

1∶0.2放坡空间，采用白灰放线，采用挖掘机进行管井及竖井土方开挖，开挖完成后，进行人工清底，清底完成土层夯实，再进行垫层浇捣及管井砌体砌筑。

2. 管井及竖井深度 1.5～2m 范围内土方开挖

(1) 土方开挖方式

对于深度在 1.5～2m 范围的管井及竖井，考虑四周适当放坡，无须支护。土方开挖亦采用反铲挖掘机按 1∶0.35 挖土，人工配合清底。

(2) 支护方式

无须支护，如图 2-3 所示。

(3) 开挖方法

根据管井基础边线，并考虑周边 300～500mm 工作面和

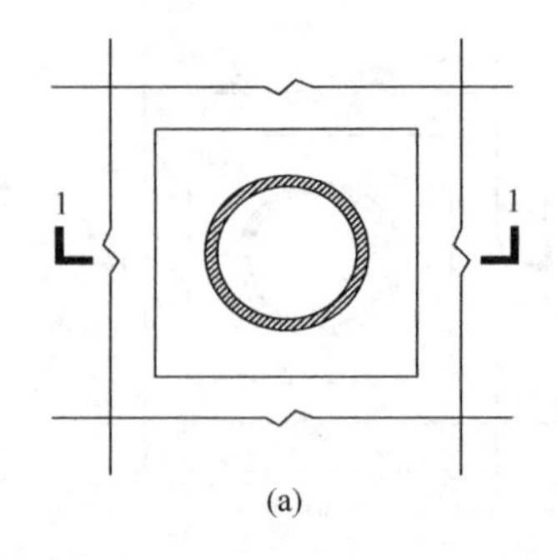

(a)

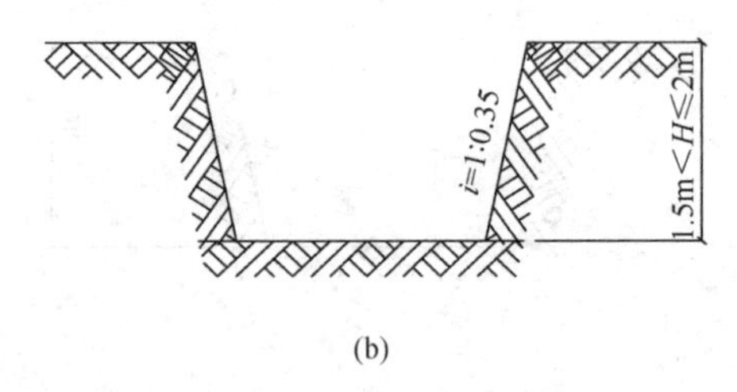

(b)

图 2-3　管井及竖井深度 1.5～2m 范围内边坡支护方法
(a) 管井平面图；(b) 1—1 剖面图

1：0.35放坡空放线，采用反铲挖掘机进行管井及竖井土方开挖，然后进行人工清底，待开挖成型后，立即夯实进行垫层浇捣及管井砌体砌筑，管井砌筑完成后，待砌体砌筑砂浆达到一定强度后，及时进行土方回填。

3. 管井及竖井深度 2～3m 范围内土方开挖

(1) 土方开挖方式

对于 2～3m 深度范围的管井及竖井，按 1：0.35 的放坡比例进行放坡，并采用反铲挖掘机进行开挖。

(2) 支护方法

管井及竖井砌体砌筑考虑 600mm 宽的工作面，开挖到 1.5m 深度的时候进行第一次护坡处理，打设 1.5m、直径 25mm、间距 1000mm 的螺纹钢钢筋土钉支护，挂设钢筋网片进行管井侧面斜坡处理，开挖到 3m 的时候使用同样的方法进行二次护坡处理，如图 2-4 所示。

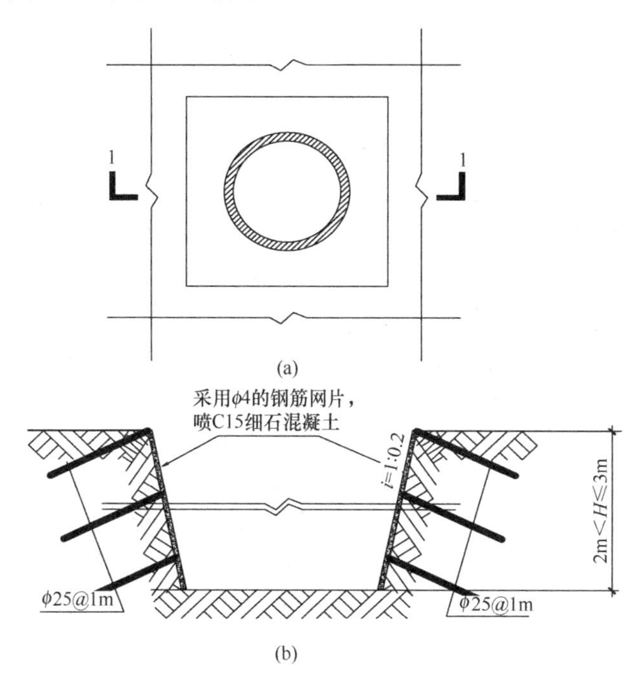

图 2-4　管井及竖井深度 2～3m 范围内边坡支护方法

(a) 管井平面图；(b) 1—1 剖面图

(3) 开挖方法

考虑坡度及基础边线，并考虑工作面，放线后采用反铲挖掘机进行管井及竖井土方开挖，分层开挖，挖到 1.5m 深的时候，采用钢筋做护坡处理，然后再进行以下土层开挖，开挖完成后进行下层钢筋土钉支护，支护完成后进行人工清底，并立即夯实、进行垫层浇捣及管井砌体砌筑，并在管井砌体砌筑过程中设置二道钢筋混凝土圈梁（钢筋按主体结构砖砌体圈梁构造配筋），以增强其管井的稳定性，第一道圈梁距沟顶 70～80cm，第二道圈梁距沟底 70～80cm，两道圈梁之间的距离小于 1.2m，管井砌筑完成、待砌体砌筑砂浆达到一定强度后，根据其高度及时进行土方回填。

（三）人孔、手孔和管路施工

1. 通信管道的种类（按材料分）和特点

根据使用材料的不同，管道可分为混凝土管、塑料管、钢管、铸铁管、石棉水泥管、陶管等，一般根据工程造价和现场环境来选用。其中混凝土管容易制作、造价较低，所以采用较为普遍。混凝土管，按其制作方法可分为干打管和湿打管两种。干打管制作简单，采用较多；湿打管制作较复杂，但可以节省水泥。

（1）混凝土管的特点

1）重量大，长60cm的六孔管重60kg（图2-5）。

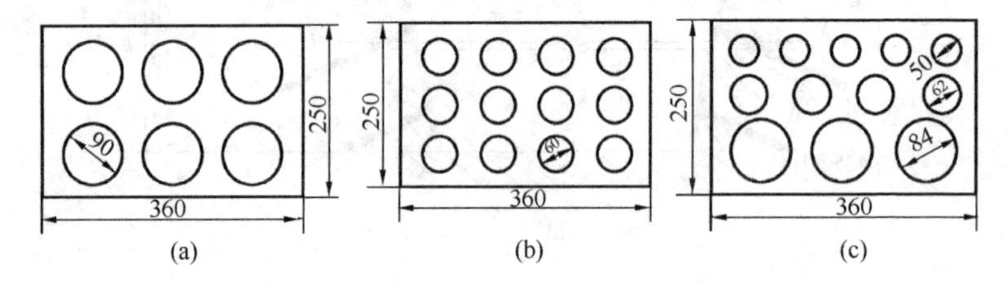

图2-5 混凝土管的剖面形状（单位：mm）

（a）标准6孔；（b）标准12孔；（c）混合12孔

2）管壁粗糙，在无润滑剂情况下，与全塑电缆间摩擦系数约为0.571。限于加工方法，精度不高，容易出现孔心不正、孔径不一、喇叭口边缘时有尖刺等现象。接续时工人操作需熟练，接口多，水密性差。

3）隔热性能好。

4）可就地取材，就地制管，成本较低。

（2）塑料管的特点

1）质量轻，硬质聚氯乙烯管（PVC管）比重为1.40～1.60，硬质聚乙烯管（PE管）比重为0.94～0.97；管壁光滑，与全塑电缆间在无润滑剂的情况下摩擦系数约为0.363；接续方法简单；强度能满足要求；水密性好；化学稳定性好，具有较好的耐腐蚀性；绝缘性能好；运输方便。

2）耐寒性较差，热稳定性差，价格较高。

梅花管和栅格管一般长度为6m，常见形式如图2-6所示。

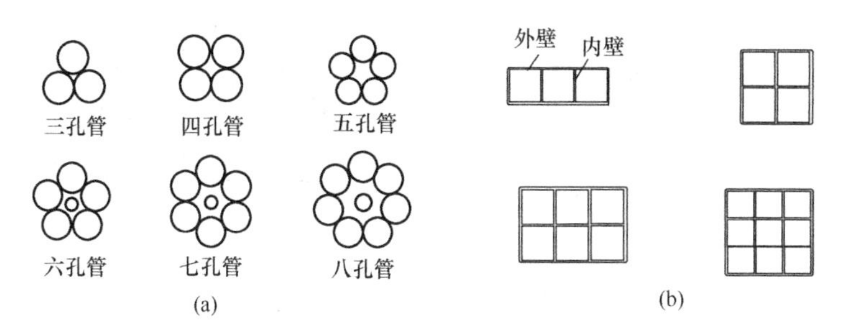

图2-6 塑料管的剖面形状

（a）多孔式塑料管的剖面形状；（b）栅格管的剖面形状

（3）钢管和铸铁管的特点

1）钢管和铸铁管机械强度大，一般用于穿越铁路、公路、桥梁或管顶距车行道路面较近或引上管等地方。

2）重量重、价格高、运输不便。

3）管壁光滑，与全塑电缆间在无润滑剂的情况下摩擦系数约为0.40；水密性好，接续方便。

4）抗压、抗冲击、耐振动等机械性能高，一般不会受到机械性破坏。

除了上述几种电缆管道外，还有陶管、石棉水泥管、木浆管等，但用量较少。塑料管特别是硬质聚氯乙烯（PVC）管由于具有众多优点，已在我国广泛使用。

管道管孔断面的排列组合，通常应遵守高大于宽（但高度不宜超过宽度的一倍）或正方形的原则，这样既可以减少管道基础的宽度，又可以减小管顶承受压力的面积。

地下管线的排列组合，可采用高小于宽的卧铺、并铺等方法。

钢管和铸铁管常见形式如图 2-7 所示。

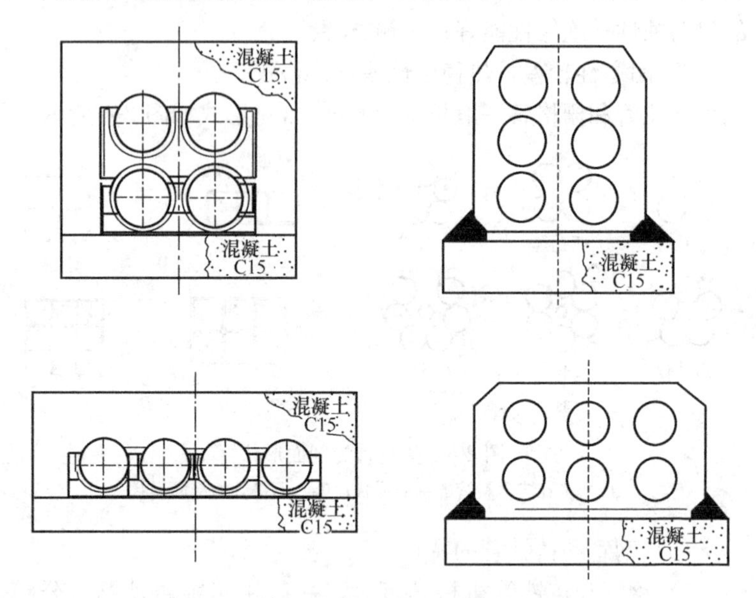

图 2-7　钢管和铸铁管

（4）管道与其他管线和建筑物的最小净距

管道路由应按相关规划红线制定，结合现场实际情况，尽量选定在人行道。

通过现场查勘，决定管孔的排列，确定管道段长和人孔类型，选择合适的管道材料、人孔埋深、必要的坡度。现场查勘必须掌握管道位置与其他地下管线、建筑物的平行交叉距离：

1）管道建设在人行道上时，管道与建筑物的距离通常保持在 1.5m 以上；与行道树的净距不小于 1.0m；与道路边石的距离不小于 1.0m。

2）管道如必须设置在车行道上时，应尽量靠近道路的边侧。与道路边石的距离不应小于 1.0m；与人行道上的树木距离不应小于 2.0m，与人行道高压线杆支座距离不应小于 3.0m。

2. 管道坡度

为了避免污水渗入管道内淤塞管孔、腐蚀电缆，铺设管道时往往要保持一定的坡度，使管道内的污水能够流入人孔内以便清除。管道坡度应为0.3%～0.4%，最小不得低于0.2%。管道坡度一般采用三种形式，如图2-8所示。

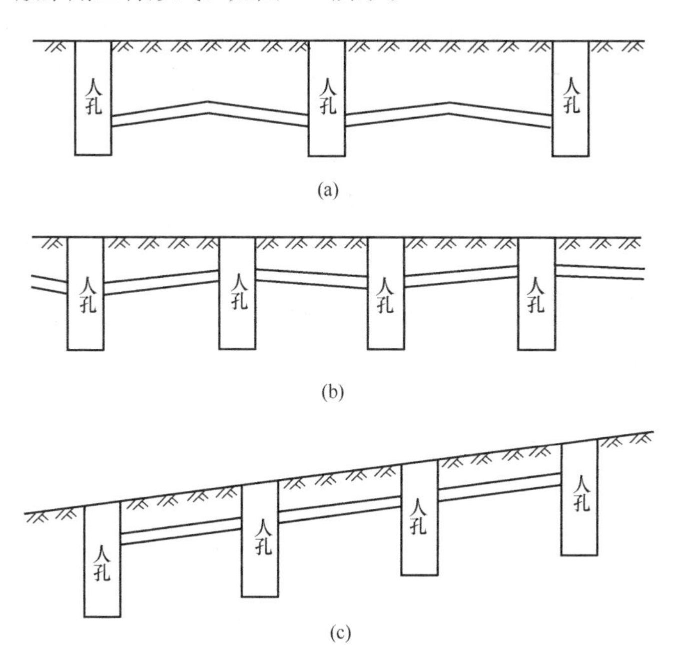

图2-8 管道坡度的三种形式

（a）人字坡；（b）一字坡；（c）斜度坡

（1）人字坡

人字坡是以相邻两个人孔间管道的适当地点作为顶点，以一定的坡度分别向两边倾斜铺设，采用人字坡的优点是可以减少土方量，但施工铺设较为困难，同时在布放电缆时也容易损伤电缆护套。如采用混凝土管，两个混凝土管端面的接口间隙一般不得大于0.5cm，通常管道段长超过130m时，多采用人字坡。

（2）一字坡

一字坡是在两个人孔间铺设一条直线管道，施工铺设一字坡较人字坡便利，同时可减少损伤电缆护套的可能性，但采用一字坡时两个人孔间管道两端的沟槽高度相差较大，平均埋深及土方量较大。

（3）斜坡度

斜坡度管道是随着路面的坡度而铺设的，一般在道路本身有0.3%以上的坡度情况下采用。为了减少土方量将管道坡度向一方倾斜。

3. 管道、人（手）孔的埋深

管道埋入地下深度、人（手）孔的深度，应结合人孔两侧管道进入人孔内的高度而定。管道进入人孔时两侧的相对高度要一致或接近，高度差一般不宜大于0.5m。在一般情况下管道顶距人孔上覆净距为0.3m，管道底部距人孔基础面不应小于0.3m，详见表2-1。

管道的埋深 **表2-1**

类别	人行道下	车行道下	与电车轨道交越（从轨道底部算起）	与铁道交越（从轨道底部算起）
水泥管、塑料管	0.70m	0.80m	1.0m	1.5m
钢管	0.50m	0.60m	0.7m	1.2m

4. 管道段长

两个相邻人孔中心线间的距离，叫作管道段长。

管道段长越长，建筑费用就越经济。但由于电缆在管孔中穿放时所承受的张力随着段长而增加，电缆本身将受到一定的损害，为了减少或避免这种损害，电缆不论穿在直线管道中还是弯曲管道中，承受的终端张力以不超过1500kg为准。

直线管道允许段长一般应限制在150m内。在实际工作中通常按120～130m为一个段长。

弯曲管道应比直线管道相应缩短。采用弯曲管道时，它的曲率半径一般应不小于36m，在一段弯曲管道内不应有反向弯曲即“S”弯曲，在任何情况下也不得有U形弯曲出现。

5. 人（手）孔

（1）人（手）孔的位置一般不宜选在下列地点：

① 重要的公共场所（如车站、娱乐场所等）或交通繁忙的房屋建筑门口（如汽车库、消防队、厂矿企业、重要机关等）。

② 影响交通的路口。

③ 极不坚固的房屋或其他建筑物附近。

④ 有可能堆放器材或其他有覆盖可能的地点。

⑤ 消火栓、污水井、自来水井等地点附近。

（2）人（手）孔类型（图2-9）

人孔按形状分为直通型人孔、三通型人孔、四通型人孔、斜通型人孔和特殊型人孔等。人孔按大小分为：大号、中号、小号。手孔一般为长方形。人孔类型一般是根据街道形状和终期管孔数量进行选择。

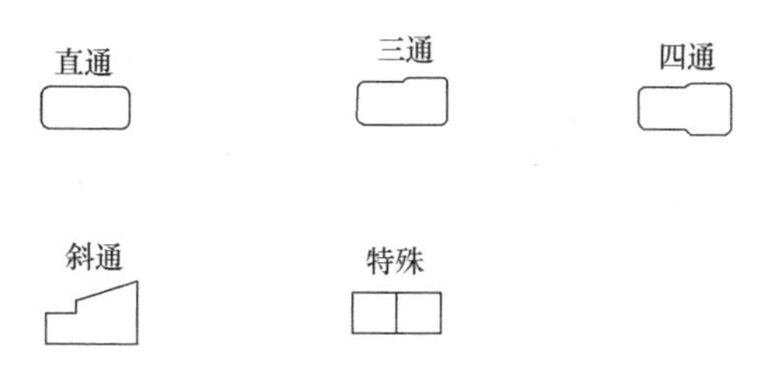

图2-9 人孔常见形状（俯视）

（3）人（手）孔基础

人孔通常用混凝土做基础，基础厚度不小于12cm。若人孔在车行道上，一般采用钢筋混凝土结构，钢筋要配置在受拉部位上，混凝土净保护层厚度不小于3cm，具体如图2-10所示。

（4）人（手）孔四壁

砖砌人（手）孔四壁一般用标准机砖砌筑或钢筋混凝土现

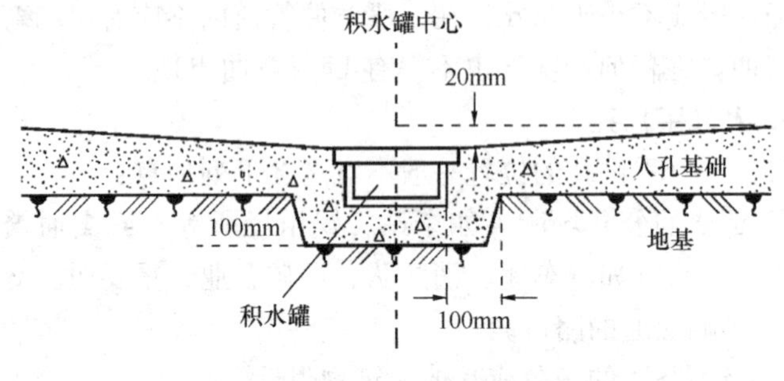

图 2-10　人（手）孔基础

浇，如图 2-11 所示。人（手）孔的四壁应安装 U 形拉力环和电缆托架穿钉。

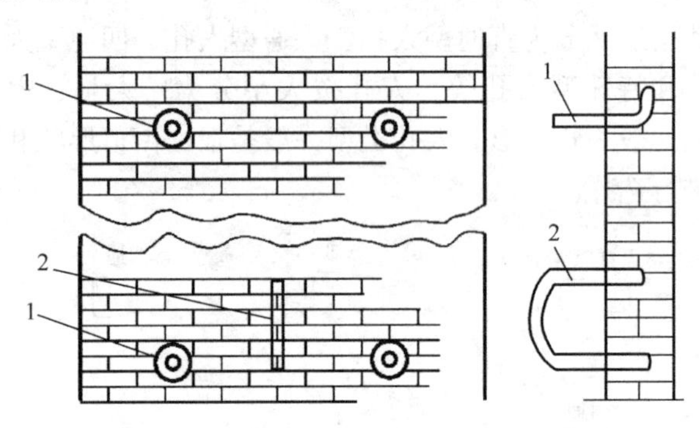

图 2-11　人（手）孔 U 形拉力环和穿钉示意图

1—穿钉；2—拉力环

（5）人孔的附属设备

人孔的附属设备有人孔铁口圈、人孔铁盖、电缆托架等，如图 2-12 所示。

人孔铁口圈安装在人孔上覆圆形出入口，内径为 65cm，一般配有双层盖即外盖与内盖。内盖用于锁住铁口圈防止杂物进入人孔。外盖厚实机械强度大，用于封口和保护人孔。

电缆铁架和托板是安装在人（手）孔侧壁上面用以承托电缆的设备，其安装数量和位置根据人孔形状和大小决定。

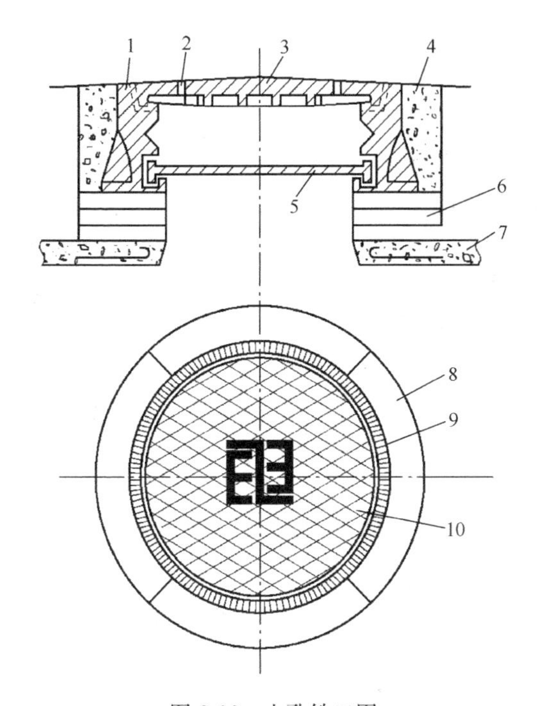

图 2-12　人孔铁口圈

1—铁口圈；2—钥匙孔；3—外铁盖；4—混凝土缘石；
5—内铁盖；6—砖缘；7—上覆；8—混凝土缘石；9—铁口圈；
10—外铁盖

6. 施工方法

（1）工艺流程

工程施工工艺流程如图 2-13 所示。

（2）测量放样

根据设计图纸测设管道的中心线及人孔井的中心位置，设立中心桩。管道中心线和井中心位置须经监理工程师复核。施工时，应架设测量仪器，对开挖的通信管道槽底及井底标高进行监测，防止出现超挖现象，保证开挖的效率。

上述工作完成后，根据施工排管的宽度大小，按图纸规定的沟槽宽度定出开挖边线，并用白粉划线以进行控制，进而测量标高，计算开挖深度，并以书面交底的形式交给现场施工员和作业班长。

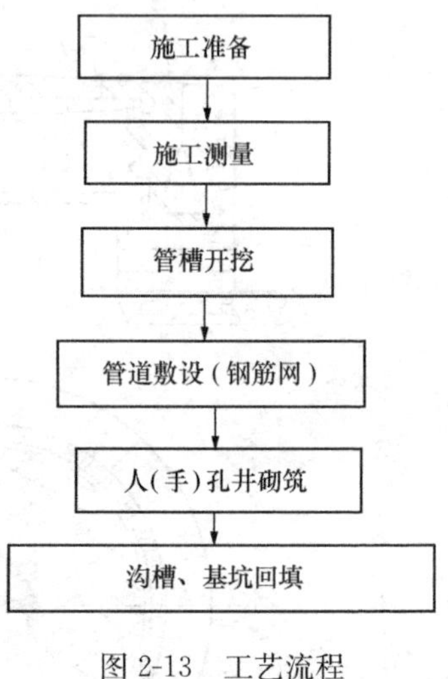

图 2-13　工艺流程

（3）沟槽开挖

1）管道沟槽底部开挖宽度

管道沟槽底部开挖宽度按下列方法确定：

$$B=D_1+2\ (b_1+b_2+b_3)$$

式中　B——管道沟槽底部的开挖宽度（mm）；

D_1——管道结构的外缘宽度（mm）；

b_1——管道一侧的工作面宽度（mm）；

b_2——管道一侧支撑厚度，可取 150～200mm；

b_3——现场现浇混凝土或钢筋混凝土管渠一侧模板的厚度（mm）。

2）管道一侧预留工作宽度见表 2-2。

管道一侧预留工作宽度　　表 2-2

管道结构外缘宽度（mm）	每侧工作面宽度（mm）	
	非金属管道	金属管道或砖沟
200～500	400	300
600～1000	500	400
1100～1500	600	600
1600～2000	800	800
＞2000	1000	1000

3）沟槽边坡的确定及土石方开挖

沟槽开挖采用人机配合作业，机械挖至基底标高还差 20cm 时，应采用人工配合整修槽壁与基底土，以防扰动坑底下原土层。开挖沟槽时边挖边修坡，开挖过程中多余土石由自卸车运至永久弃土场。用于回填的土石堆放在路床上，应距沟槽边 2.0m 以上。

沟槽开挖以机械为主、人工配合的方式进行。开挖前向挖掘机司机、测量员、施工人员进行技术交底和安全技术交底。对地下障碍物细心核查，必要时应采用人工挖探坑，探明各种障碍物的走向、管径、结构尺寸、高程等情况，并在施工中对现况障碍物采取必要的保护措施。

不适宜回填的土应随挖随弃。可以用于回填的土，在现场允许的情况下尽量在槽边堆放。堆土距槽边不小于 2m，推土高度不大于 1m。在适当距离留出工程材料运输通道、井点干管位置及排管的足够宽度。表层土与下层生土分开堆置，要方便原土原层回填时的装卸和运输。

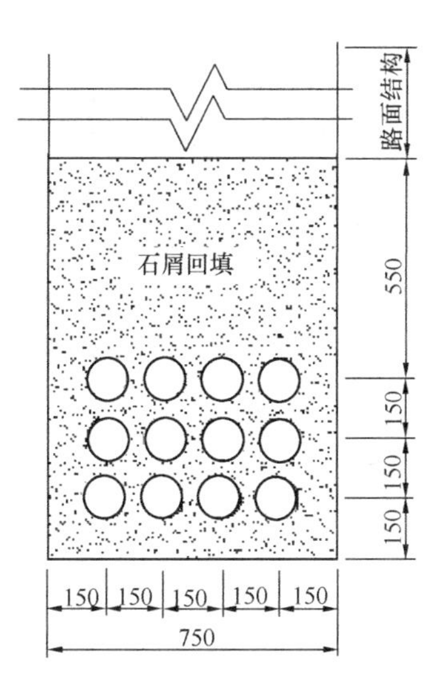

图 2-14　沟槽边坡及土石方开挖断面图（单位：mm）

机械开挖时地下障碍物外沿各 1.5m 内必须由人工开挖，测量人员随挖随测，设计槽底以上预留 20cm 由人工清槽，严禁超挖。开挖断面图如图 2-14 所示。

（4）验槽

通信管道地基承载力≥130kPa，如果位于回填土上，回填土的压实度≥0.94。基底标高、坡度、宽度、轴线位置、基底土质必须符合设计要求，在自检合格、报监理工程师检查验收后方可进行下道工序的施工。

(5) 管道基础施工

施工前，对沟槽底部进行整平，放出沟槽中心线。沟槽底板严格按设计图纵向放坡，以便于电缆沟槽及后期管道内的排水。

(6) 管道敷设

1) 主管线塑料排管敷设

排管铺设时应注意每段的接头位置要错开，保证严密连接，以防沙粒的进入。管中心间距为 150mm，管中心与沟槽边间距为 150mm，管顶覆土为路面结构以下不小于 500mm。如图 2-15 所示。

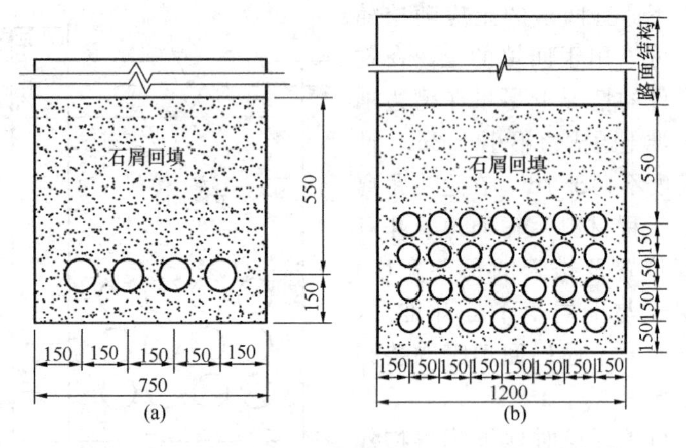

图 2-15 沟槽边坡及土石方开挖断面图（单位：mm）

(a) 4 根 ϕ100 PVC 管道断面图；(b) 28 根 ϕ100 PVC 管道断面图

2) 管道安装注意事项

管线排布应按如下原则：压力管让重力管，小管让大管；各种路面至管顶最小埋深不宜低于施工规范要求。

进入人（手）孔的管道基础顶部距人孔基础顶部不小于 0.4m，管道顶部距人孔盖板底的净距不得小于 0.3m。

管道敷设应有一定的坡度，以利渗入管内的地下水流向人孔。管道进入人孔时，靠近人孔侧应做不小于 2.0m 长度的钢筋混凝土基础。

3）塑料管的接续要求：

塑料管之间的连接一般可采用承插式粘接、承插弹性密封圈连接和机械压紧管件连接。多孔塑料管的承口处及插口内应均匀涂刷专用中性粘合剂，塑料管应插到底，挤压固定。各塑料管的接口宜错开。塑料管的标志应朝上。

7. 人（手）孔井及附属施工

通信人（手）孔井采用砖砌结构，底板为 C15 混凝土。人（手）孔井在进行施工时将根据管道施工进度，配备足够的人力、物力、机械进行施工，确保其按时完成。

（1）基础施工及墙体材料准备

通信人（手）孔井底板基础为 C15 混凝土，浇灌混凝土前，应清理模板内的杂草等物，并按设计规定的位置挖好积水罐安装坑，其大小应比积水罐外形四周大 100mm，坑深比积水罐高度深 100mm；基础表面应从四周向积水罐做 20mm 泛水，具体参见图 2-16。

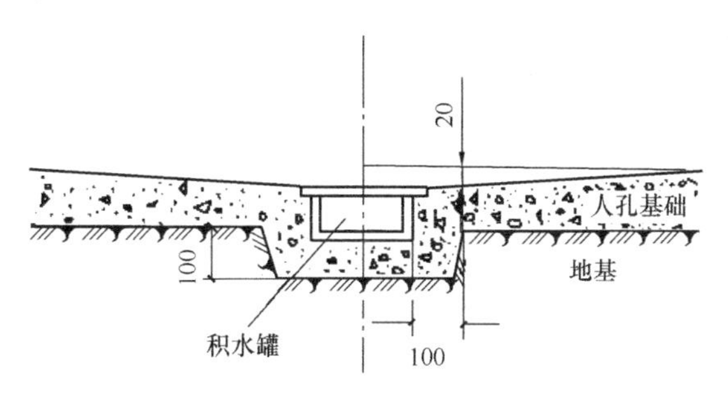

图 2-16　人（手）孔井基础断面图

井底板浇筑完成后，在砌筑人（手）孔前，首先清理基础表面，复核尺寸、位置和标高是否符合设计要求。按设计要求选用 MU10 普通机制烧结砖、非黏土砖砌筑，并将砖湿润，但浇水应适量，否则会使墙面不清洁，灰缝不平整。准备 M10 预拌砂浆随拌随用。

(2) 人（手）孔井砌筑技术要点

在已安装完毕通信管的人（手）孔井位置处，放出人（手）孔井中心位置线，按人（手）孔井尺寸摆出井壁砖墙位置。在人（手）孔井基础面上，先铺砂浆后再砌砖，一般采用一丁一顺或二丁一顺砌筑。每层砖上下皮竖灰缝应错开。随砌筑随检查尺寸。井内踏步，应随砌随安随坐浆，其埋入深度不得小于设计规定。人（手）孔井建成后必须将井内清除干净，管道接口应保证光滑。

(3) 抹面技术要求

砌筑人（手）孔井内、外壁抹面应分层压实，厚度分别为15mm、20mm，其抹面、勾缝、坐浆、抹三角灰等均采用1∶2.5水泥砂浆。

(4) 井盖的安装

人（手）孔井井盖荷载等级按《检查井盖》GB/T 23858 标准和设计要求执行。主车道范围内采用新型可调式防沉降、防盗井盖。人（手）孔井盖应有防盗、防滑、防跌落、防位移、防噪声等措施，井盖上应有明显的用途及产权标志。

人（手）孔井砌筑安装至规定高程后，应及时浇筑或安装人孔板，盖好井盖。安装时砖墙顶面应用水冲刷干净，并铺砂浆。按设计高程找平，井口安装就位后，井口四周用 1∶2 水泥砂浆嵌牢，井口四周围成 45°角。安装井口时，在核正标高后，用 C20 细石混凝土浇筑井口周围。

(5) 人（手）孔井施工时的注意事项

雨天禁止进行人（手）孔井施工。砌筑完成的人（手）孔井为防止漂管，必要时可在井室底部预留进水孔，回填土前必须砌堵严实。人（手）孔井周围回填土前应检查下列各项，并应符合设计及规范要求：井壁的勾缝抹面和防渗层应符合质量要求；井盖的高程应在±5mm 以内；井壁同管道连接处应严密不得漏水。

8. 沟槽、基坑回填

在人孔盖板安装完成、经过隐蔽验收后方可对沟槽、基坑进行土方回填，回填土方必须分层进行回填，分层厚度一般不宜大于 30cm，回填采取分层回填、分层夯实的方式进行。采用石夯或打夯机进行夯实，不得采用压路机进行压实，以免损坏管井。

三、线管、线槽敷设

（一）常用线管与线槽

1. 常用线管

在弱电工程中，为使弱电线缆免受腐蚀、外来机械损伤，达到通信线路抗干扰的要求，常把它们进行穿管敷设，常用的线管有绝缘电工套管和钢导管。

（1）绝缘电工套管

绝缘电工套管是一种防腐蚀、防漏电的线管，一般用聚氯乙烯管（PVC），如图 3-1 所示。

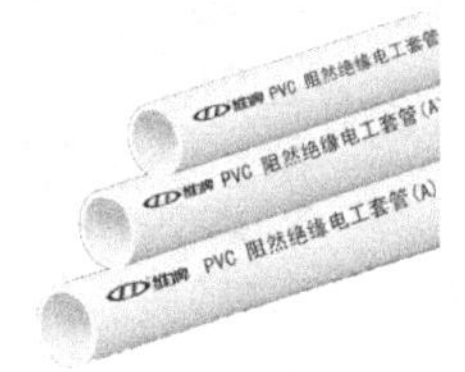

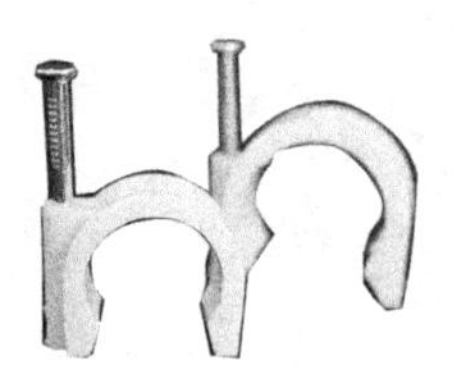

图 3-1　绝缘电工套管及配件

在弱电工程中常用的绝缘电工套管是硬质阻燃绝缘电工套管和波纹阻燃绝缘电工套管。硬质阻燃绝缘电工套管适用于公用建筑物、工厂、住宅等建筑物的弱电配管，可浇筑于混凝土内，也可明装于室内及吊顶内等场所。阻燃绝缘电工套管规格如表 3-1 所示。

（2）钢导管

弱电工程使用的钢导管有焊接钢管、镀锌钢管、薄壁钢导管以及金属软管。

套管规格尺寸（mm） 表 3-1

公称尺寸	外径	极限偏差	最小内径		硬质套管最小厚度	米制螺纹	套管长度	
			硬质套管	半硬质、波纹套管			硬质套管	半硬质、波纹套管
16	16	0/—0.3	12.2	10.7	1.0	M16×1.5	4000	25000～100000
20	20	0/—0.3	15.8	14.1	1.1	M20×1.5		
25	25	0/—0.4	20.6	18.3	1.3	M25×1.5		
32	32	0/—0.4	26.6	24.3	1.5	M32×1.5		
40	40	0/—0.4	34.4	31.2	1.9	M40×1.5		
50	50	0/—0.5	43.2	39.6	2.2	M50×1.5		
63	63	0/—0.6	57.0	52.6	2.7	M63×1.5		

1）焊接钢管

焊接钢管用于弱电管路敷设时，可进行明敷设、暗敷设，既可敷设于墙体内，也可敷设于吊顶内。其不适用于腐蚀性场所。弱电工程中常用的是普通焊接钢管，如图 3-2 所示。

图 3-2 普通焊接钢管

普通焊接钢管的外径与壁厚如表 3-2 所示。

普通焊接钢管外径与壁厚允许偏差（mm）　　表 3-2

外径	外径允许偏差		壁厚允许偏差
	管体	管端（配管端 100mm 范围内）	
$D \leqslant 48.3$	±0.5	—	±10%
$48.3 < D \leqslant 273.1$	±1%D	—	

2）镀锌钢管

镀锌钢管用于弱电管路敷设时，可进行明敷设、暗敷设，既可敷设于墙体内，也可敷设于吊顶内。普通镀锌钢管如图 3-3 所示。镀锌钢管的规格尺寸如表 3-3 所示。

图 3-3　镀锌钢管

镀锌钢管规格尺寸（mm）　　表 3-3

公称口径	外径	壁厚	
		普通钢管	加厚钢管
15	21.3	2.8	3.5
20	26.9	2.8	3.5
25	33.7	3.2	4.0
32	42.4	3.5	4.5
40	48.3	3.5	4.5
50	60.3	3.8	4.5
65	76.1	4.0	4.5

注：表中的公称口径是供参考用的一个管径整数，与加工尺寸间呈不严格的对应关系，用字母“*DN*”后面紧跟一个数字表示。

3）薄壁钢导管

薄壁钢导管又分为套接紧定式钢导管（JDG）和套接扣压式钢导管（KBG）。薄壁钢导管一般用于明敷，不适用于潮湿和腐蚀性场所。

① 紧定式钢导管（JDG）

紧定式钢导管（JDG）及其配件如图 3-4 所示。规格尺寸如表 3-4 所示。

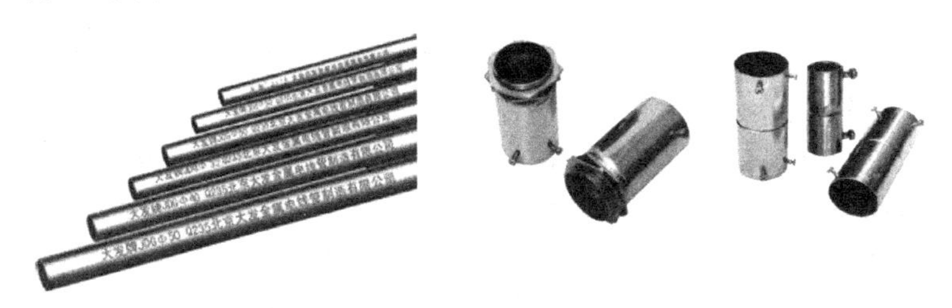

图 3-4　JDG 及其配件

JDG 镀锌钢导管管材规格表（mm）　　**表 3-4**

规格	ϕ16	ϕ20	ϕ25	ϕ32	ϕ40
外径 D	16	20	25	32	40
外径允许偏差	0/−0.30	0/−0.30	0/−0.30	0/−0.40	0/−0.40
壁厚 S	1.60	1.60	1.60	1.60	1.60
壁厚允许偏差	±0.15	±0.15	±0.15	±0.15	±0.15
长度 L	4000	4000	4000	4000	4000
长度允许偏差	±5.00	±5.00	±5.00	±5.00	±5.00

② 扣压式钢导管（KBG）

扣压式钢导管（KBG）及其配件如图 3-5 所示。规格尺寸如

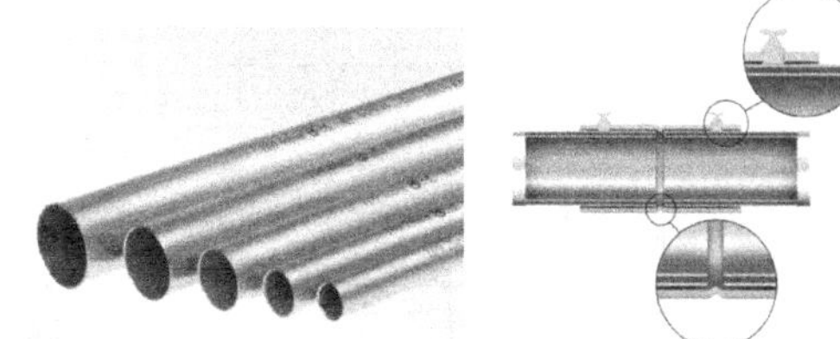

图 3-5　KBG 及其配件

表 3-5 所示。

KBG 镀锌钢导管管材规格表（mm）　　表 3-5

规格	ϕ16	ϕ20	ϕ25	ϕ32	ϕ40
外径 D	16	20	25	32	40
外径允许偏差	0/－0.30	0/－0.30	0/－0.40	0/－0.40	0/－0.40
壁厚 S	1.0	1.0	1.2	1.2	1.2
壁厚允许偏差	±0.08	±0.08	±0.10	±0.10	±0.10

4）金属软管

金属软管，又称蛇皮管。它由厚度为 0.5mm 以上的双面镀锌薄钢带压边卷制而成。金属软管有外带塑料护套和不带塑料护套两种，如图 3-6 所示。金属软管既有相当的机械强度，又有很好的弯曲性，常用于弯曲部位较多的场所及弱电设备的进出线处，其两端应用专用的金属软管接头连接。常用金属软管规格见表 3-6，常用金属软管接头规格及用途见表 3-7。

图 3-6　金属软管及配件

金属软管规格（mm）　　表 3-6

公称直径	外径	弯曲直径	公称直径	外径	弯曲直径
15	19.00	80	25	30.30	115
16	20.00	85	32	38.00	140
19	23.30	95	38	45.00	160
20	24.30	100	51	58.00	190
22	27.30	105	64	72.50	280

常用金属软管接头规格及用途表（mm） **表 3-7**

接头	常用公称直径	用途
内螺纹内接软管接头	20、25、32	用于电线管与金属软管连接
外螺纹内接软管接头	20、25、32	用于电线管与金属软管连接
卡套式软管中间接头	13、16、20、25、32、38、50	用于软管与不需套丝的薄壁钢管连接
软管端接头	16、20、25、32、38、50、64	用于软管与接线盒、线槽等连接
卡接式管端接头	16、20、25、32、38	用于软管与接线盒、线槽等连接

2. 常用线槽

（1）线槽分类

弱电工程常用的线槽有：塑料线槽、金属封闭线槽、开放式线槽（网格线槽、走线架等）和光纤槽道。

（2）塑料线槽

塑料（PVC）线槽主要用于正常环境的室内和有酸、碱腐蚀介质的场所，高温和有机械损伤的场所不宜采用。常用塑料线槽及配件见图 3-7，某厂家塑料线槽常用规格见表 3-8。

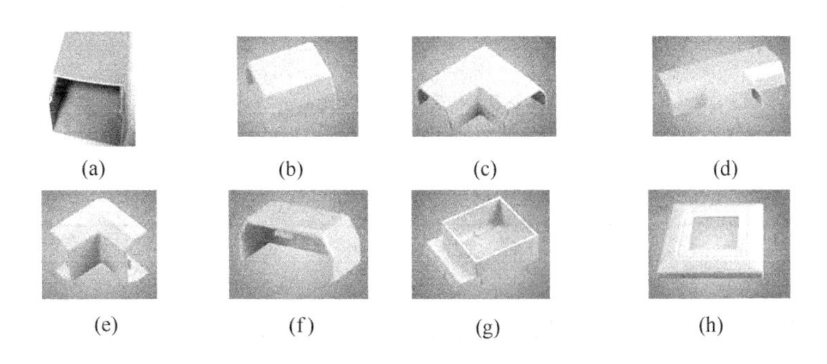

图 3-7 常用塑料线槽及配件

（a）塑料线槽；（b）直接头；（c）直角弯接头；（d）三通接头；（e）内角弯接头；（f）线槽堵头；（g）线槽接线盒；（h）线槽插接面板

某厂家塑料（PVC）线槽规格（mm） **表 3-8**

规格	尺寸			规格	尺寸		
	宽	高	壁厚		宽	高	壁厚
15×10	15	10	1.0	60×22	60	22	1.6
24×14	24	14	1.2	60×40	60	40	1.6
39×18	39	18	1.4	80×40	80	40	1.8

（3）金属封闭线槽

弱电工程常用钢质金属封闭线槽，其表面一般经过喷漆、喷塑、镀锌、粉末静电喷涂等工艺处理。常用金属封闭线槽及配件见图 3-8，常用规格见表 3-9。

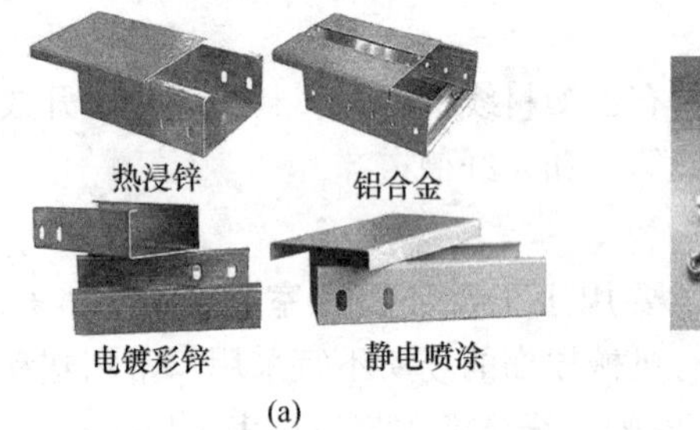

(a)

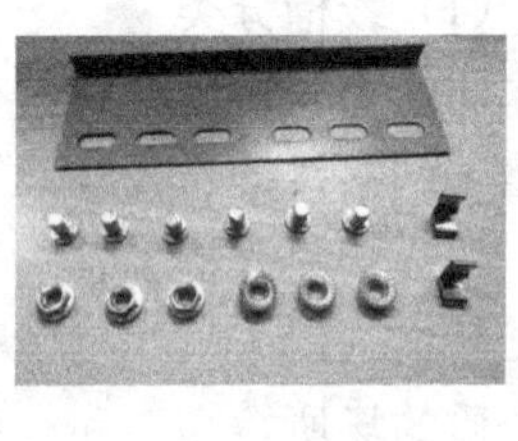

(b)

图 3-8　常用金属封闭线槽

（a）金属线槽；（b）线槽配件

常用金属封闭线槽规格（mm） **表 3-9**

规格	尺寸			规格	尺寸		
	宽	高	壁厚		宽	高	壁厚
50×25	50	25	1.0	300×150	300	150	1.6
100×50	100	50	1.2	400×200	400	200	1.6
150×75	150	75	1.4	500×200	500	200	2.0
200×100	200	100	1.6	600×200	600	200	2.0
250×125	250	125	1.6	800×200	800	200	2.0

（4）弱电机房综合布线用桥架

随着现代弱电机房综合布线量的增大，特别是数据中心的兴起，各种适合机房综合布线用的线槽出现，其功能多样、安装简便、美观大方。在弱电机房内为了布线的方便，越来越多地使用开放式线槽，特别是光纤，更应使用专用的光纤槽道。常用的弱电机房综合布线用桥架有网格式桥架、4C 铝合金走线架、U 形钢走线架、光纤槽道等。

1）网格式桥架

网格式桥架，又称篮式线槽。由于灵巧的网格化结构，其安装灵活快速，如图 3-9 所示。

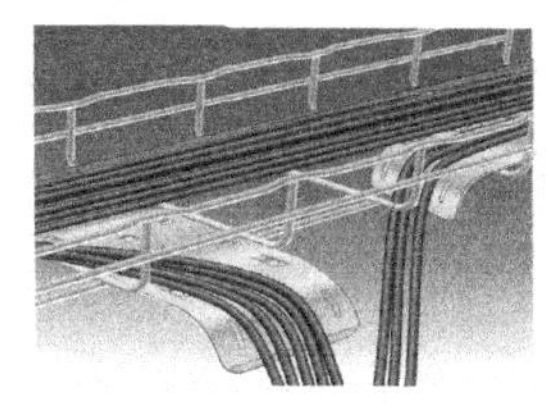

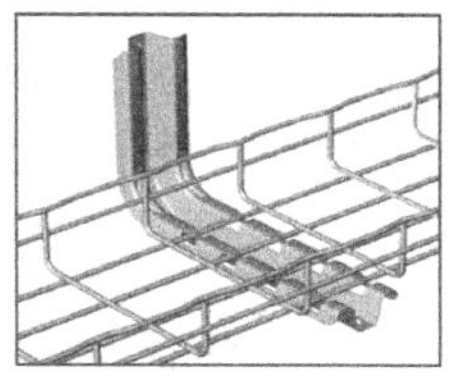

图 3-9　网格式桥架及配件

2）4C 铝合金走线架

4C 铝合金走线架安装自由且方便。可吊顶安装、地面支撑安装，也可作为爬梯使用。支吊架可采用通用件现场组装，安装快捷，扩容方便，外形美观。敷设线缆时无须专用工具，只需要将固线器按压固定即可，简单方便，如图 3-10 所示。

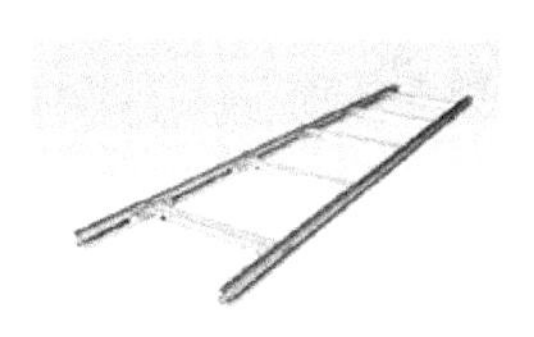

图 3-10　4C 铝合金走线架及配件

3）U 形钢走线架

U 形钢走线架与 4C 铝合金走线架相似，价格相对便宜一些，如图 3-11 所示。

图 3-11　U 形钢走线架及配件

4）光线槽道

光纤槽道是专门用来敷设光纤的线槽，通过挤出成型技术和注塑成型技术制作，是由直通槽道、各种接头、弯头、三通、出纤口、波纹管、支撑件等组成的新型产品，主要用于通信机房内，保护通信光纤不受损伤。常用光纤槽道及配件如图 3-12 所示。

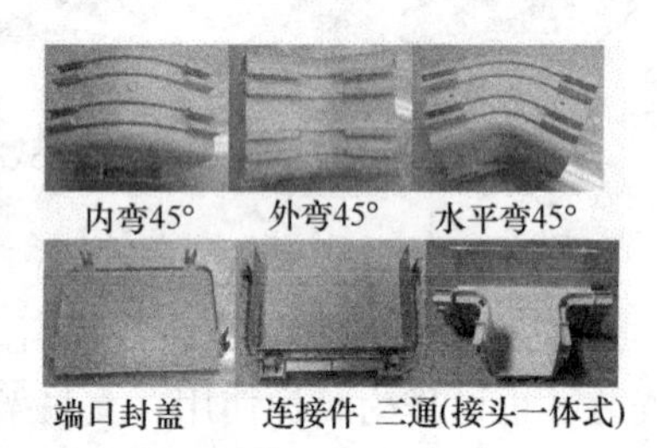

图 3-12　常用光纤槽道及配件

（二）绝缘电工套管敷设

绝缘电工套管，又称塑料管，具有易于割锯、弯曲和便于连接等优点，可以缩短施工周期，特别是硬质绝缘电工导管具有耐酸、耐腐蚀的特性，更适合于在有腐蚀性气体和潮湿场所使用。绝缘电工导管可以明敷设，也可以暗敷设，但不可以明敷于易燃易爆场所。

1. 安装准备

（1）施工材料准备

1）凡所使用的绝缘导管，其材质均应具有阻燃、耐冲击的要求，导管及配件不碎裂，表面有阻燃标记和制造厂标。

2）管材内外应光滑，无凸棱凹陷、针孔、气泡，内外径应符合国家统一标准，管壁厚度应均匀一致。

3）所用阻燃型塑料管附件及明配阻燃型塑料制品，如各种开关盒、接线盒、插座盒、端接头、管箍等，必须使用配套的阻燃制品。

4）阻燃型塑料开关盒、接线盒，其外观应整齐，预留孔齐全，无劈裂等损坏现象。

（2）施工机具准备

施工机具包括喷灯、钢锯、锯条、卷尺、电工刀、铁锤、凿子、手电钻、弯管器、台虎钳、铰板等，部分机具如图 3-13 所示。

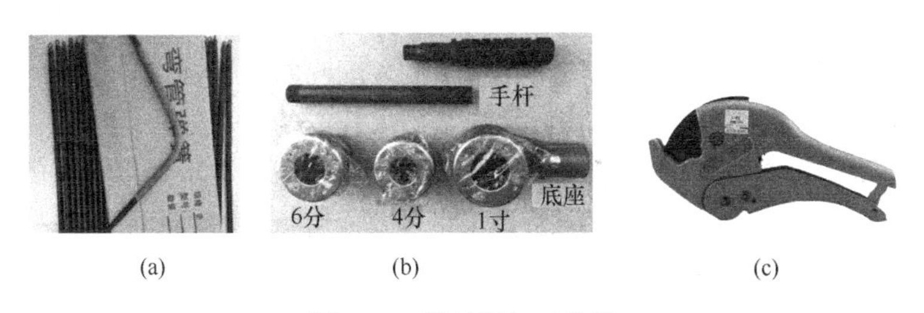

(a)　(b)　(c)

图 3-13　塑料管加工机具

（a）弯管弹簧；（b）铰板；（c）截管器

（3）施工条件

在进行阻燃塑料管的敷设与煨弯时，管材对环境温度的要求是，在原材料规定的允许环境温度下进行，其外界环境温度不宜低于－15℃。

2. 工艺流程

工艺流程包括：施工准备—塑料管加工—塑料管敷设。

3. 塑料管加工

（1）塑料管的切断

硬质 PVC 塑料管的切断，可以使用截管器进行切断，如

图 3-14所示，也可以使用钢锯或带锯的多功能电工刀切断。

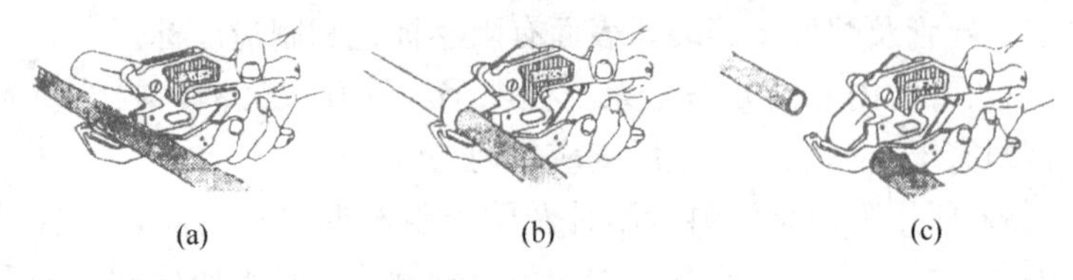

图 3-14　截管器切断 PVC 管

（a）入管；（b）加压；（c）剪断

半硬质塑料管的切断，不论是平滑塑料管还是波纹管（塑料软管），由于管壁较薄，都可以用电工刀切断，当然也可以用钢锯切断。

（2）塑料管的煨弯

塑料管的煨弯可采用冷煨法和热煨法。

1）冷煨法（适用于 $\phi15 \sim \phi25$ 的管径）

使用手扳弯管器煨弯，将管子插入配套的弯管器内，手扳一次煨出所需要的角度。将弯管弹簧插入管内的煨弯处，两手抓住弹簧在管内位置的两端，膝盖顶住被弯处，用力逐步煨出所需的角度，然后抽出弯簧（当管路较长时，可将弯簧用细绳拴住一端，以便煨弯后方便抽出），如图 3-15 所示。

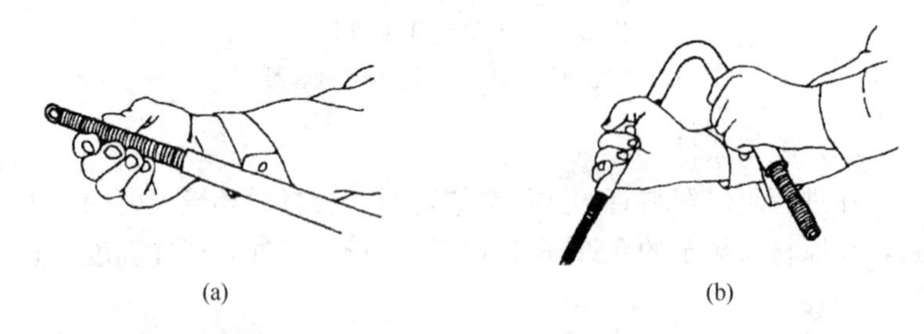

图 3-15　冷煨法弯管

（a）插入弯管弹簧；（b）弯曲管子

2）热煨法

将弯管弹簧插入管内待煨弯处，用电炉或热风机等加热装置进行均匀加热，烘烤管子煨弯处，待管子被加热到可随意弯曲时，立即将管子放在木板上，固定管子一端，逐步煨出所需的角度，并用湿布冷却，定型弯曲部位，然后抽出弯簧。在加热和煨弯时，应避免管路出现烤伤、变色、破裂等现象。

4. 塑料管的连接

（1）硬质塑料管的连接

硬质塑料管的连接有螺纹连接和黏结两种方法，其中黏结又有插入法和套接法。

1）螺纹连接

用螺纹连接时，要在管口端部套螺纹。套螺纹时，应把硬质塑料管固定在台虎钳或管钳上，然后用铰板铰出螺纹，螺纹的长度等于管箍的一半再加1～2牙；第一次套完后，调小距离，再套一次，当第二次快套完时，边转边松，成为锥形丝。套完螺纹后，应清洁管口，将管口端面和内壁的毛刺清理干净，使管口光滑，以免伤线。

2）插入法连接

先将管口倒角，把要连接的两个管端，一个加工成约30°内斜角的外管，另一个加工成约30°的外斜角的内管，然后用清洁剂清洁外管和内管的插接段。取外管插接段为管径1～2倍的管端放到电热器上加热几分钟，使之呈柔软状态，一般加热温度在140℃左右。同时将内管插入部分均匀地涂上黏合剂，然后迅速地插入外管，待中心线一致时，迅速用准备好的湿布冷却接口，使接口恢复原管的硬度。

3）套接法连接

套接法连接是先把同直径的硬质塑料管加热扩大成套管，或采用比连接管大一级的塑料管做套管。再把需要连接的两管端倒角，用清洁剂清洁插接段，过几分钟，待清洁剂挥发后，在插接段均匀涂上黏结剂，迅速插入套管中，并用湿布冷却即可。套接法的连接如图3-15（b）所示。

（2）半硬质塑料管的连接

1）套管连接。应用套管连接时，其方法与硬质塑料管套接法相似。此法适用于外表面平滑的半硬质塑料管连接。

2）塑料波纹管与硬质塑料管以及盒、箱的连接，必须用专用的管接头和塑料卡环连接。塑料管路入盒、箱用的连接，要求平正、牢固。向上立管管道采用端帽护口，防止异物堵塞管路。

5. 塑料管明敷设

（1）用管卡敷设

1）管卡距离

当塑料管用管卡明敷设时，应用管卡均匀固定塑料管。管卡固定点与盒、箱边缘的距离为150～500mm。中间直线段管卡间的最大距离如表3-10所示。

管路中间固定点间距（mm） **表 3-10**

管径	15～20	25～32	32～40	50以上
间距	1000	1500	1500	2000

2）管卡固定

在需要固定的管卡处，可用适当的塑料胀管或膨胀螺栓进行胀管法固定。或者用木螺钉直接将管卡固定在预埋的木砖上，也称木砖法。

① 钻孔

使用塑料胀管时钻孔可用冲击电钻进行，孔径应与塑料胀管外径相同，钻孔深度不应小于胀管的长度。使用膨胀螺栓钻孔时，当孔径大于12mm，最好采用电锤，孔径应与膨胀螺栓套管的外径相同，钻孔深度不应小于套管长度再加10mm。

② 固定方法

使用塑料胀管固定时，当管孔钻好后，放入塑料胀管，先将管卡的一端木螺钉拧进一半，再将塑料管敷于管卡内，然后将管卡两端用木螺钉拧紧。使用膨胀螺栓固定时，先将塑料管敷于管卡内，再将螺栓与套管一起送到孔内，螺栓要送到孔底，螺栓埋入的长度应与套管长度相同。

3）塑料管转弯敷设

① 台阶式管弯曲敷设。当台阶较小时，先把塑料管煨成曲弯，不能出现死弯。如图 3-16（a）所示。

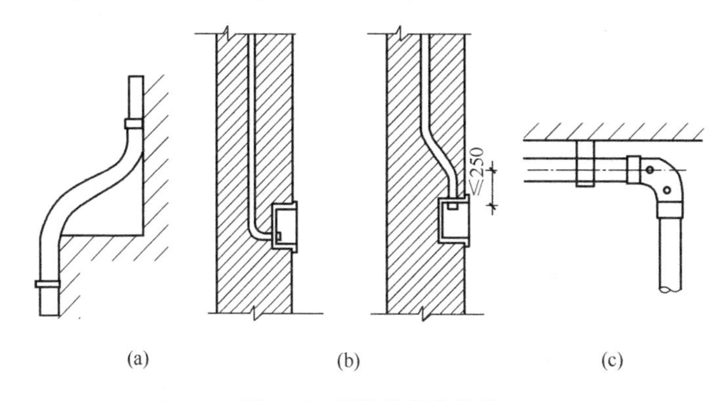

图 3-16　塑料管弯曲敷设

（a）台阶式弯管；（b）进盒弯管；（c）直角式管弯曲敷设

② 管进线盒时弯管如图 3-16（b）所示，不能出现死弯。

③ 直角式管弯曲敷设。当塑料管弯曲角度较大时，不能采用弯管的方法，需要加装拐角盒（阴角盒、阳角盒），如图 3-16（c）所示。

4）管路超长敷设

管路较长时，超过下列情况，应加装接线（过路）盒：

① 管路无弯时，30m；

② 管路有一个弯时，20m；

③ 管路有二个弯时，15m；

④ 管路有三个弯时，8m。

如果无法加接线盒时，应将管径加大一级。

（2）支、吊架敷设

塑料管敷设时，如果管线较多或管径较粗，可以采用安装支、吊架的方法进行敷设。支、吊架的安装可根据现场情况采用下列方法：

1）预埋铁件焊接法。随土建施工，按测定的位置预埋铁件，安装时将支架、吊架焊接在预埋的铁件上。

2）稳注法。随土建施工，将支架固定好。

3）剔注法：按测定的位置，剔出孔洞，用水将孔洞浇湿并填好水泥砂浆，再将支架、吊架或螺栓插入洞内，校正后将洞口抹平。

4）抱箍法：在梁、柱上敷设管路时，按照测定位置，用抱箍将支架、吊架固定好。

采用以上方法时，均应先固定两端的支架、吊架，然后再拉线固定中间的支架、吊架，以保证支、吊架安装在同一直线上。

（3）管路补偿措施

1）热胀冷缩补偿

塑料管的热膨胀系数较大，敷设时必须考虑热胀冷缩问题。一般在管路直线部分每隔 30m 需要加装一个补偿装置。补偿装置接头的大头与直管套入并粘牢，另一端与直管之间可自由滑动。

2）变形缝补偿

塑料管明敷设，若通过建筑物的伸缩缝或沉降缝等变形缝时，需要加装一个补偿装置。塑料管在变形缝处穿墙时应加保护管，保护管应能承受管外冲击，口径宜大于管外径的两级。

（4）塑料管与其他管道之间的间距

配线导管与其他管道间最小距离见表 3-11。如达不到表中距离时，应采取下列措施：1）蒸汽管：外包隔热层后，管道周围温度应在 35℃以下，上下平行净距可减至 200mm，交叉距离需考虑便于维修。2）暖、热水管：外包隔热层。

配线导管与其他管道间最小距离（mm）　　**表 3-11**

<table>
<tr><th>管道名称</th><th>方式</th><th>最小距离</th><th>管道名称</th><th>方式</th><th>最小距离</th></tr>
<tr><td rowspan="3">蒸汽管</td><td>上平行</td><td>1000</td><td rowspan="2">暖、热水管</td><td>下平行</td><td>200</td></tr>
<tr><td>下平行</td><td>500</td><td>交叉</td><td>100</td></tr>
<tr><td>交叉</td><td>300</td><td rowspan="2">通风、上下水、压缩空气管</td><td>平行</td><td>100</td></tr>
<tr><td>暖、热水管</td><td>上平行</td><td>300</td><td>交叉</td><td>50</td></tr>
</table>

6. 塑料管暗敷设

（1）浇筑墙塑料管暗敷设

当塑料管暗敷设于混凝土楼板、剪力墙和梁柱内时，应在土建施工绑扎钢筋过程中，根据设计图纸要求的路由在钢筋上绑扎固定。在浇捣混凝土时应防止塑料管被振捣器等机械损伤。

（2）砖墙塑料管暗敷设

塑料管在砖墙内剔槽暗敷设时，应用水泥砂浆抹面保护，保护层厚度不应小于 15mm。

（3）塑料管保护

从地面引出的塑料管部分，应加装保护金属保护管，其保护高度距离楼板面不应低于 1500mm。

（三）钢导管敷设

在弱电工程中，使用钢导管敷设线缆是非常普遍的，既能对线缆起到机械保护作用，还能对通信线路的抗干扰起到很好的效果。钢导管敷设分成暗管敷设、明管敷设和吊顶内管路敷设三种方式。

1. 施工准备

（1）施工材料准备

1）钢管壁厚均匀，焊缝均匀，无劈裂、砂眼、棱刺和凹扁现象。除镀锌管外其他管材需预先除锈刷防腐漆，现浇混凝土内敷设时，应除锈，内壁做防腐，外壁可不刷防腐漆。镀锌管或刷过防腐漆的钢管外表层完整无脱落，有产品合格证。

2）辅材：接线盒、开关盒、插座盒、通丝管箍、根母、护口、管卡、圆钢、扁钢、角钢、防锈漆等具有合格证，螺栓、螺母、垫圈为镀锌件，镀锌层完整无缺。

（2）施工机具准备

施工机具包括弯管器或弯管机、管子压钳、套丝器或套丝机、钢锯或切管器、卷尺、管钳、锉刀、钢丝刷、毛刷等。

2. 工艺流程

工艺流程包括：施工准备—钢管加工—钢管连接—钢管敷设。

3. 钢管加工

钢管加工包括除锈、刷漆、切割、套丝、弯管等。

（1）除锈

为防止钢管生锈，配管前要进行除锈，管子内壁除锈方法是用圆形钢丝刷接上长手柄来回拉动，如图 3-17 所示。管外壁除锈用钢丝刷人工打磨或用电动除锈机。

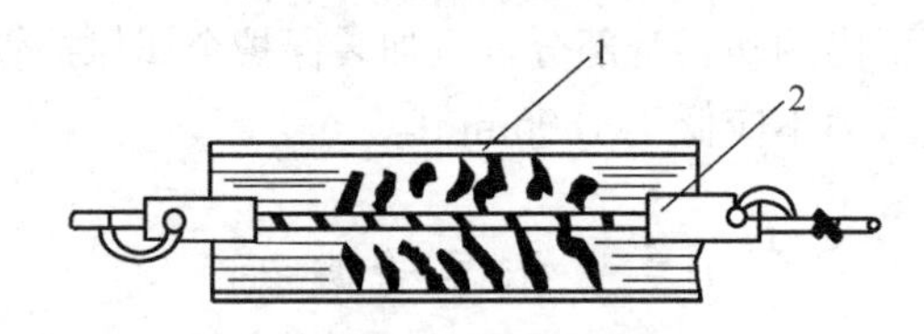

图 3-17　钢管除锈

1—钢管；2—圆形钢丝刷

（2）刷漆

除锈后应将管的内外表面刷防锈漆。

1）刷漆基本要求

使用镀锌钢管则不需涂漆。若镀锌层有剥落，应在剥落处补刷相应的漆；埋入混凝土内的钢管可以不刷防锈漆；埋入道砟垫层和土层内的钢管刷两道沥青油或用厚度不小于 50mm 混凝土保护层保护；埋入砖墙的钢管刷红丹漆；埋入腐蚀性土层中的钢管应刷沥青油后缠麻或玻璃丝布，外面再刷一道沥青油。包缠要紧密，不得有空隙，刷油要均匀；钢管明敷时，应刷一道防腐漆，一道灰漆，或按设计要求进行刷漆。

2）钢管内壁刷漆方法

当钢管内壁刷樟丹漆防腐时，可用圆钢管焊接成能放置数根钢管的刷漆操作架。把钢管在操作架上交错倾斜放置，用透明塑料软管将钢管穿接成一体，在最上一层管口处灌入樟丹漆，由最下一层管口内自然排出后，管内壁即可刷满漆，如图 3-18所示。

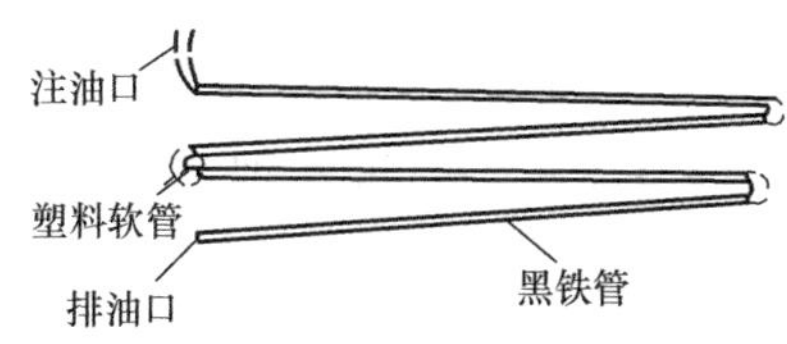

图 3-18　钢管内壁涂漆防腐

(3) 切割

配管前，按实际需要长度切割管身。如果管批量较大，最好用无齿锯切割，也可以用钢锯、割刀或割管器切割，严禁用气割切断钢管。管身切断后，断口处应与管轴线垂直，必要时应使用绞刀或锉刀修理管口，确保管口整齐光滑。

(4) 套丝

ϕ25 以下的钢管可手动套丝，ϕ32 及以上的钢管用电动套丝机进行套丝，丝扣不乱、套丝长度为管箍长度的 1/2 加两扣。

(5) 弯管

1) 弯管半径

由于设备、元器件位置及其他原因致使钢管敷设改变方向，就需要用到弯管。管的弯曲半径在明敷设时，一般不小于管外径的 6 倍；暗敷设时，不应小于管外径的 10 倍。

2) 弯管方法

ϕ25 及以下的管弯采用冷煨法，用手动煨弯器加工；ϕ32～ϕ50 的管弯采用冷煨法，用液压煨管器加工；ϕ65 及以上管弯购买成品或采用热煨法人工加工。

① 手动弯管器煨弯

弯管器弯管方法简单。先在需要煨弯的地方划上尺寸，然后将管身需要弯曲部位的前端放于弯管器内，再用脚踩住管，扳动弯管器手柄，加一点力，使管身略微弯曲后，立即换下一个点，沿管弯曲方向逐点移动弯管器。如图 3-19 (a) 所示。

② 液压弯管器

管径较大的采用液压弯管器效率更高。如图 3-19 (b) 所示。

③ 滑轮式弯管器煨弯

滑轮式弯管器可以弯曲直径较大的钢管，对钢管无损伤，特别是外观和形状要求较高的，用滑轮弯管器比较好。弯管器可固定在工作台上，弯管时，把管放在两滑轮中间，扳动滑轮应用力均匀，速度缓慢，可以煨出需要的钢管管弯。如图 3-19（c）所示。

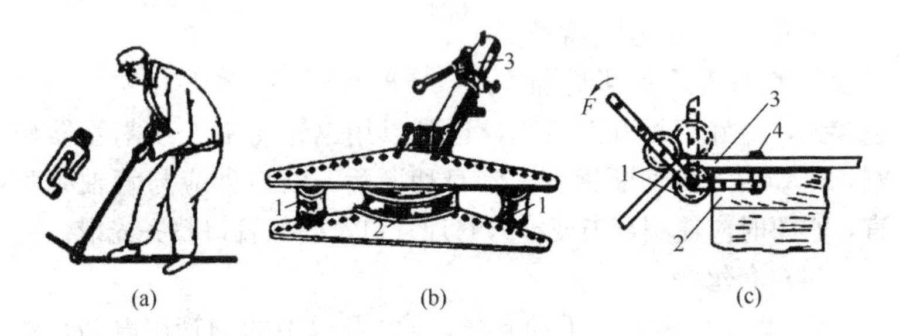

图 3-19　手动弯管器煨弯

（a）手动弯管器煨弯；（b）液压弯管器煨弯（1—管托；2—顶胎；3—液压缸）；（c）滑轮弯管器煨弯（1—滑轮；2—工作台；3—钢管；4—夹子）

④ 热煨法煨弯

热煨法是先在管内塞满烘干的砂子，然后用木塞堵住两端口。再在弯曲部位均匀加热，最后在胎具内弯曲成型后，对钢管浇洒凉水，使钢管迅速冷却弯曲成型。由于此法施工复杂，效率低，现场一般采用成品管弯或加装过线盒的方式处理，尽量避免使用此法。

4. 钢管连接

镀锌和壁厚小于等于 2mm 的钢导管，必须用管箍螺纹连接、紧定连接、卡套连接等，不得采用套管焊接连接，严禁对口熔焊连接。

（1）管箍连接

管箍连接，也叫螺纹连接。薄壁镀锌钢管的连接，必须使用管箍连接。把要连接的管端部套丝，并在丝扣部分涂以铅油，缠上麻丝或生料带，通过管箍连接在一起。如图 3-20 所示。

（2）套管连接

套管连接，也叫套管焊接连接，厚壁钢管暗敷设时可采用套管焊接连接。连接时，把要连接的管中心对正插入套管内，两管反向拧紧，并使两管端吻合，满焊套管两端的四周。如图 3-21 所示。套管连接时，套管长度应为连接管外径的 1.5～3 倍，被连接管的对口处应在套管的中心，套管的两端与被连接管要可靠焊接，焊口严密、牢固。

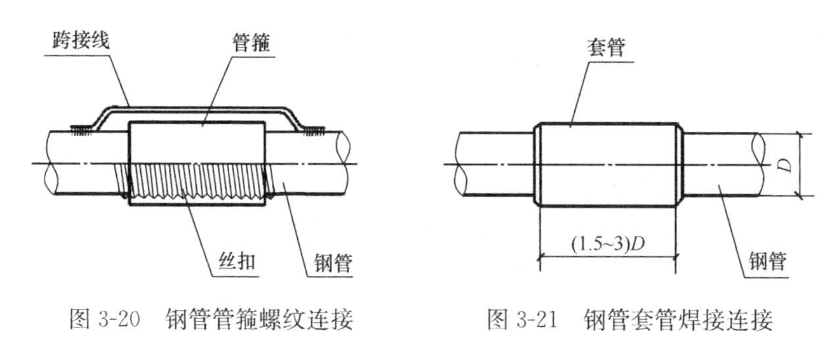

图 3-20　钢管管箍螺纹连接　　　　图 3-21　钢管套管焊接连接

（3）套接连接

套接连接又分为套接紧定式连接和套接扣压式连接，分别适用于 JDG 和 KBG 薄壁钢导管。

JDG 的连接需要使用专用的连接件，在直管连接件中涂抹导电膏，插入需要连接的大钢导管，对正后将紧定螺栓拧紧，当紧定螺栓的螺帽被拧断即可，如图 3-22（a）所示。

KBG 的连接需要使用专用的连接件，使用专用扣压工具扣压到位即可，如图 3-22（b）所示。

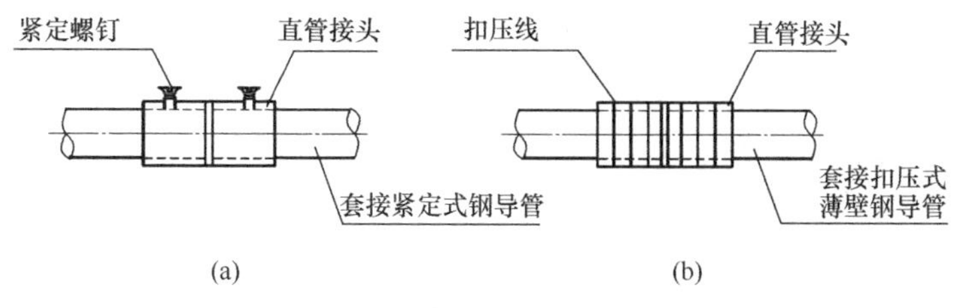

图 3-22　薄壁钢导管套接连接

（a）套接紧定式钢导管紧定螺钉连接；（b）套接扣压式钢管扣压连接

(4) 管盒连接

钢管与盒、箱的连接，可以采用焊接或锁紧螺母连接固定两种方法。其中焊接仅适用于厚壁钢管，薄壁钢管只能用锁紧螺母固定。盒箱开孔整齐、与管径相适配，要求一管一孔，不得开长孔；钢管进入箱盒长度为 2～4 扣；两根以上管入盒箱时，进入盒箱长度要一致，间距均匀，排列整齐有序。

(5) 钢管与软管的连接

金属软管之间以及金属软管与钢导管的连接要使用专用连接件连接。

5. 钢管敷设

钢管敷设一般从弱电箱开始，逐段敷设到各弱电设备，当然也可以根据实际情况合理选择先后顺序。一般在管敷设完后，应把管口用木塞或用胶带封堵，以免管发生堵塞。

(1) 钢管暗敷设

1) 随墙（砌体）配管

砖墙、加砌气混凝土块墙、空心砖墙配合砌墙立管时，该管最好放在墙中心；管口向上时要堵好。为使盒子平整，标高准确，可将管先立偏高 200mm 左右，然后将盒子稳好，再接短管。短管入盒、箱端可不套丝，可用跨接线焊接固定，管口与盒、箱里口平。往上引管有吊顶时，管上端应煨成 90°弯直进吊顶内。由顶板向下引管不宜过长，以达到开关盒上口为准。等砌好隔墙，先稳盒后接短管。

2) 大模板混凝土墙配管

可将盒、箱焊在该墙的钢筋上，接着敷管，每隔 1m 左右，用铁丝绑扎牢然后敷管。有两个以上盒子时，要拉直线。管进盒、箱长度要适宜。

3) 预制圆孔板上配管

预制圆孔板上配管，如为焦砟垫层，管路需用混凝土砂浆保护。素土内配管可用混凝土砂浆保护，也可缠两层玻璃布，刷三道沥青油加以保护，并在管路下先用石块垫起 50mm，尽量减少接头，管箍丝扣连接处抹油缠麻拧牢。

4）变形缝处理

变形缝两侧各预埋一个接线箱，先把管的一端固定在接线箱上，另一侧接线箱底部的垂直方向开长孔，其孔径长、宽度尺寸不小于被接入管直径的2倍。两侧连接好补偿跨接地线。

5）跨接地线（表3-12）

① 焊接

管路做整体接地连接，可采用焊接方式，焊接时，要求跨接地线两端双面施焊，焊接长度不小于所用跨接地线截面的6倍，焊缝均匀牢固，焊接处清除药皮，刷防腐漆。

跨接地线规格表（mm）　　**表3-12**

管径	圆钢	扁钢	管径	圆钢	扁钢
15～25	ϕ5	—	50～63	ϕ10	25×3
32～38	ϕ6	—	≥63	ϕ8×2	（25×3）×2

② 卡接

镀锌钢管或可挠金属电线保护管（金属软管），应采用专用接地线卡接。

（2）钢管明敷设

1）支吊架预制加工

明配管弯曲半径一般不小于管外径6倍，如有一个弯时，可不小于管外径的4倍。加工方法可采用冷煨法和热煨法，支架、吊架应按设计图要求进行加工。支架、吊架的规格设计无规定时，应不小于以下规定：扁铁支架30mm×3mm；角钢支架25mm×25mm×3mm；埋注支架应有燕尾，埋注深度不小于120mm。

2）测定盒、箱及固定点位置

根据设计首先测出盒、箱与出线口等的准确位置，测量时最好使用自制尺杆；根据测定的盒、箱位置，把管路的垂直、水平走向弹出线，按照安装标准规定的固定点间距尺寸要求，计算确定支架、吊架的具体位置；固定点的距离应均匀，管卡与终端、转弯中点、电气器具或接线盒边缘的距离为150～500mm；中间的管卡最大距离见表3-13。

钢管固定点间最大间距　　表3-13

敷设方式	钢管名称	钢管直径（mm）			
		15～20	25～30	40～50	65～100
		最大允许距离（m）			
吊架、支架或沿墙敷设	厚壁钢管	1.5	2.0	2.5	3.5
	薄壁钢管	1.0	1.5	2.0	—

3）盒、箱固定

由地面引出管路至自制明盘、箱时，可直接焊在角钢支架上，采用定型盘、箱，需在盘、箱下侧100～150mm处加稳固架，将管固定在支架上，盒、箱安装应牢固平整，开孔整齐并与管径相吻合。要求一管一孔不得开长孔。铁制盒、箱严禁用电气焊开孔。

4）管路敷设

敷管时，先将管卡一端的螺钉拧进一半，然后将管敷设在管卡内，逐个拧牢，使用铁支架时，可将钢管固定在支架上，不得将钢管焊接在其他管道上。水平或垂直敷设明配管允许偏差值应符合，管路在2m以内时，偏差为3mm，全长不应超过管内径的一半。

5）变形缝处理

钢管通过变形缝（沉降缝）时，变形缝处采用金属软管连接，并在一头安装一个接线箱，接线箱的长度一般为管径的8倍，当管数量较多时，接线箱的高度应相应提高，并在两侧连接好补偿跨接地线。也可采取与暗敷方式相同的处理措施。

6）跨接地线

跨接地线连接与处理方法与暗敷钢管相同。但明配管跨接线，应美观牢固，管路敷设应保证畅通，刷好防锈漆、调和漆或其他装饰材料。

(3) 吊顶内、护墙板内管路敷设

吊顶内、护墙板内管路敷设，应参照明配管工艺，连接、弯度、走向等也可参照暗敷工艺要求施工，接线盒可使用暗盒；管路应敷设在主龙骨的上边，管进盒、箱以内锁紧螺母平齐为准；固定管路时，如为木龙骨可在管的两侧钉钉，用铅丝绑扎再把钉钉牢，如为轻钢龙骨，可采用配套管卡和螺钉固定，或用拉铆钉固定，直径 25mm 以上和成排管路应单独设架；吊顶内各种盒、箱的安装盒箱口的方向应朝向检查口以利于接线、维修、检查。

(四) 塑料线槽安装

1. 施工准备

(1) 施工材料准备

1) 选用塑料线槽时，应根据设计要求选择型号、规格相应的定型产品。其敷设场所的环境温度不得低于−15℃，其氧指数不应低于 27%。线槽内外应光滑无棱刺，不应有扭曲、翘边等变形现象，并有产品合格证。

2) 塑料胀管选用时，其规格应与被紧固的设备荷重相对应，并选择相同型号的圆头机制螺钉与垫圈配合使用。

(2) 施工机具准备

应准备：铅笔、卷尺、线坠、粉线袋、电工常用工具、活扳手、手锤、錾子、钢锯、钢锯条、手电钻、电锤工具袋、工具箱、高凳等。

2. 工艺流程

工艺流程包括：弹线定位—线槽固定—线槽连接—变形缝处理。

3. 弹线定位

按设计图纸确定进线固定点位置，从始端到终端找好水平和垂直线，用粉线袋在线路中心弹线、分均档，用笔画出加挡位置，然后在固定点位置进行钻孔，埋入塑料胀管或伞形螺栓。弹线时不应弄脏建筑物表面。

4. 线槽固定

（1）塑料胀管固定线槽

混凝土墙、砖墙可采用塑料胀管固定塑料线槽。根据胀管直径和长度选择钻头，在标出的固定点位置上钻孔，不应歪斜、豁口，应垂直钻好孔后，将孔内残存的杂物清净，用木锤把塑料胀管垂直敲入孔中，并与建筑物表面平齐为准，再用石膏将缝隙填实抹平。用半圆头自攻螺钉加垫圈将线槽底板固定在塑料胀管上，紧贴建筑物表面。应先固定两端，再固定中间，同时找正线槽底板，要横平竖直。安装塑料线槽用的自攻钉的规格尺寸如表3-14所示。

自攻钉规格（mm） **表 3-14**

标号	公称直径	螺杆直径	螺杆长度	标号	公称直径	螺杆直径	螺杆长度
7	4	3.81	12～70	14	6	6.30	25～100
8	4	4.7	12～70	16	6	7.01	25～100
9	4.5	4.52	16～85	18	8	7.72	40～100
10	5	4.88	18～100	20	8	8.44	40～100
12	5	5.59	18～100	24	10	9.86	70～120

（2）伞形螺栓固定线槽

在石膏板墙或其他护板墙上，可用伞形螺栓固定塑料线槽，根据弹线定位的标记，找出固定点位置，把线槽的底板横平竖直地紧贴建筑物表面，钻好孔后将伞形螺栓的两片伞叶掐紧合拢插入孔中，待合拢伞叶自行张开后，再用螺母紧固即可，露出线槽内的部分应加塑料套管。固定线槽时应先固定两端再固定中间。

5. 线槽连接与固定

（1）线槽及附件连接处应严密平整，无缝隙，紧贴建筑物，线槽固定点最大间距见表3-15。

线槽固定最大间距（mm） **表3-15**

固定形式	线槽宽度		
	20～40	60	80～120
	固定点最大间距		
中心单列	800	—	—
双列	—	1000	—
双列	—	—	800

（2）槽盒与槽盖直线段对接。槽盒固定点的间距应不小于500mm，槽盖应不小于300mm，底板离终点50mm及盖板离终点30mm处均应固定。三线槽的槽底应用双钉固定。槽底对接缝与槽盖对接缝应错开，并不小于100mm。

（3）线槽分支接头，线槽附件如三通、直角、接头、插口、盒箱等应采用相同材质的定型产品。槽底、槽盖与各种附件相对接时，接缝处应严实平整，固定牢固。

6. 变形缝处理

线槽过变形缝应做补偿处理。

（五）金属线槽安装

1. 施工准备

（1）施工材料准备

1）金属线槽应采用喷塑、热浸镀锌处理的定型产品。其型号、规格应符合设计要求。线槽内外应光滑无棱刺，不应有扭曲、翘边等变形现象。

2）镀锌材料：采用钢板、圆钢、扁钢、角钢、螺栓、螺母、螺钉、垫圈、弹簧垫等金属材料做工件时，都应经过热镀锌处理。

（2）施工机具准备

金属线槽安装施工机具常见有电工工具、手电钻、冲击钻、工具袋、工具箱、高凳等。

2. 工艺流程

金属线槽安装的工艺流程一般按施工准备—弹线定位—支架、吊架安装—线槽安装—变形缝处理—地线连接进行。

3. 弹线定位

根据图纸先确定弱电箱等弱电设备的安装位置，从始端至终端、先干线后支线找水平或垂直线，用粉线袋沿墙壁、顶板、地面等弹出线路的中心线，并按图纸及施工规范的规定，分匀支架、吊架的挡距，标出支架、吊架的具体位置。

4. 支架、吊架安装

（1）金属膨胀螺栓安装

1）按照支架、吊架承受的荷重或线槽的宽度来选择相应膨胀螺栓，并按膨胀螺栓规格来选择电锤的钻头，参考规格见表3-16。

固定线槽支吊架膨胀螺栓规格表（mm）　　**表3-16**

线槽宽度	膨胀螺栓	钻头规格	线槽宽度	膨胀螺栓	钻头规格
≤400	ϕ8	ϕ10	>400	ϕ10	ϕ12

2）按照所标支架、吊架的位置进行打孔，钻孔后将孔内的碎屑清除干净。孔的深度以膨胀螺栓套管全部没入墙内或顶板内为宜。

3）木块垫上后用手锤将膨胀螺栓敲进洞内，用扳手拧紧螺母，将膨胀螺栓固定牢固。敲击时，不得损伤螺栓的丝扣。

（2）支架、吊架固定

1）根据支架、吊架所承荷载，确定支架、吊架的规格，由厂家一并与线槽统一加工；尽量避免现场制作。

2）膨胀螺栓埋好后，用螺母配上相应的垫圈，将支架、吊架直接固定在金属膨胀螺栓上。

3）支架、吊架安装后，拉线进行调平、调正。

5. 线槽安装

（1）确认金属线槽的规格符合设计要求，各厂家生产的线槽的钢板厚度可能不同，订货时需要进行确认。线槽高度125mm及以下的连接板为6个螺栓孔；线槽高度150mm及以上的连接板为12个螺栓孔。金属线槽长度为2000mm。

（2）确认线槽的附件是否齐备，线槽需配用连接螺栓、盖板及扣锁。

（3）根据所弹线按先干线后支线进行安装。

（4）线槽直线段连接采用连接板和内衬片，用垫圈（平垫、弹垫）、螺母紧固（螺母在线槽壁外侧），每端固定螺栓不少于4个，接茬处缝隙严密、平整。

（5）线槽转弯部位采用相应的弯头，交叉、丁字、十字连接采用相应的二通、三通、四通。

（6）线槽与盒、箱、柜等连接时，进线和出线口等处采用法兰式连接，并用螺丝紧固，线槽末端加封堵。

（7）线槽穿墙或楼板处的洞口尺寸一般每边要大于线槽截面20～50mm，不得抹死。

（8）敷设在强、弱电竖井内的线槽在穿楼板每2层一个防火分区处做防火处理。

（9）建筑物的表面如有坡度时，线槽应随其坡度变化。

（10）线槽经过建筑物的变形缝时，设补偿装置，线槽本身应断开，槽内用内连接片搭接，不进行固定。

（11）直线段钢制线槽长度超过30m、铝合金或玻璃钢制线槽长度超过15m时应设伸缩节。

（12）线槽水平安装时，应适当设置防晃装置。宜采用三角支、吊架的方式。

金属封闭线槽各部件的组装如图3-23所示。

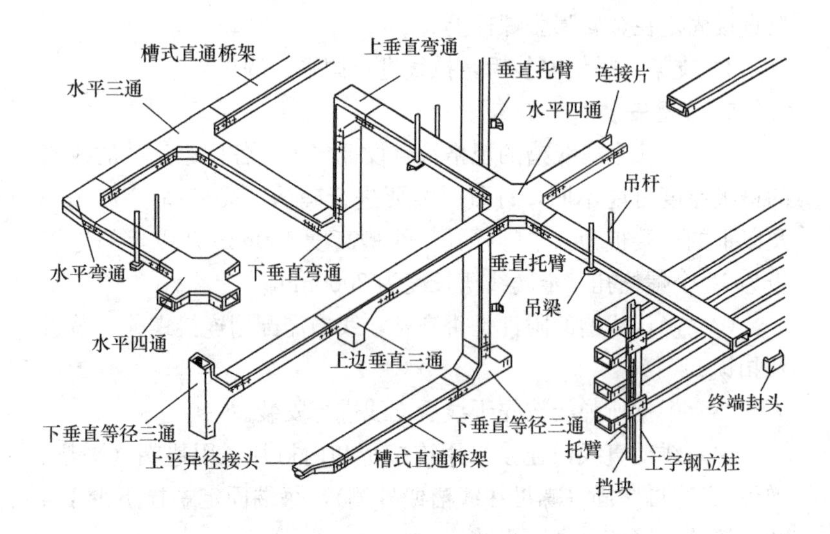

图 3-23　金属封闭线槽组装示意图

6. 跨接地线

金属线槽应做整体接地连接，接地螺栓等级不小于 M6。弱电金属线槽等电位敷设方法可沿线槽外（内）侧敷设一道镀锌扁钢，扁钢与接地干线相连，每 25～30m 与线槽连接一次（也可用软铜编织带连接）；线槽首末端需接地；弱电竖井应做等电位连接。过变形缝处的线槽，应把变形缝两侧的线槽进行地线跨接。线槽为金属非镀锌线槽时，每节线槽均要用截面不小于 $4mm^2$ 的软铜编织带连接。

（六）机房布线用桥架安装

1. 施工准备

（1）施工材料准备

机房布线桥架常见有各种网格式桥架、4C 铝合金走线架、U 形钢走线架、光纤槽道及配件，均应采用成型产品，并按照设计图纸进行核对，产品应有合格证明。

（2）施工机具准备

机房布线施工机具常见有各种扳手（双方扳手、双手梅花扳手、棘轮扳手、弯柄、活动扳手等）、旋具（一字形、十字形螺钉），手锤（圆头锤、安装锤）、锉刀、钢锯，钢卷尺、皮尺、水平尺，冲击钻，铝合金锯切机，记号笔，定位线及钢钉，厂家专用工具等。

2. 工艺流程

机房布线桥架安装的工艺流程一般按施工准备—弹线定位—支架、吊架安装—桥架安装—地线连接进行。

3. 弹线定位

根据图纸先确定弱电箱（柜）等设备的安装位置，从始端至终端、先干线后支线确定水平或垂直线，用粉线袋沿墙壁、顶板、地面等弹出线路的中心线，并按图纸、施工规范及厂家技术要求，分匀支架、吊架的挡距，标出支架、吊架的具体位置。

4. 支吊架安装

各种网格式桥架、4C铝合金走线架、U形钢走线架、光纤槽道的支吊架既可使用厂家配套产品，也可使用现场自制产品。自制支吊架的安装与金属封闭线槽安装方法相似。

5. 桥架安装

弱电机房综合布线用桥架一般采取明装方式，吊装或支架安装。当采用厂家配套的配件时，安装方法非常简便。

各种网格式桥架、4C铝合金走线架、U形钢走线架、光纤槽道的安装可以参照厂家技术标准进行，厂家无标准的可参照金属封闭线槽的施工方法进行安装。现场安装效果如图3-24所示。

6. 跨接地线

弱电机房综合布线用金属桥架的地线连接可以按照厂家的要求选择相应的配件进行安装，并满足设计要求。网格式桥架接地如图 3-25 所示。

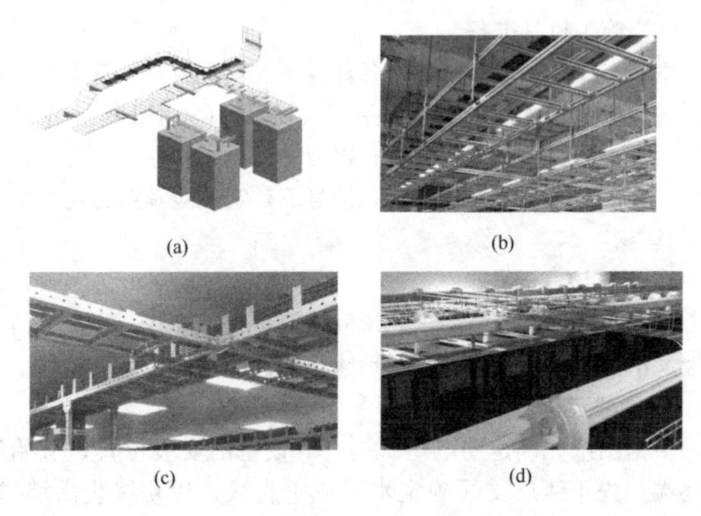

图 3-24　机房布线用桥架安装示意图

（a）网格桥架；（b）4C 铝合金走线架；（c）U 形钢走线架；（d）光纤槽道

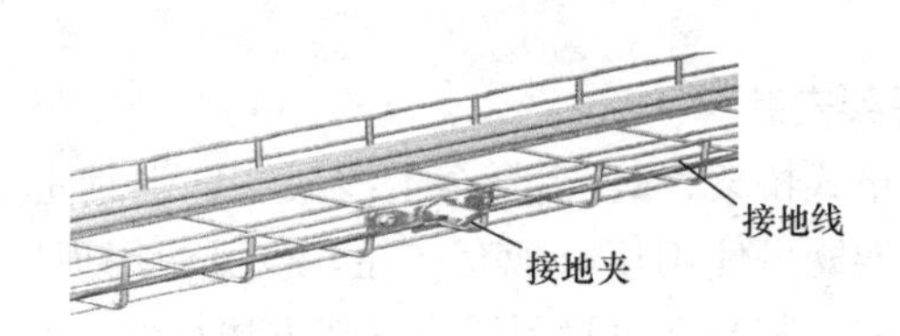

图 3-25　网格式桥架接地

《弱电工》互动培训

四、线缆敷设

（一）常用弱电线缆

1. 弱电线缆的分类

弱电工程中除电源线外，各种类型的信号线缆种类繁多。按照传输介质可以分为电缆和光缆；按照用途可以分为：电源线缆、控制线缆、视频线缆、音频线缆、网络线缆等。

2. 常用电源与控制线

（1）RVV 电缆

全称为铜芯聚氯乙烯绝缘聚氯乙烯护套软电缆，外观呈圆形，可制作成多芯数线缆，且两芯线之间都有绞合。R 代表软线，字母 V 代表绝缘体聚氯乙烯（PVC）。RVV 电缆主要应用于电器、仪表和电子设备及自动化装置等不需要屏蔽的电源线、控制线及信号传输线，如图 4-1 所示。

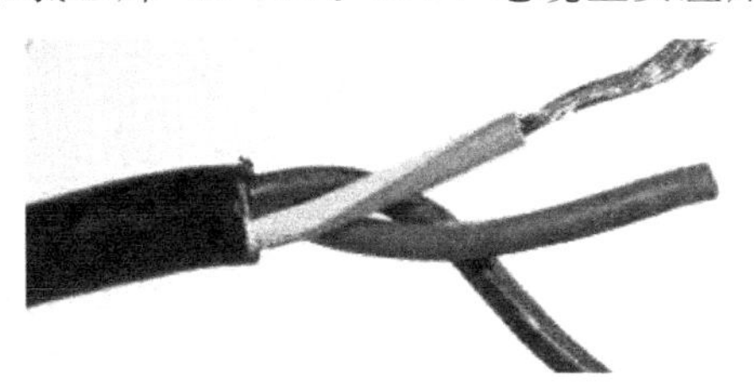

图 4-1　RVV 电缆

（2）RVVP 电缆

全称为铜芯聚氯乙烯绝缘聚氯乙烯屏蔽软电缆，适用于需要防干扰功能的通信、广播、音响、报警、控制等系统，作为高效安全的传输电缆。字母 R 代表软线，字母 V 代表绝缘体聚氯乙烯（PVC），字母 P 代表屏蔽。线缆外形如图 4-2 所示。

（3）AVVR 电缆

全称为铜芯聚氯乙烯绝缘聚氯乙烯护套安装用软电缆。AVVR

图 4-2　RVVP 屏蔽电缆

通常用于弱电电源供电。AVVR 与 RVV 是同一款线材。$0.5mm^2$ 以上的型号归为 RVV（含 $0.5mm^2$），$0.5mm^2$ 以下的型号归为 AVVR。

（4）UL2464 电缆

多芯屏蔽线，常用作电脑的连接线，如图 4-3 所示。

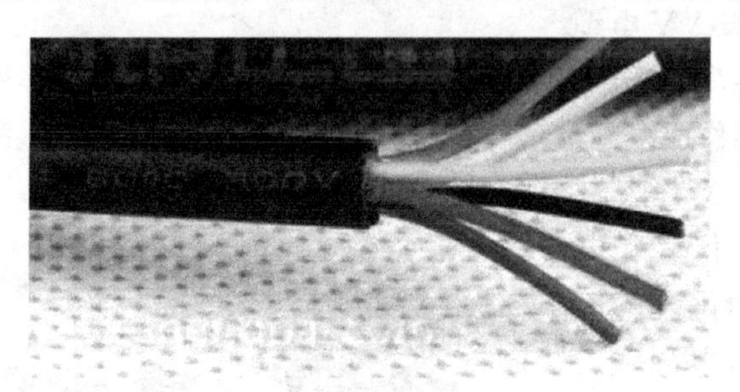

图 4-3　UL2464 电缆

（5）RVS 电线

全称为铜芯聚氯乙烯绝缘绞型连接用软电线或对绞多股软线，简称双绞线，俗称“花线”。当前，此种线材多用于消防系统，故也叫“消防线”。字母 R 代表软线，字母 V 代表聚氯乙烯（绝缘体），字母 S 代表双绞线，如图 4-4 所示。

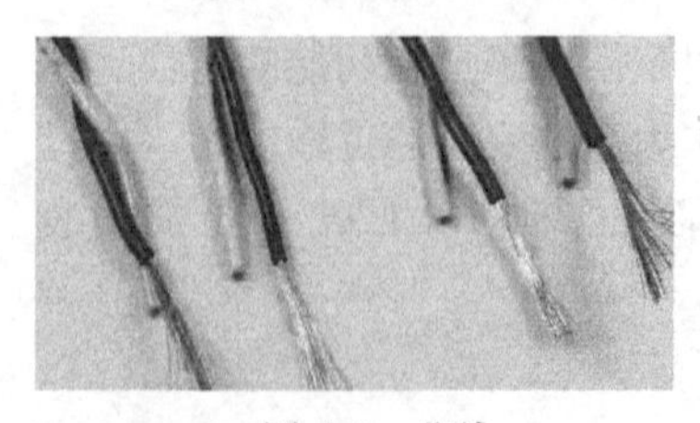

图 4-4　花线

RVS 双绞线主要用于：

1）火灾自动报警系统的探测器线路。

2）家用电器、小型电动工具、仪器仪表及动力照明用线。双白芯用于直接接灯头线；红蓝芯用于消防、报警等；红白芯用于广播、电话线；红黑芯用于广播线。

3）连接功放与音响设备及广播系统的功放输出的音频信号。

3. 常用视频线

（1）SYV 同轴电缆

全称为聚乙烯绝缘同轴电缆，其中字母 S 代表同轴射频电缆，字母 Y 代表聚乙烯，字母 V 代表聚氯乙烯。通常在模拟视频、有线电视系统中用于传输视频信号，如图 4-5 所示。

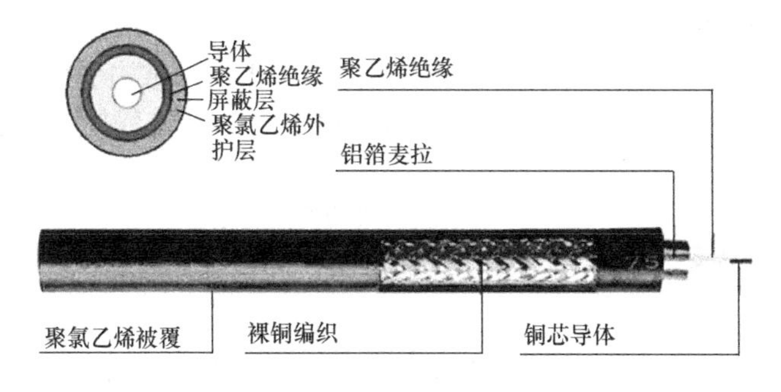

图 4-5　SYV 同轴电缆

为保证视频信号传输质量，不同规格 SYV 线缆传输视频信号的距离一般作如下限制：

1）SYV75-3 的传输距离 100～300m；

2）SYV75-5 的传输距离 300～500m；

3）SYV75-7 的传输距离 500～800m；

4）SYV75-9 的传输距离 1000～1500m；

5）SYV75-12 的传输距离 2000～3500m。

SYV 编号的规定如下：以 SYV75-3 为例，“75”代表阻抗为 75Ω，“－3”代表芯线的粗细，数字越大，芯线越粗。

（2）SYWV 同轴电缆

全称为聚乙烯物理发泡绝缘的同轴电缆，通常用于卫星电视、有线电视传输和远距离可视对讲系统专用，适合射频信号传输。

SYV 与 SYWV 的结构与阻抗相同，区别在于：

1）绝缘层物理特性不同：SYV 是 100%聚乙烯填充，SYWV 也是聚乙烯填充，但充有 80%的氮气气泡，聚乙烯只含有 20%；

2）芯线直径不同：SYV 电缆芯线直径为 0.78～0.8mm，SYWV 电缆芯线为 1.0mm；

3）电缆的传输衰减特性不同。

（3）RG 同轴电缆

全称为物理发泡聚乙烯绝缘接入网电缆，通常用于视频图像传输或混合光纤同轴电缆网（HFC 网络）中传输数据模拟射频信号。

RG 同轴电缆按用途可分为两种基本类型：基带同轴电缆和宽带同轴电缆。目前基带常用的电缆，其屏蔽层是铜丝编织网，特征阻抗为 50（如 RG-8、RG-58 等）；宽带同轴电缆常用电缆的屏蔽层通常是用铝冲压成的，特征阻抗为 75（如 RG-59 等）。RG-58/59 中 RG 是射频电缆系列的号码，RG 加不同的数字来表示不同结构和性能的射频电缆。如图 4-6 所示。

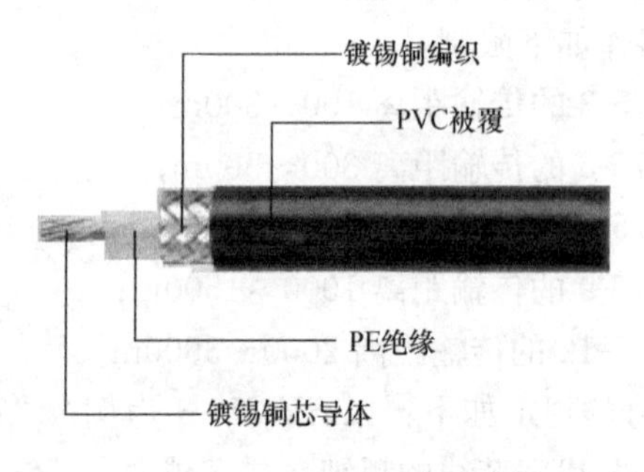

图 4-6　RG-58 视频线

最常用的 RG 同轴电缆有：RG-8 或 RG-11（50Ω）、RG-58（50Ω）、RG-59（75Ω）、RG-62（93Ω）。

计算机网络一般选用 RG-8 以太网粗缆和 RG-58 以太网细缆；RG-59 用于电视系统；RG-62 用于 ARCnet 网络和 IBM3270 网络。一般安装在设备与设备之间。在每一个用户位置上都装有一个连接器，为用户提供接口。接口的安装方法如下：

1）细缆。将细缆切断，两头装上 BNC 头，然后接在 T 形连接器两端。

2）粗缆。粗缆一般采用一种类似夹板的 Tap 装置进行安装，它利用 Tap 上的引导针穿透电缆的绝缘层，直接与导体相连。电缆两端头设有终端器，以削弱信号的反射作用。

（4）VGA 线

是一种模拟视频信号线，最常见于电脑与显示器的连接，如图 4-7 所示。

（5）AV 线

是家庭音响中音频线（Audio Cable）和视频线（Video Cable）的简称，故也叫音视频线。主要用于音响设备、家用影视设备音频和视频信号连接，如图 4-8 所示。

图 4-7　VGA 视频线

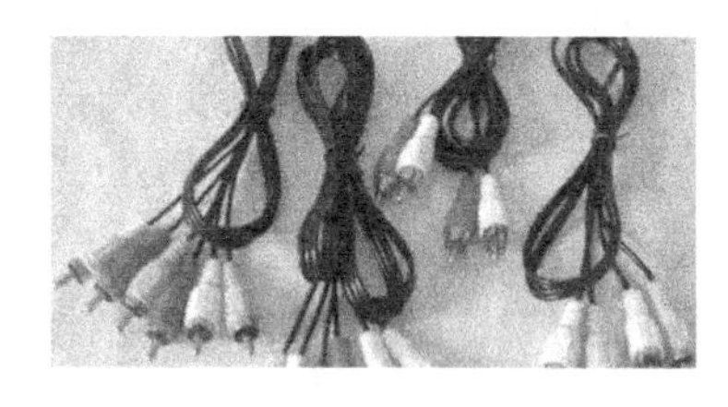

图 4-8　AV 音视频线

4. 电话线

主要有两种类型，HYV 和 HSYV，全称为铜芯聚烯烃绝缘聚氯乙烯护套市内通信电缆。字母 H 代表市内通信电缆，字母 Y 代表实心聚烯烃绝缘，字母 V 代表聚氯乙烯护套，字母 S 表示双绞。

常见规格有二芯和四芯，线径 1/0.4 表示每根线径 0.4mm，1/0.5 表示每根线径 0.5mm；芯线材质中，CCS 表示铜包钢，BC 表示全铜。

如 HYV4×1/0.4 BC 表示全铜 0.4mm 线径的 4 芯聚氯乙烯护套实心聚乙烯绝缘的电话通信线缆；HSYV2×2×0.5 表示全铜 0.5mm 线径的 2 芯聚氯乙烯护套实心聚乙烯绝缘的双绞电话通信线缆。目前，大多数弱电工程综合布线系统中也使用网络线缆作为电话线使用，如图 4-9 所示。

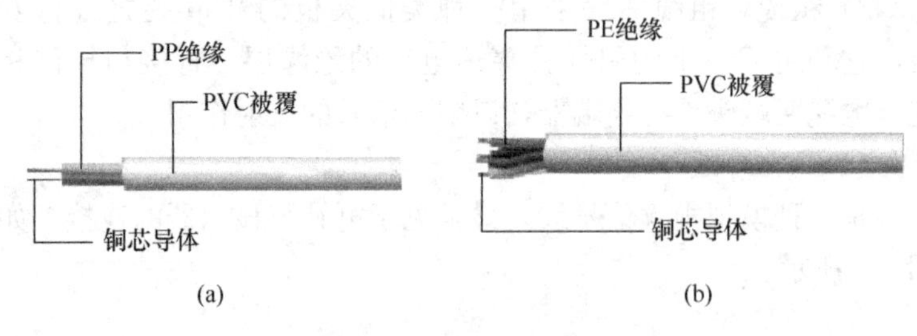

图 4-9　电话线
(a) 二芯电话线；(b) 四芯电话线

5. 常用音频线

音频连接线，简称音频线，用来传播声音信号。市场上品质较好的音响线，制作材料主要有镀金、银、元氧铜。一般用于传输音源信号，例如电脑、VCD、DVD、收音机连接功放。当音源设备与功放放在一起时，连接线都很短，后期配置即可。

音频线缆主要规格有：音频线 2×0.12（如图 4-10（a）所示）、音频线 71C、音频线 2×0.3。

音频线的分类包含以下几种：

（1）音频线。一套音频线经常是两根，分为左右两个声道，线的两端都是莲花头（RCA 头）。

（2）同轴线。用于传输多声道信号（杜比 AC-3 或者 DTS 信号），与音频线类似，因信号功率较大，接头及线芯都比普通音频线粗一些，一般用于连接 DVD 机与功放机。

（3）光纤线。也用于传输多声道信号（杜比 AC-3 或者 DTS 信号），用于连接 DVD 机与功放机。

（4）话筒线。一种两芯的同轴线，用于连接功放与话筒，如图 4-10（b）所示。

(a) (b)

图 4-10　音频线

（a）音频线 2×0.12；（b）话筒线

6. 网线

（1）屏蔽双绞线

1）STP

STP 屏蔽双绞线的双绞线内有一层金属隔离膜，在数据传输时可减少电磁干扰，防止信号泄漏，STP 的传输稳定性较高，并具有较高的数据传输速率，如图 4-11（a）所示。

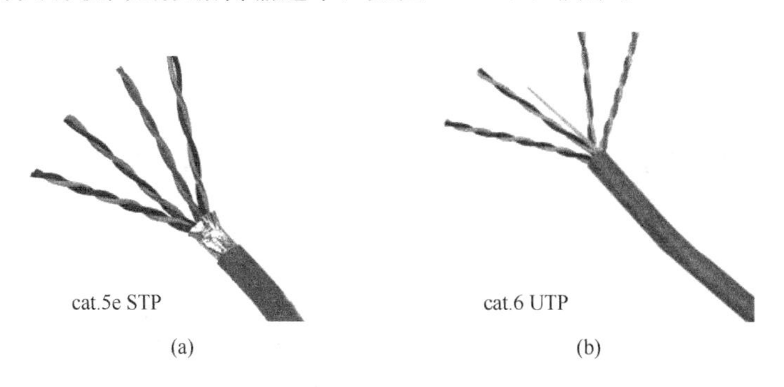

(a) (b)

图 4-11　音频线

（a）STP；（b）UTP

2）STP

STP外由一层金属材料包裹，以减小辐射，防止信息被窃听，同时具有较高的数据传输速率，但价格较高，安装也比较复杂。UTP无金属屏蔽材料，只有一层绝缘胶皮包裹，价格相对便宜，组网灵活。

需要注意的是，屏蔽线缆的屏蔽作用只在整个电缆均有屏蔽装置，并且两端正确接地的情况下才起作用。所以，要求整个系统全部是由良好屏蔽器件组成，包括电缆、插座、水晶头和配线架等，同时建筑物需要有良好的地线系统。

（2）非屏蔽双绞线UTP

非屏蔽双绞线是局域网常用电缆，如图4-11（*b*）所示。UTP主要用于传输语音和数据信息，常见在火灾报警、入侵报警等安全防范系统、建筑智能化系统信息传输网络中使用。由于UTP（非屏蔽双绞线）内无金属屏蔽层，所以传输稳定性稍差，但因其成本低廉，仍得到广泛使用。

（3）双绞线的分类

按电气性能划分，双绞线可以分为：1类、2类、3类、4类、5类、超5类、6类、超6类、7类共9种类型。类型数字越大，版本越新、技术越先进、传输带宽越宽、价格也越高。这些不同类型的双绞线标注方法采用：标准类型按“cat*x*”方式标注，如常用5类线，在线的外包皮标注为“cat5”；如是改进版，按“cat*x*e”进行标注，如超5类线标注为“5e”。

1）3类线

在ANSI和EIA/TIA568标准中指定的电缆，该电缆的传输频率为16MHz，作语音最高速率10Mbps的数据传输，专用于10BASE-T以太网。

2）4类线

该类电缆传输频率为20MHz，作语音最高传输速率16Mbps的数据传输，主要用于基于令牌的局域网和10BASE-T/100BASE-T网络。

3）5类线

该类电缆增加了绕线密度，外套一种高质量的绝缘材料，传输率为100MHz，作语音最高速率100Mbps的数据传输，主要用于100BASE-T和10BASE-T网络，是最常用的以太网电缆。

4）超5类线

超5类线具有衰减小，串扰少，更高衰减与串扰比值（ACR）、信噪比（Structural Return Loss）和更小时延误差的特点，性能得到很大提高，主要用于千兆位以太网（1000Mbps）。

5）6类线

该类电缆传输频率为1～250MHz。六类布线系统在200MHz时综合衰减串扰比（PS-ACR）有较大的余量，提供2倍于超5类线的带宽，传输性能远远高于超5类标准，最适合传输速率高于1Gbps的应用，主要应用于百兆位快速以太网和千兆位以太网。

6类与超5类线一个重要的不同点在于6类改善了在串扰及回波损耗方面的性能。对于新一代全双工高速网络，优良的回波损耗性能是极重要的。6类线标准中取消了基本链路模型，布线标准采用星形拓扑结构，要求的布线距离为永久链路长度不超过90m，信道长度不超过100m。

6）超6类线

超6类线是6类线的改进版，同样是ANSI/EIA/TIA-568B.2和ISO 6类/E级标准中规定的一种非屏蔽双绞线电缆，主要应用于千兆位网络。在传输频率方面与6类线一样，也是200～250MHz，最大传输速度也可达到1000Mbps，只是在串扰、衰减和信噪比等方面有较大改善。

7）7类线

该线是ISO 7类/F级标准中最新的一种双绞线，它主要为适应万兆位以太网技术的应用和发展。但它是一种屏蔽双绞线，其传输频率至少可达500MHz，是6类线和超6类线的2倍，传输速率可达10Gbps。

7. HYA 通信电缆

HYA 大对数通信电缆，按规格（对数）区分有 25 对、50 对、100 对等规格。

通信电缆色谱组成分序始终共有 10 种颜色，即 5 种主色和 5 种次色，5 种主色和 5 种次色又组成 25 种色谱。不管通信电缆对数多大，通常都是按 25 对色为一组标识。5 种主色包括白色、红色、黑色、黄色、紫色；5 种次色包括蓝色、橙色、绿色、棕色、灰色。

线对区分方法有以下两种：

（1）线对区分法

每对线由主色和次色组成。如：主色的白色分别与次色中各色组成 1～5 号线对。依此类推可组成 25 对，这 25 对为一基本单位。

（2）扎带区分法

基本单位间用不同颜色扎带扎起来区分顺序。扎带颜色也由基本色组成，顺序与线对排列顺序相同。如白蓝扎带为第一组，线序号 1～25；白桔扎带为第二组，线序号 26～50，依此类推。

大对数通信电缆（如图 4-12（a）所示），通常用于室外通信主接线箱。小对数电缆（如图 4-12（b）所示）一般用于室内分接箱。

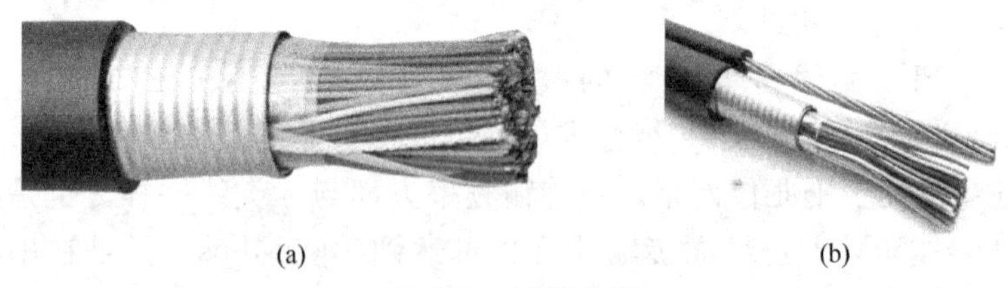

(a)　　(b)

图 4-12　通信电缆

（a）大对数通信电缆；（b）小对数通信电缆

8. 光缆

由于光在光导纤维中的传导损耗比电在电线中传导损耗低得多，光纤常被用作长距离信息传递。通常，光纤与光缆两个名词会被混淆。多数光纤在使用前必须由几层保护结构包覆，包覆后的缆线即被称为光缆。

光纤的纤芯外面包围着一层折射率比纤芯低的玻璃封套，俗称包层。包层使光线保持在纤芯内。包层外是一层薄薄的塑料外套，即涂覆层，用来保护包层。光纤通常被扎成束，外面有保护层保护。纤芯通常是由石英玻璃制成的横截面积很小的双层同心圆柱体，它质地脆，易断裂，因此需要外加一保护层。光纤结构如图 4-13 所示。

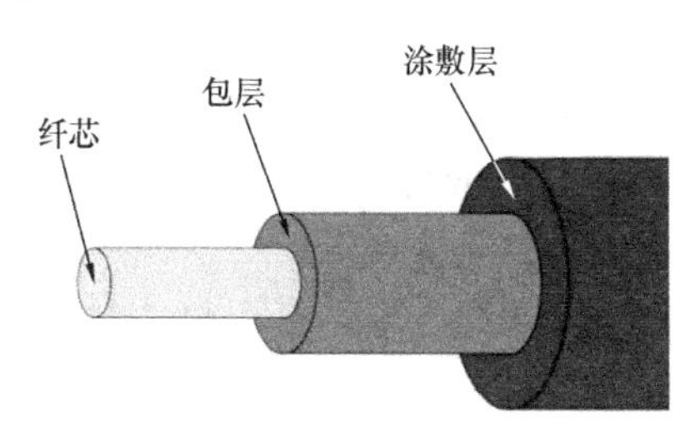

图 4-13　光纤结构图

按光在光纤中的传输模式分为单模光纤和多模光纤。单模光纤的纤芯直径为 8.3μm，包层外径为 125μm。多模光纤的纤芯直径为 50～62.5μm，包层外径为 125μm。光纤的工作波长有短波波长 0.85μm、长波波长 1.31μm 和 1.55μm 3 种。

（二）线 缆 敷 设

弱电工程中，线缆敷设环境有室外和室内之分。常见的室外线缆敷设方式包括直埋敷设、架空敷设和地下通信管道敷设三种。室内线缆敷设方式主要包括线管内敷设和桥架内敷设两种。一般情况下，在园区建筑群之间的弱电线缆采用直埋或架空的方式进行敷设，如采用地下通信管道或城市综合管廊敷设须按现行《通信管道工程施工及验收标准》GB 50374 的要求进行。

1. 施工准备

（1）施工材料准备

1）线缆选择要求

① 电缆和光缆型号、规格、数量应符合设计规定和合同要求。

② 电缆所附标志、标签内容应齐全、清晰。

③ 电缆外护套应完整无损，并附有出厂质量检验合格证和本批量线缆的性能检验报告。

④ 光缆应在开箱后先检验外观有无损伤，光缆端头封装是否良好，然后进行数据测试合格后方可使用。

2）各类附件型号、规格、数量应符合设计要求，并具有产品合格证及相关技术文件资料。

（2）工机具准备

1）放线工具。如电缆台架、牵引机、对讲机、电缆滚轮、转向导轮、吊链、滑轮、钢丝绳、千斤顶等。

2）电工工具、打线工具、光纤熔接机等。

3）查线仪、光功率计、绝缘电阻测试仪等。

2. 工艺流程

线缆敷设的工艺流程一般为线缆检查及绝缘摇测—线缆敷设—防火封堵—标签标志。

3. 操作方法

（1）直埋敷设

线缆直埋敷设主要用于室外。除穿过基础墙、道路的部分线缆应有管道保护外，其余部分都无管道保护。保护管道的线缆孔应尽量往外延伸，达到没有人动土的地方。

直埋敷设除必须遵循常规线缆敷设基本要求外，还应符合下列技术要求：

1）线路按照设计施工图走向进行施工。在具有机械损伤、化学腐蚀、电流腐蚀、振动、热、虫害等敷设段，应采取相应保护措施。如筑槽、穿管铺沙、防腐处理等，或选用适当型号的室外铠装线缆。

2）线缆直埋深度是敷设后的线缆上表面与地面距离，通常情况下不应小于600mm。穿越农田时不应小于700mm；只有在出入建筑物、与地下设施交叉或绕过地下设施时才允许浅埋，但应加装防护设施。寒冷地区，线缆应埋设在冻土层以下，上下各铺100mm的细沙，并在地面装设标志。

3）两条线缆的中间连接处（接线端子等）应前后错开1m以上，中间连接处周围应加装防护设施。

4）线缆之间，线缆与其他管道、建筑设施之间平行与交叉时的最小距离，应符合相关规定。严禁将线缆近距离平行敷设于管道的上面或下面。

5）线缆在斜坡地段敷设时，应注意线缆的最大允许敷设位差，在斜坡的开始及顶点处应将线缆固定。坡面较长时，每间隔15m固定一点，坡度在30°以上的，每间隔10m固定一点。

6）直埋线缆应使用具有铠装和防腐层的室外线缆。线缆在开挖的沟底应平整，作波浪状敷设。线缆敷设后上面覆盖100mm厚的细沙或软土。

7）直埋线缆从地面引出时，应从地面下0.2m至地上2m加装钢管或角钢防护，以防止机械损伤。

8）直埋线缆应在敷设路由拐角处、中间连接处、直线敷设的每30m处安装标志桩，并在竣工图上标明。

（2）架空敷设

架空线缆敷设是将线缆架挂在距地面有一定高度电杆上的一种敷设方式，与地下线缆相比，易受外界影响，不够安全，也不美观，但架设简便，施工费用低，所以在离目标较远、用户数较少而变动较大、敷设地下线缆有困难的地方仍被广泛应用。

架空线缆敷设由于线缆本身有一定重量，机械强度较差，所以除自承式线缆外，必须另设吊线，并用挂钩把线缆托挂在吊线下面，也叫非自承式架空线缆。

（3）非自承式架空线缆的布放与保护

1）布放前工作

架空线缆架设前，首先要对单盘线缆规格、对数、气闭性能、电性能等进行检查，符合要求后才能进行敷设。线缆架设前后不得有机械损伤，架设时线缆必须从线缆盘上方放出，避免与支架、障碍物或地面摩擦与拖拉。线缆弯曲的曲率半径必须大于线缆外径的 20 倍。

2）架空敷设方法

架设吊挂式全塑线缆线路有预挂挂钩法、动滑轮边放边挂法、定滑轮牵引法和汽车牵引动滑轮托挂法等方法，应根据实际情况选用。

① 预挂挂钩法

适用于架设距离 200m 左右并有障碍物的地方，如图 4-14 所示。

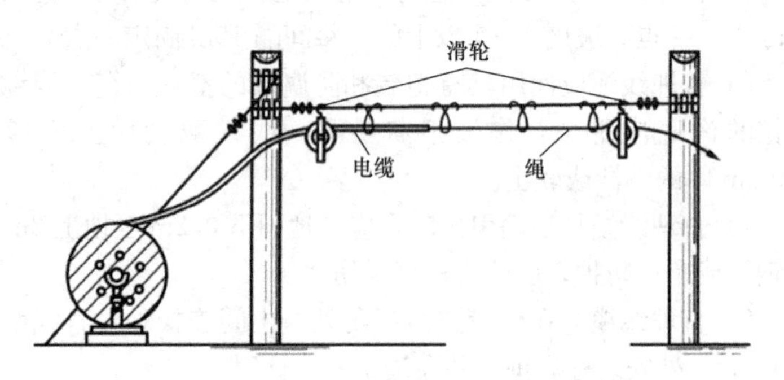

图 4-14　预挂挂钩法示意图

② 动滑轮边放边挂法

此法适用于杆下无障碍物，虽不能通行汽车，但可以把线缆放在地面上，且架设的线缆距离较短的情况，如图 4-15 所示。

③ 定滑轮牵引法

此法适用于杆下有障碍物不能通行汽车的情况，如图 4-16 所示。

④ 汽车牵引动滑轮托挂法

此法适用于杆下无障碍物而又能通行汽车，架设距离较大，线缆对数较大的情况，如图 4-17 所示。

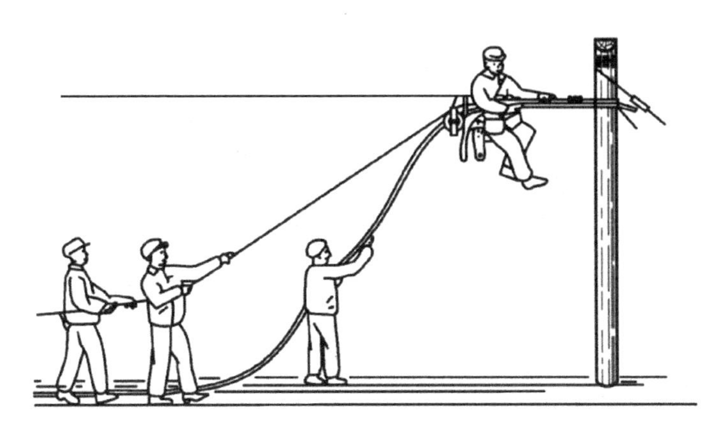

图 4-15　动滑轮边放边挂法示意图

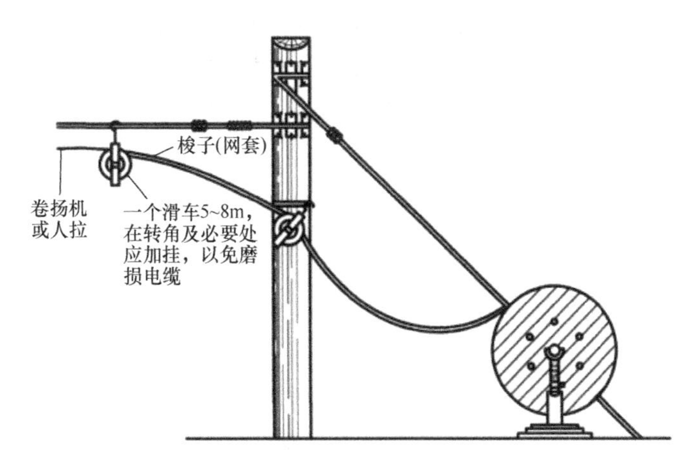

图 4-16　定滑轮牵引法示意图

3）线缆挂钩、吊扎

挂线缆挂钩时，要求距离均匀整齐，挂钩间距为 50cm。电杆两旁挂钩应距吊线夹板中心各 25cm，挂钩必须卡紧在吊线上，托板不得脱落。吊挂式架空线缆在吊线接头处，不用挂钩承托，改用单股皮线吊扎或挂带承托。吊挂式全塑架空线缆架设时，每隔 5～8 挡在电杆处留一处余弯。如图 4-18 所示。

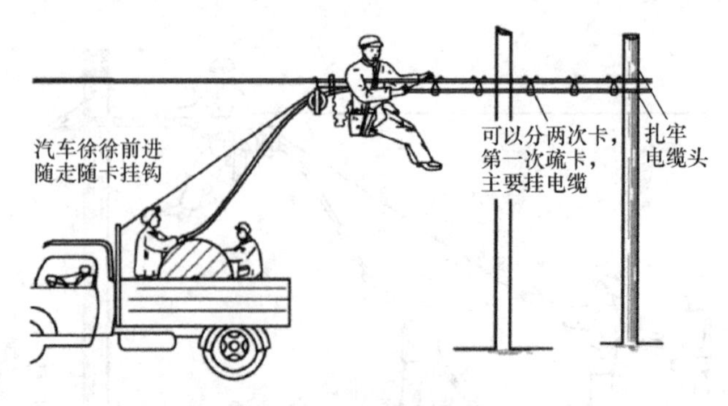

图 4-17　汽车牵引动滑轮拖挂法示意图

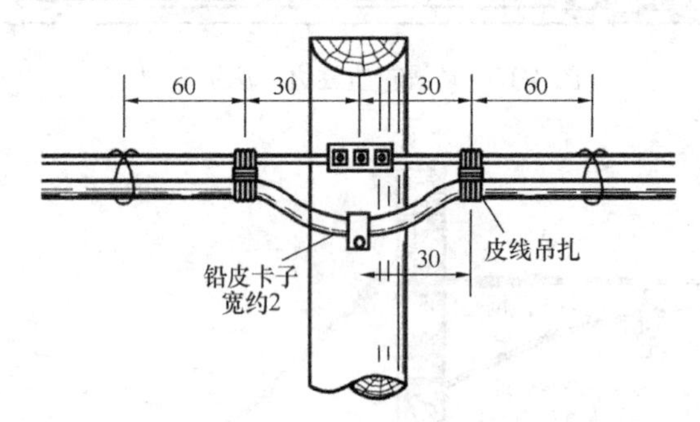

图 4-18　线缆挂钩示意图（单位：cm）

（4）线管内敷设

1）清扫管路

清扫管路的目的是清除管路中的灰尘、泥水等杂物。对于直径较大管路的清扫管路方法是将布条的两端牢固地绑扎在带线上，两人来回拉动带线，将管内杂物清净。对于直径较小的管路可以使用压缩空气将管路的杂质处理干净。

2）穿引线

穿引线的目的是检查管路是否畅通，管路的走向及盒、箱的位置是否符合设计及施工图的要求。常用的穿引线方法是，引线一般均采用 ϕ1.2～2.0mm 的铁丝。先将铁丝的一端弯成不封口的菱形（图 4-19）或圆形（图 4-20），再利用穿线器将引线穿入管路内，在管路两端均应留有 10～15cm 的余量。在管路较长或转弯较多时，可以在敷设管路的同时将引线一并穿好。穿引线受阻时，应在线管两端分别用两根铁丝同时搅动，使两根铁丝的端头互相钩绞在一起，然后将引线拉出。阻燃型塑料波纹管的管壁呈波纹状，引线的端头要弯成圆形。

图 4-19　引线菱形端头　　　　图 4-20　引线圆形端头

3）放线及断线

① 放线

放线前应根据施工图对线缆类型、规格、型号核对，无误后进行放线。

② 断线

剪断线缆时，线缆的预留长度应考虑接线盒、终端底盒、接线箱及机柜内线缆，根据相应规范进行预留。

4）线缆绑扎

当线缆根数较少时，如二至三根线缆，可将线缆前端绝缘层削去后将线芯直接插入引线的盘圈内并折回压实，绑扎牢固，使绑扎处形成一个平滑的锥形过渡部位。当线缆根数较多或导线截面较大时，可将导线前端的绝缘层削去，然后将线芯斜错排列在引线上，用绑线缠绕绑扎牢固，使绑扎接头处形成一个平滑的锥形过渡部位，便于管内穿引。

5）穿线

① 在穿线前，应首先检查各个金属管口的护口是否齐整，如有遗漏和破损，均应补齐和更换。

② 当管路较长或转弯较多时，要在穿线的同时往管内吹入适量滑石粉，或在管路转弯处安装多路盒（过路盒），便于管内穿线。

③ 两人穿线时，应配合协调，一拉一送。

（5）桥架内敷设

线缆桥架，也称线槽，弱电工程中常用的是塑料线槽、金属线槽和机房专用桥架。

1）线缆敷设前应对桥架进行环境检查。确保桥架接口平直、严密，槽盖应齐全、平整、无翘脚。金属线槽及其附件，应采用经过镀锌处理的定型产品。线槽镀锌层内外应光滑平整无损，无棱刺、无扭曲、无翘边等变形情况。

2）线缆进入槽内时，应在槽外将线尽量理直。线缆进入槽内后，槽内线缆要理顺，尽可能减少挤压和相互缠绕。不同弱电线缆的敷设要求不尽相同，可专设分线盒或接线盒。槽内不应设置缆线接头。

3）线缆在接线盒和接线箱处，应按要求留有余量便于连接相关器件或设备。

4）对于固定或连接线槽的螺钉或其他紧固件，紧固后其端部都应与线槽内部表面光滑相接，避免线缆在槽内被螺钉划伤。其螺母（半圆形螺母）置于线槽壁外侧，紧固时要配齐垫片或弹簧垫圈。

5）水平线槽内敷设时，应根据敷设直线距离配备相应人员，至少需两个及以上人员，一人负责送线，一人负责线缆在线槽中的移动。当水平线槽有转角时，须在转角处专门安排一人负责转角处，避免转角处线缆被卡或线缆外层保护皮被划伤。在线缆的首、尾、转弯及每隔 5～10m 处进行固定。敷设的线缆应按照不同属性和类别分束绑扎，绑扎间距均匀，且不宜大于 1.5m，绑扎不宜过紧，造成线缆挤压。

6）垂直线槽内敷设时，通常将线缆自上而下、逐层穿越敷设。上层人员负责线缆送线，下层人员负责线缆向下移动。在有分隔筋的垂直线槽中敷设时，为避免其互相干扰，需人为用隔板对线缆进行分隔，将不同种类、不同用途的线缆敷设于不同分隔槽内。线缆的上端和每间隔 1.5m 处应固定在线槽支架上。敷设的线缆应规范绑扎，绑扎的要求与水平线槽内敷设相同。

7）网格式金属线槽内敷设线缆时，按网格式线槽走向进行线缆敷设，并在线槽转角处两端和直线方向每隔 2m 与网格金属筋进行固定。室内光缆应在绑扎固定段加装垫套。线缆绑扎要求与前述相同。

8）槽式封闭式桥架在线缆敷设完毕后，应将所有盖板盖好并进行紧固。

（6）防火封堵

线缆随桥架穿过楼板或者不同消防分区时，应在敷设完毕将洞口用防火材料封堵严密。

（7）标签标志

线缆敷设后应设置标签标志，标签标志规格应一致，并有防腐性能，挂装应牢固。

（三）线 缆 接 续

1. 常用连接件

（1）常用网络线缆连接件

网络线缆连接件是指网络配线设备，包括网络模块（图 4-21）和网络配线架（图 4-22）。

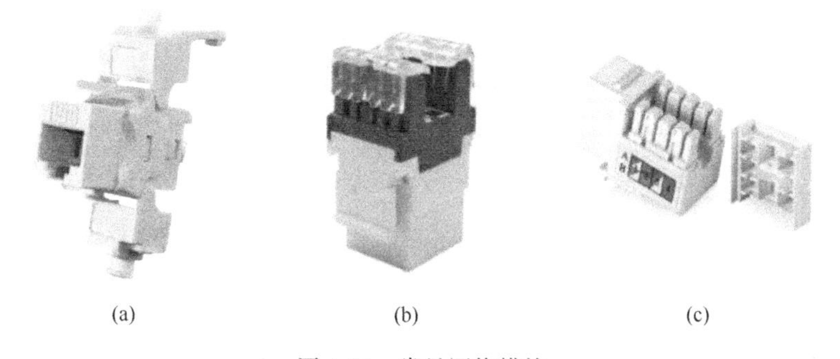

(a) (b) (c)

图 4-21　常见网络模块

（a）免打线模块；（b）90°打线模块；（c）180°打线模块

（2）常用语音线缆连接件

网口机架式语音配线架是近年来开始出现的维护较为方便

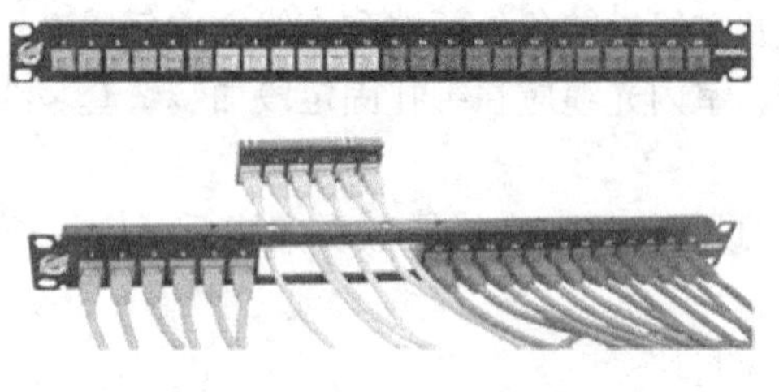

图 4-22　常见网络配线架

的语音配线架。50 口机架式语音配线架如图 4-23 所示。25 口机架式语音配线架如图 4-24 所示。110 机架式语音配线架如图 4-25 所示。语音配线架如图 4-26 所示。语音条如图 4-27 所示。

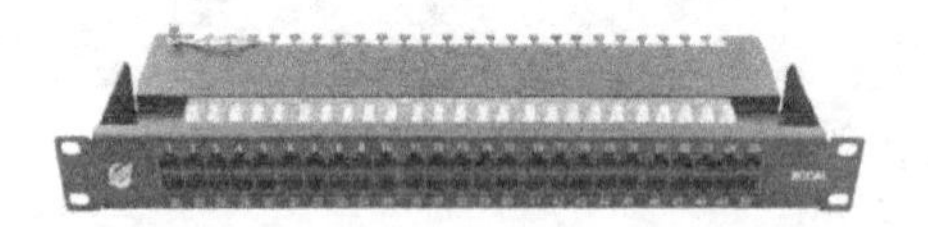

图 4-23　50 口机架式语音配线架

图 4-24　25 口机架式语音配线架

图 4-25　110 型 100 对机架式语音配线架

图 4-26　语音配线架

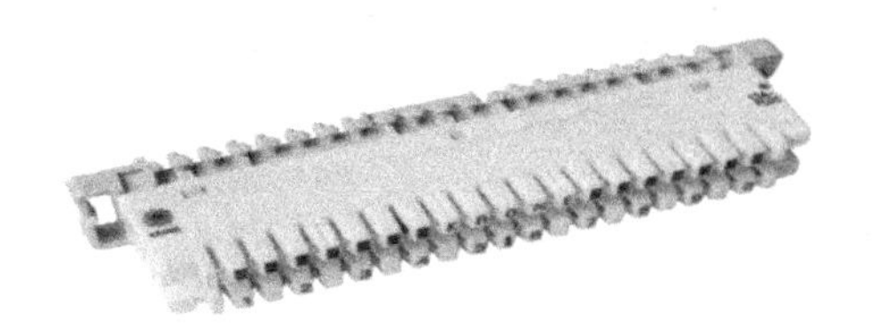

图 4-27　语音条

2. 线缆终端接头

（1）常用网线与电话线端接接头

RJ45 网络水晶头如图 4-28（a）所示。RJ45 水晶头分为五类和六类两种。RJ11 电话水晶头如图 4-28（b）所示。

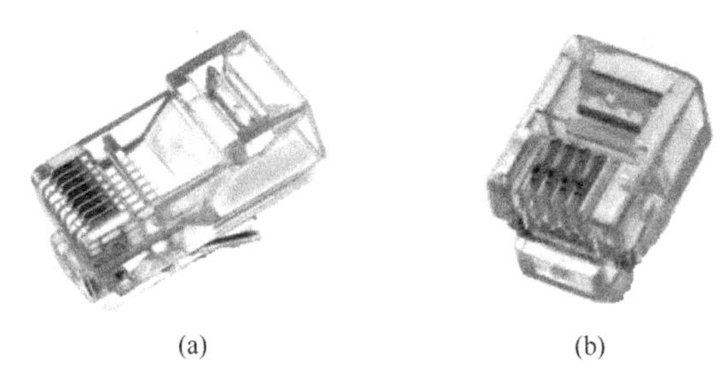

(a)　　　　(b)

图 4-28　RJ45 水晶头和 RJ11 水晶头

（a）RJ45 水晶头；（b）RJ11 水晶头

（2）常用视频线缆端接接头

视频线缆 VGA 接头如图 4-29 所示。同轴电缆 BNC 接头（也称 Q9 头）如图 4-30 所示。

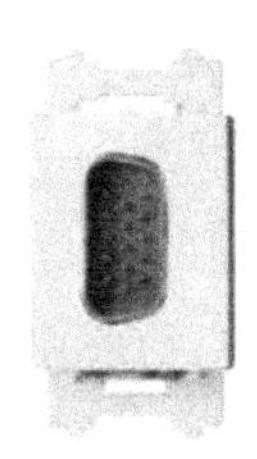

图 4-29　视频线缆 VGA 接头

图 4-30　BNC（Q9）同轴电缆接头

（3）常用音频线缆端接接头（图 4-31）

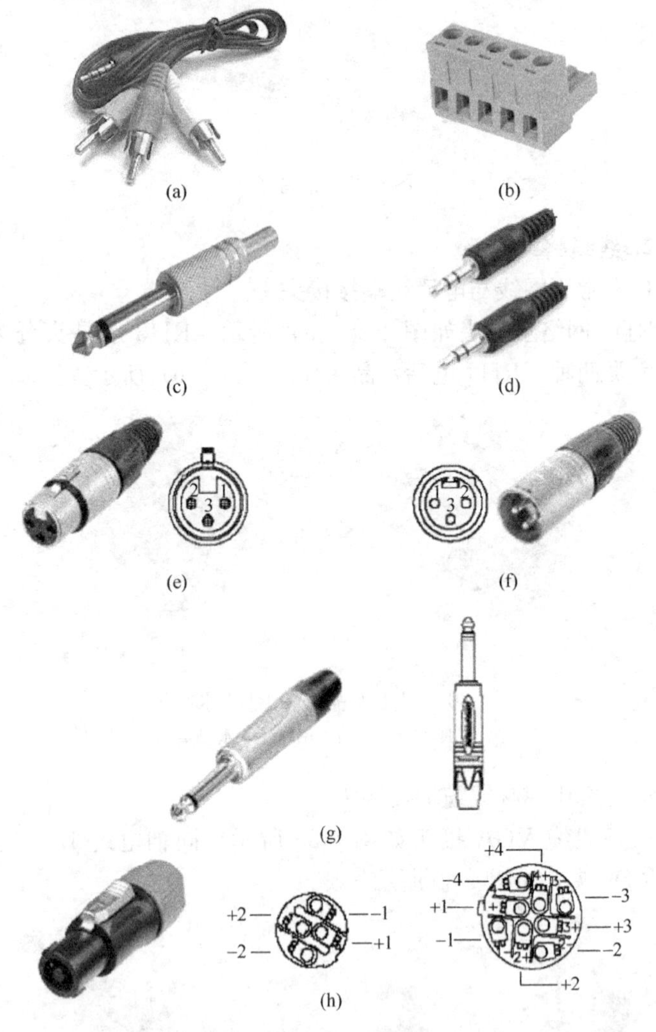

图 4-31　常见语音线缆接头

（a）莲花头（RCA）；（b）凤凰插头；（c）6.35mm 单插头（TRS）；（d）小三芯插头或 3.5mm 单插头；（e）卡侬母头（XLR Female）；（f）卡侬公头（XLR Male）；（g）大二芯插头（Phone Jack Unbalance）；（h）二芯、四芯、八芯音箱插头

（4）常用弱电电源 DC 头（图 4-32）与接地线缆端接接头（图 4-33）

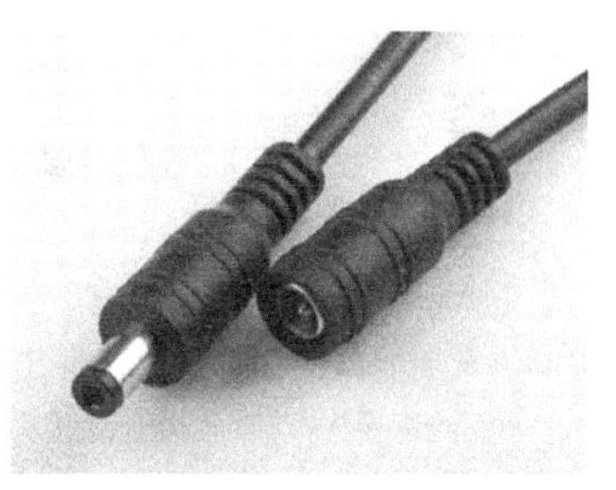

图 4-32 弱电供电电源接头

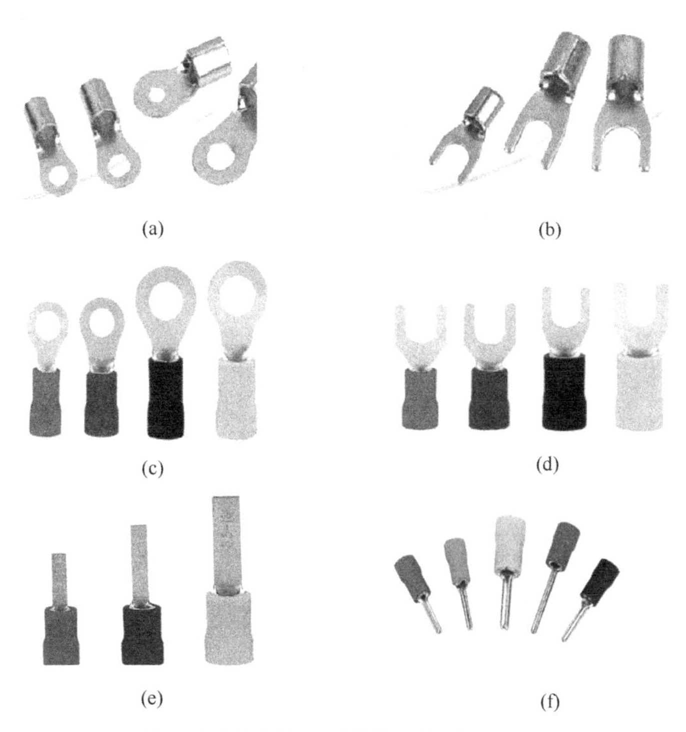

(a)　(b)　(c)　(d)　(e)　(f)

图 4-33 常用弱电接线端子裸端头（一）

（a）圆形裸端头 OT；（b）叉形裸端头 UT；（c）圆形绝缘端头；（d）叉形绝缘端头；（e）片形绝缘端头；（f）针形绝缘端头

图 4-33　常用弱电接线端子裸端头（二）

（g）母型绝缘接头；（h）公型绝缘接头

3. 线-终端连接

（1）网络线缆与网络水晶头的连接

网络线缆端接前，应熟练掌握网络线缆的线序标准。目前弱电工程中常用网线多为非屏蔽超 5 类或 6 类网线，其端接的线序遵循 TIA 568A 或 568B 标准。

网络 8 位模块通用插座应按此标准连接，如图 4-34 所示。

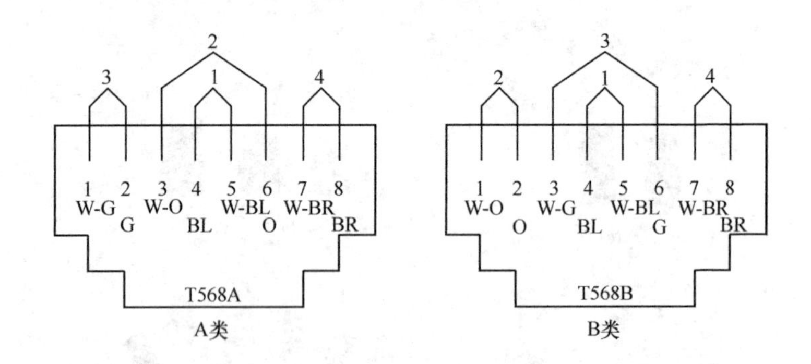

图 4-34　网络 8 位模块式通用插座连接

注：G（Green）-绿；BL（Blue）-蓝；BR（Brown）-棕；W（White）-白；O（Orange）-橙

网络线缆与网络 RJ45 水晶头的制作过程如表 4-1 所示。

网络线缆与网络 RJ45 水晶头的制作步骤　　表 4-1

步骤 1：剥线。用剥线器把网线头剥皮，剥皮 3cm 左右 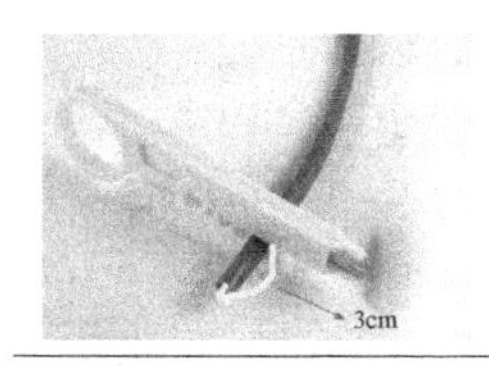 	步骤 2：捋线。把缠绕一起的 8 股 4 组网线分开并捋直 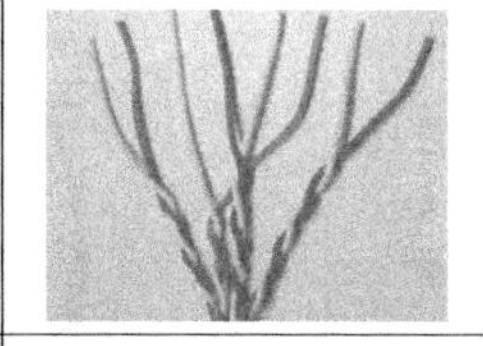	步骤 3：排线。按照 T568B 的线序要求（白橙、橙、白绿、蓝、白蓝、绿、白棕、棕）的先后顺序排好 白橙　橙　白绿　蓝　白蓝　绿　白棕　棕
步骤 4：剪齐。把排好的线并拢，然后用压线钳带有刀口的部分切平网线末端 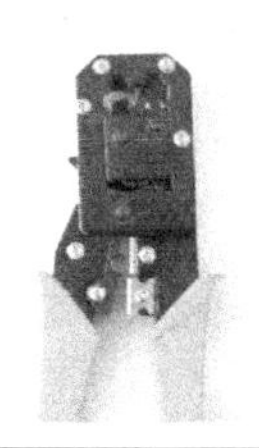	步骤 5：放线。将水晶头有塑料弹簧片的一端向下，有金属针脚的一端向上，把整齐的 8 股线插入水晶头，并使其紧紧地顶在顶端 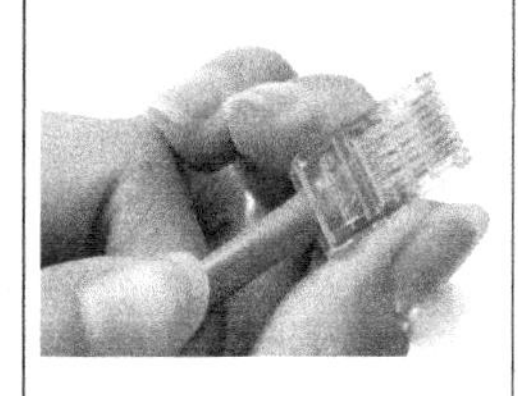	步骤 6：压线。把水晶头插入 8P 的槽内，用力握紧压线钳即可 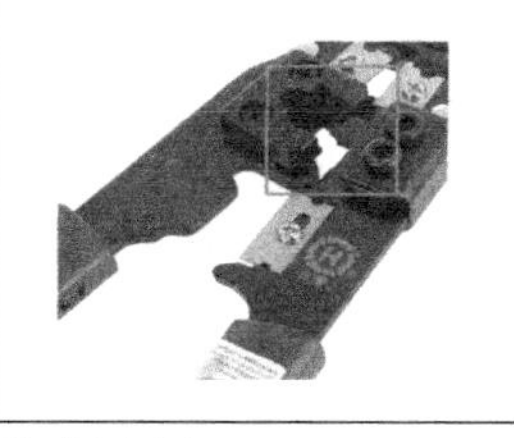
步骤 7：测试。使用网络测线仪对上述制作的网络跳线进行测试 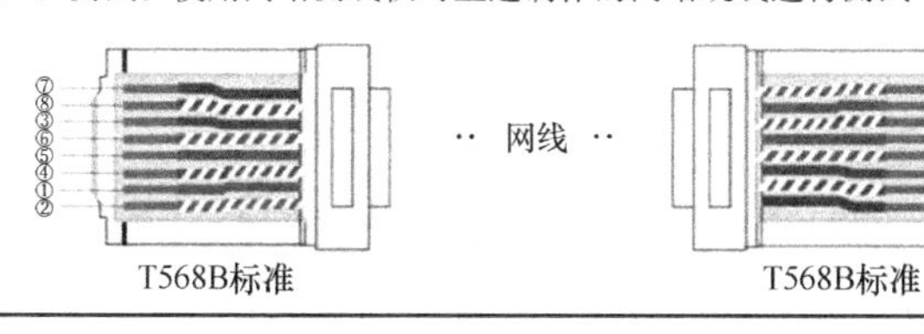 T568B标准　　T568B标准		

（2）网络线缆与网络模块的连接

网络线缆与网络模块的连接（端接或终接）通常用在配线子系统中，是工作区子系统网络设备的信息网络接口。弱电工程中常用的超 5 类或 6 类网线常用 TIA 568A 或 568B 标准进行网络模块端接。网络线缆与网络模块连接的制作过程如表 4-2 所示。

网络线缆与网络模块连接的制作步骤　　表 4-2

步骤 1：用剥线器把网线头剥皮，开剥最大长度为 50.8mm（2 英寸）	步骤 2：根据网络模块上接线标签颜色所示，将相应颜色的网线线对与对应的插槽对好并穿好，确保线缆扭弯的同时保持最小的松弛度
步骤 3：使用打线工具将接线冲入到网络模块插槽中，将多余的线缆剪掉或切掉，清理接线松动部分	步骤 4：重复步骤 2 和步骤 3，完成所有线对的端接 步骤 5：将选配的弯曲限制应力消除装置安装在网络模块插座上

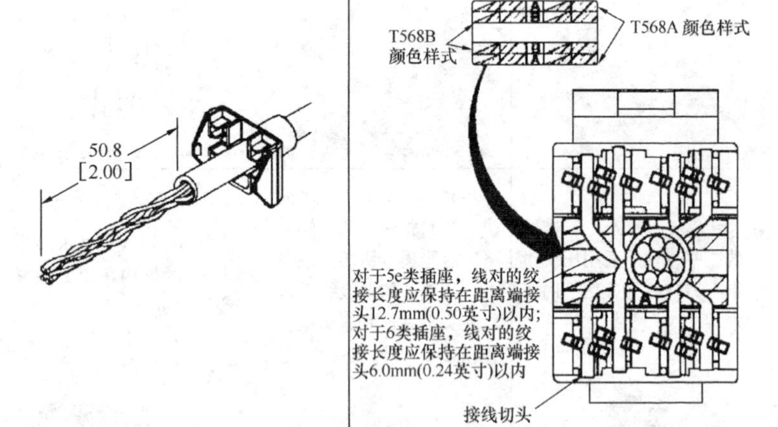

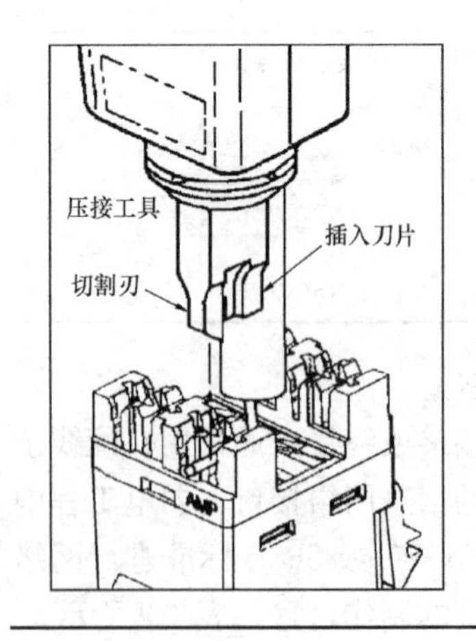

(3) VGA 视频线缆与 VGA 公母头的连接

VGA 线含有 14 根线 15 孔（第 9 针可以用作 USB 供电线，也可以作盲针，即：空脚），其中 5 根传输 VGA 主信号，4 根为主要数据信号线，还有 CLK 线、DAT 线、地线等。但是从传输 VGA 视频的角度，很多线材生产商认为其他 4 根没有作用，将其省略。这就是所谓 VGA 线 3+2，VGA 线 3+4，VGA 线 3+6，VGA 线 3+9 的说法来源，都是指内部线的数量。VGA 线缆含义如图 4-35 所示。

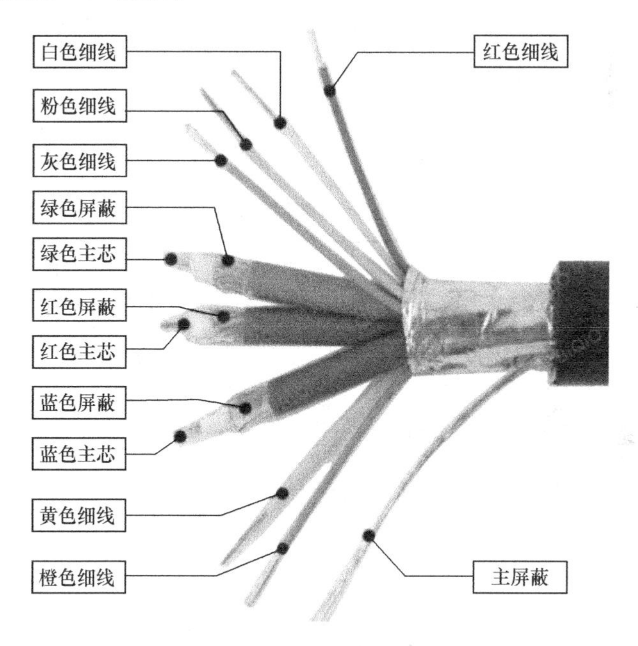

图 4-35 VGA 线缆含义

3+X 是指红、绿、蓝每根线都有单独的地线屏蔽网。如：

3+2 是指红、绿、蓝+行、场信号线（纯平显示器适用，有的液晶显示器可能会出现图像虚、重影等，不适用大屏液晶、电视和投影）；

3+4 是指红、绿、蓝+行、场+数字地+1 根屏幕与主机之间的地址码（多数液晶适用，但不适合定位屏幕数据的类型液晶等显示设备，不适用投影）；

3＋6 是指红、绿、蓝＋行、场＋数字地＋1 根屏幕与主机之间的地址码＋反馈定位屏幕的数据信号线＋时钟线（适用绝大多数显示设备，适用投影）。

在 VGA 线缆焊接时，需要注意 VGA 接口的公头与母头在使用中的区别。通常情况下，设备提供的 VGA 接口大都是母头的，而所需要制作的 VGA 线缆接头就是公头的。如果 VGA 线缆的接口是地插、墙面插以及桌面插时，需要制作的 VGA 线缆的接口就是母头的。当需要制作一根 VGA 延长线时，则这根 VGA 延长线的两端分别一端是公头，另一端是母头。

VGA 线缆接头制作过程如表 4-3 所示。

VGA 接头制作步骤 **表 4-3**

步骤 1：将 VGA 线缆外层保护皮剥去	步骤 2：按照图示进行相应颜色的线缆焊接，注意公头与母头对应位置的 VGA 线缆线序正好水平相反
	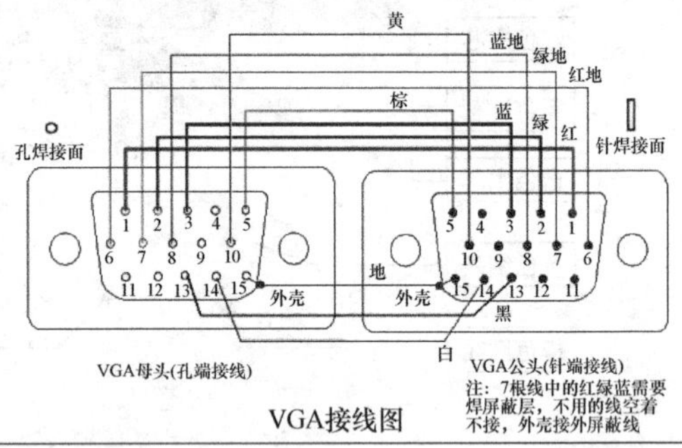
步骤 3：安装焊接好的 VGA 保护盖（保护套）	

（4）同轴电缆与 BNC 接口的连接

同轴电缆（Coaxial Cable）是指有两个同心导体，而导体和屏蔽层又共用同一轴心的电缆。最常见的同轴电缆由绝缘材料隔离的铜线导体组成，在里层绝缘材料的外部是另一层环形导体及其绝缘体，然后整个电缆用聚氯乙烯或特氟纶材料的护套包住，如图 4-36 所示。

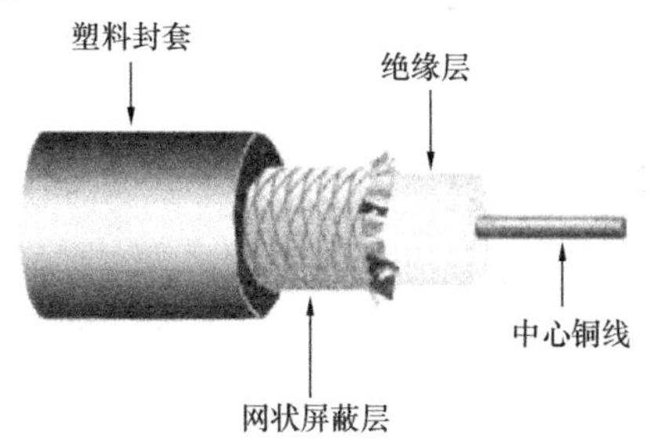

图 4-36 同轴电缆结构图

按同轴电缆直径的大小，分为粗同轴电缆和细同轴电缆。为了保证同轴电缆的电气特性，电缆屏蔽层必须接地。

BNC 头主要分两种，一种用于编解码信号传输，安装时附配推压式接头；另一种是市面常见的焊接式。注意应按照线缆直径大小来选用不同型号的 BNC 头。

1）同轴电缆 BNC 接头焊接式制作过程

同轴电缆 BNC 接头焊接式制作步骤如表 4-4 所示。

同轴电缆 BNC 接头焊接式制作步骤　　表 4-4

步骤1：剥线。根据 BNC 接口长度确定剥线的长度，屏蔽网与芯线分别预留约 10mm 和 3mm，将屏蔽套壳套入电缆	步骤2：固定。将裸露的芯线和 BNC 接头上锡，并将屏蔽线穿入线夹中间的孔里，并固定好
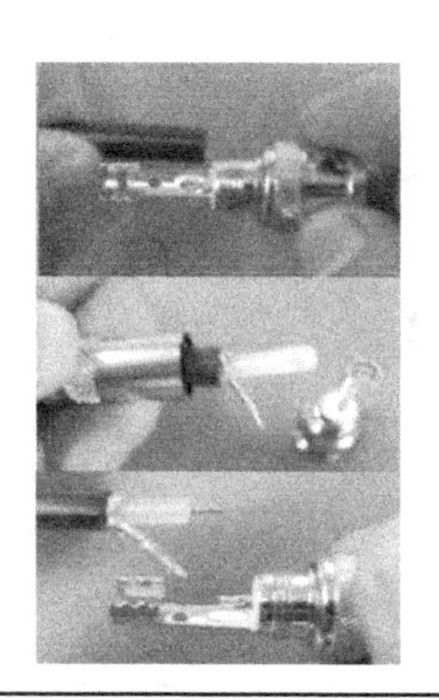	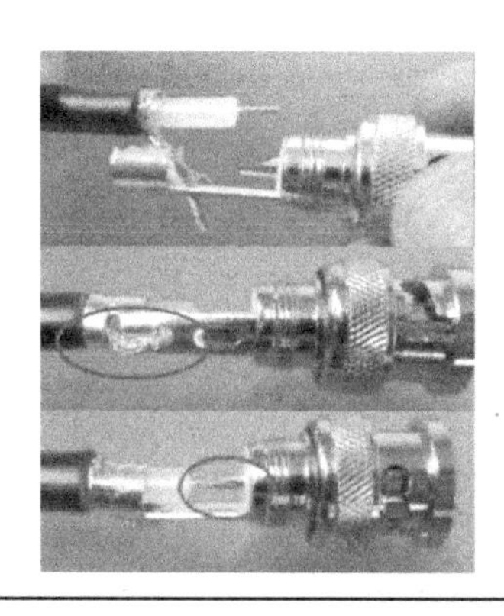

续表

步骤3：焊接。用电烙铁直接焊接	步骤4：整理毛刺，拧上屏蔽
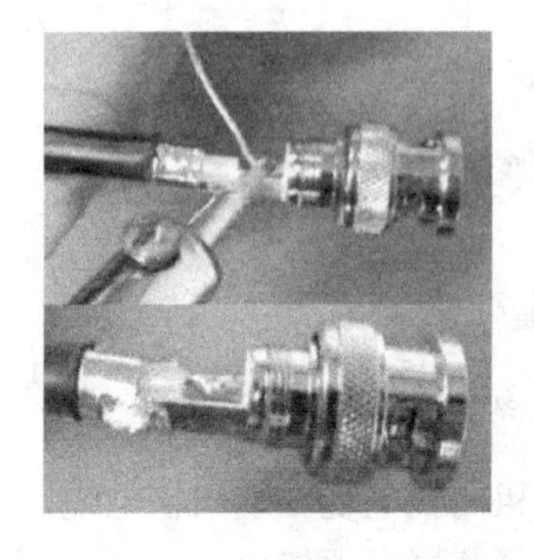	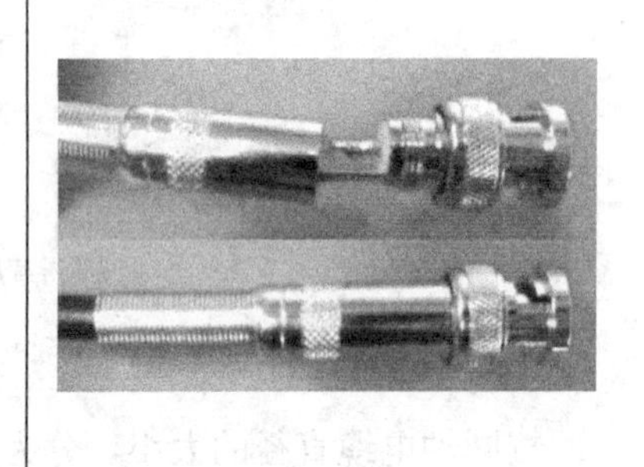

2）同轴电缆BNC接头推压式制作过程

同轴电缆BNC接头推压式制作步骤如表4-5所示。

同轴电缆BNC接头推压式制作步骤　　表4-5

步骤1：剥线。根据BNC接头尾部来确定剥线长度，屏蔽线与芯线长度分别留约15mm和5mm	步骤2：连接芯线与插针。用专用卡线钳前部的小槽用力夹一下，使线芯压紧在小孔中。剥好线后将芯线插入芯线插针尾部的小孔中。如果没有专用卡钳也可用电工钳代替
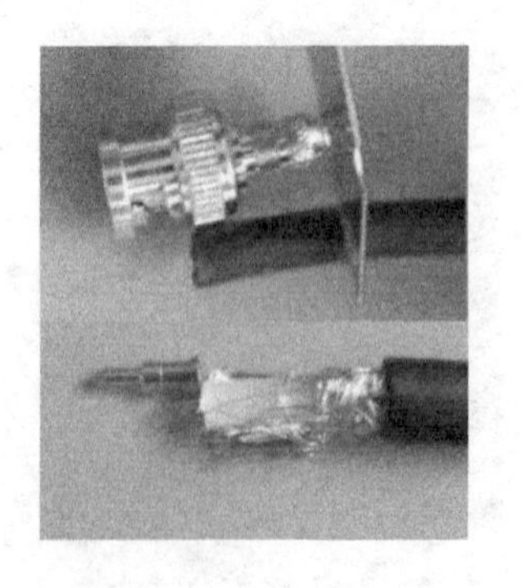	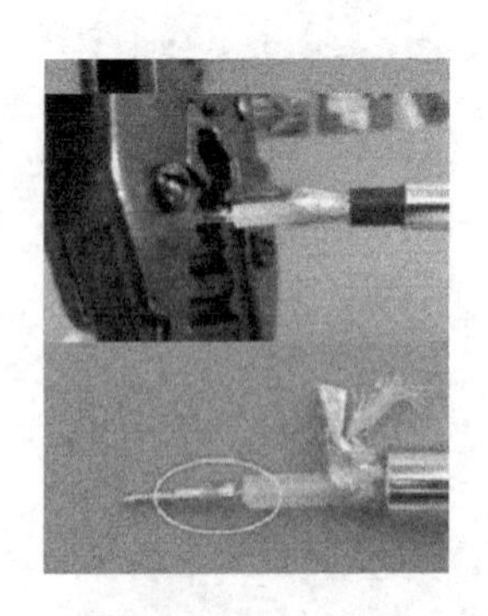

续表

步骤3：装配BNC接头。先将屏蔽套筒套入同轴电缆，再将芯线插针从BNC接头本体尾部孔中向前插入，使芯线插针从前端向外伸出。最后将金属套筒前推，使套筒将外层屏蔽线卡在BNC接头本体尾部的圆柱体上 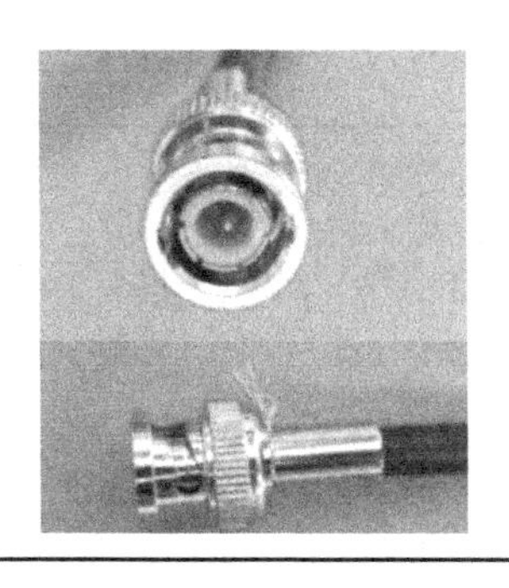	步骤4：压接。用专用冷压钳在BNC接头尾部进行两次并整理毛刺 

(5) 同轴电缆与F接口的连接

同轴电缆与F接口的连接步骤如表4-6所示。

同轴电缆与F接口的连接步骤　　表4-6

步骤1：剥线。中间的铜芯长度一定不得超过1cm，否则太长则造成高频头、机器短路而烧毁 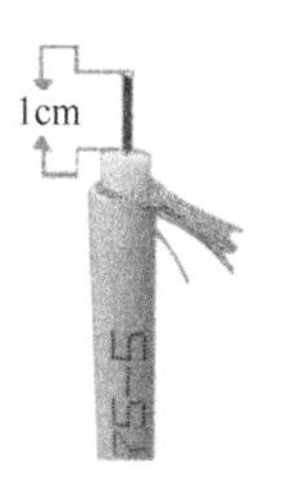	步骤2：安装F接头。套上F头，顺时针用力拧。但要注意中间的铜芯不要和旁边的丝网接触，否则会短路 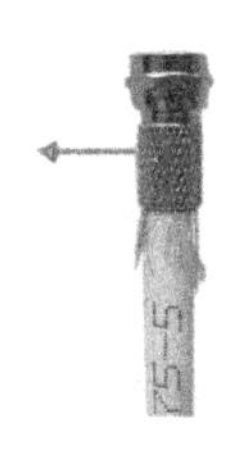

续表

步骤 3：拧紧后，清理毛刺

（6）话筒线缆与卡侬头的连接

音频插头有平衡和非平衡之分，与之相应的线材同样也有平衡和非平衡的区分。平衡信号线材包括卡侬线（公对母、公对公、母对母）、卡侬（公、母）对大三芯、大三芯对大三芯。非平衡信号用线材包括大二芯对大二芯、莲花对莲花、大二芯对莲花。平衡与非平衡插头也可在一根线材上使用，即平衡信号转非平衡信号用线材，如卡侬（公、母）对莲花或大二芯插头，大三芯对莲花或大二芯插头。

总之，一根线材的两端均为平衡信号的插头称为平衡信号用线材，两端均为非平衡信号的插头即为非平衡信号线材。

需要强调的是，信号平衡与否并不取决于插头和线材，而取决于设备是否采用平衡或非平衡形式输入和输出信号，这可以从设备背板输入和输出接口来了解该设备是采用何种输入、输出方式：卡侬及大三芯输入/输出的设备为平衡输入/输出方式，大二芯及莲花头输入/输出的设备为非平衡输入/输出方式。

话筒线常用于话筒与调音台，调音台主输出与周边设备（如均衡器、分频器、音箱控制器），周边设备（均衡器）、分配器或音箱控制器与功放的连接。总之，话筒线用于卡侬输出、输入设备之间的连接。卡侬输入、输出的音响设备（如图 4-37）输出信号端为“卡侬公座”（与母头连接），输入信号端为“卡侬母座”（与公头连接）。设备连接用的卡侬线一头为“卡侬公头”，另一头为“卡侬母头”的话筒线或音频连接线。

下面以话筒线为例制作一根卡侬线，如表 4-7 所示。

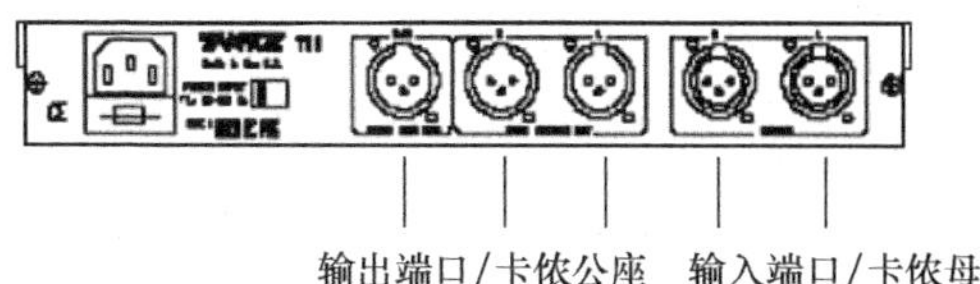

图 4-37　音响设备输出面板

话筒卡侬线制作步骤　　表 4-7

<table>
<tr><td>步骤 1：剥线。在剥线前将电烙铁通电使之升温。先选择一根话筒线用偏口钳在距离一端约 2.5cm 处剥去外层橡胶护套层、拨开屏蔽层、去除棉纱填充物（音频连接线无棉纱填充物），只留下带护套层的两芯及屏蔽层。再用剥线钳在距每根芯 0.5cm 处刨去每根芯线的护套层，露出铜质内芯，再用手将屏蔽层拧扎结实
</td><td>步骤 2：线材粘锡。用电烙铁粘焊锡涂抹在线材的铜质两芯和屏蔽层，屏蔽层涂抹的焊锡与两芯一样即可
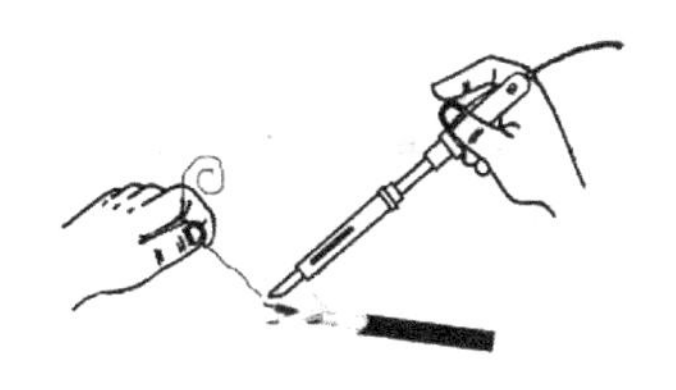</td></tr>
<tr><td colspan="2">步骤 3：拆卡侬头粘锡。将粘好锡的线材及电烙铁放置一旁，取出一只卡侬头（公、母头都可以），拧下底盖、拆掉线卡及以外壳取出内芯。用上面的方法在卡侬头内芯的三个焊接点上粘锡
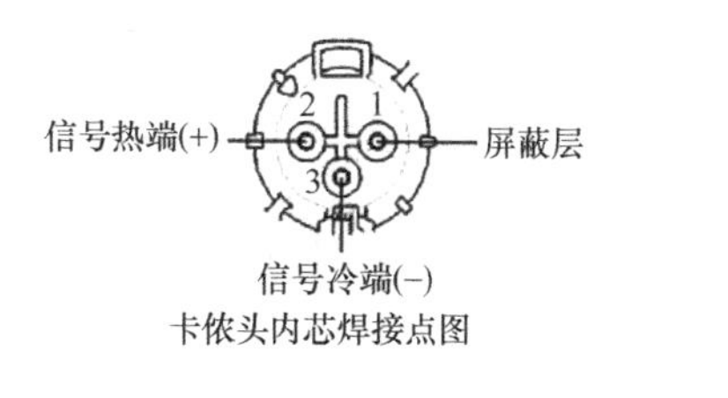

卡侬头内芯焊接点图
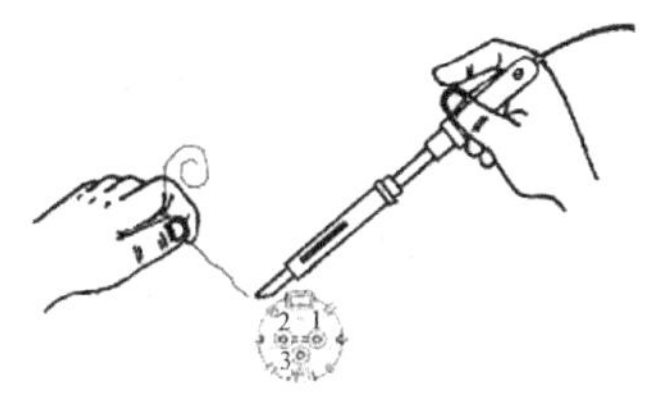</td></tr>
</table>

步骤4：焊接。把卡侬头的底盖、线卡套入线材，将“红色护套的芯”与卡侬内芯上的焊接端“2”焊接；将“白色护套的芯”与卡侬内芯上的焊接端“3”焊接；将“屏蔽层”与卡侬内芯上的焊接端“1”焊接。将焊接好的内芯插入卡侬头外壳，插紧线卡，拧上底盖后线材的一端就焊接好了。采用同样的方法焊接线材另一头，如已焊接的是“公头”，另一头就焊接“母头”。 需注意的是如已焊接好一端“红色的芯”焊接的是卡侬内芯的焊接点“2”，那么“红色的芯”另一端也应焊接在另一端卡侬内芯的“2”端点上，依此类推。也就是说同一根芯的两端应焊接在两个头的同一焊接点上，卡侬头内芯的焊接端“1”始终与话筒线或音频连接线的“屏蔽”焊接在一起

注：1. 不同厂商生产的话筒线或音频连接线每芯的护套颜色会不同，本次仅以“红、白”两种颜色为例。
2. 卡侬头的三个焊点分别为：“1”屏蔽，“2”平衡信号“+”端（热端），“3”平衡信号“-”端（冷端）。

（7）语音线缆与大二芯对莲花头的连接

大二芯对莲花头连接线常用于音源（DVD、卡座、VOD单机版等）与调音台的连接、KTV工程中音频设备之间的连接。通常音源设备的输出、输入接口均为莲花接口形式，调音台的音源输入接口为大二芯形式。如图4-38所示。

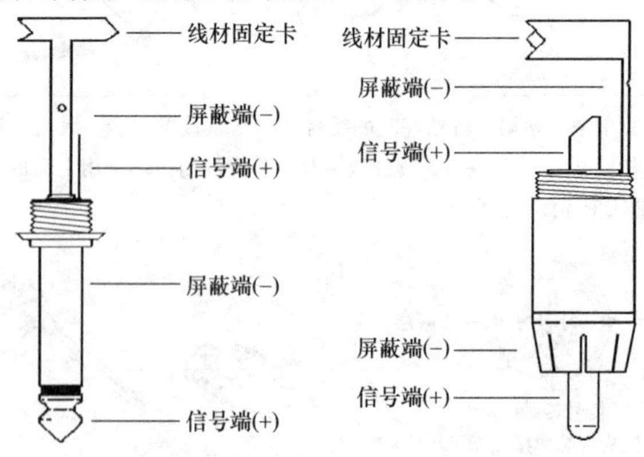

图4-38 大二芯对莲花头连接图

由于大二芯和莲花头都是两芯的结构（非平衡），话筒线或音频连接线包括屏蔽层共有三个芯，因此在刨线时就与卡侬、大三芯（平衡）的线材有所不同。具体制作过程如表4-8所示。

大二芯对莲花头连接步骤　　表4-8

步骤1：剥线。选择适当长度的线材，用剥线钳在距一端3cm处刨去线材的外部橡套层；剪去棉纱填充物（话筒线）；将屏蔽层挑起露出芯"1"和芯"2"。再用偏口钳或剥线钳刨去白色护套芯的白色护套，去除长度与屏蔽层外露的长度相同即可。线材剥好后形成屏蔽层，去除护套层的芯线，包括两根铜线和一根带有护套的芯线共计三根线 	步骤2：线材的拧结。线材剥好后将去除护套的芯线和屏蔽层拧结在一起，拧结时应拧得结实些尽量不要松散。拧结好的线材形成了两芯的结构。线材拧结的目的是将三芯（两根芯线和一根屏蔽层）改为两芯，以便和两芯的插头（大二芯、莲花头等）焊接 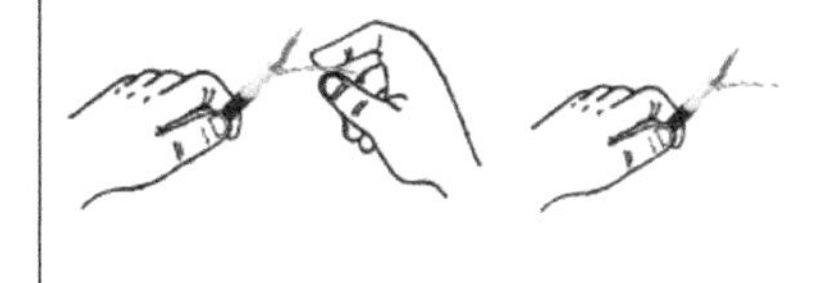
步骤3：线材拧结好后就可以对线材和插头的焊接点进行粘锡。 步骤4：焊接。焊接前将大二芯和莲花头的保护弹簧、底盖、护套套在线材上，以免焊接好后无法套上插头的底盖。具体焊接点位如图 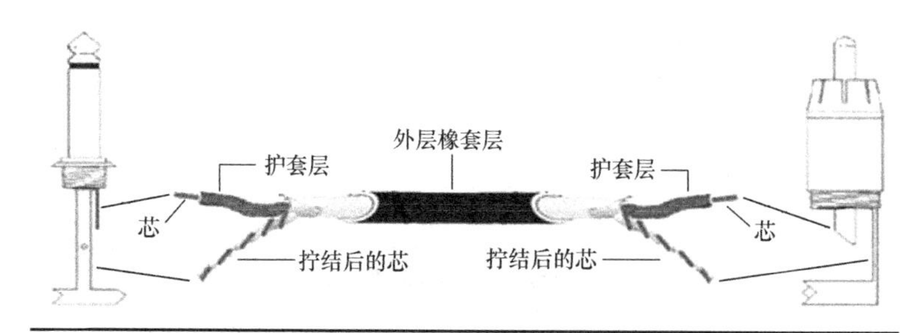 	

4. 线-架连接

（1）网络线缆与配线架的连接

一体化网络配线架的连接示意如图4-39所示。

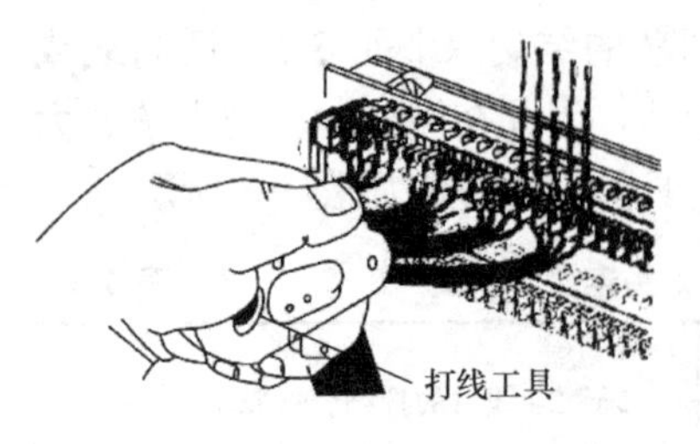

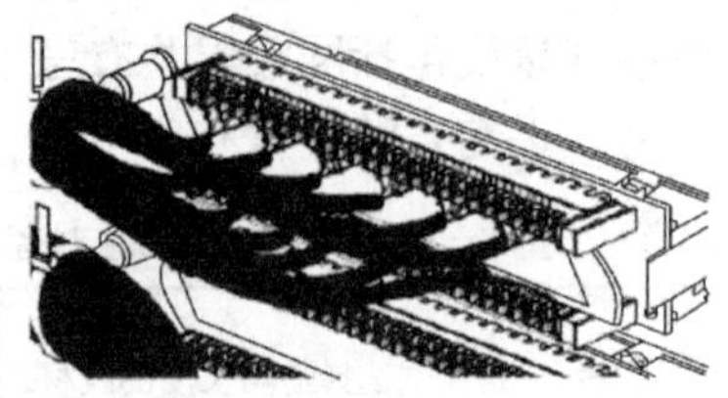

图 4-39　网络配线架打线连接示意图

（2）语音线缆与配线架的连接

1）110 语音配线架连接

110 机架式 100 对语音配线架的连接步骤如表 4-9 所示。

110 机架式 100 对语音配线架的连接步骤　　　　表 4-9

步骤 1：将 110 语音配线架固定到机柜相应位置	步骤 2：敷设整理大对数电缆，将大对数电缆沿机柜某侧敷设到配线架的一侧，预留 50cm 左右的大对数电缆
步骤 3：用电工刀或剪刀把大对数电缆的外皮剥去 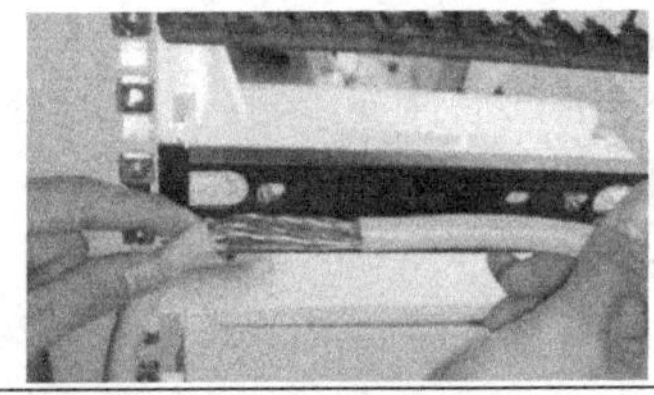	步骤 4：将电缆穿过 110 语音配线架一侧的进线孔，摆放至配线架打线处使用绑扎带固定好电缆 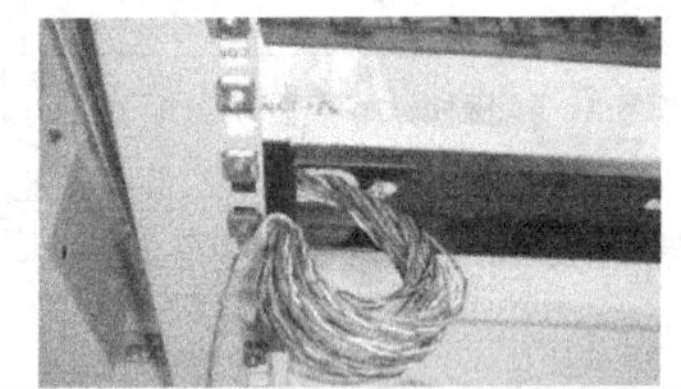
步骤 5：25 对线缆进行线序排线，首先进行主色分配，再按配色分配，标准物分配原则如下： ① 白蓝、白橙、白绿、白棕、白灰；②红蓝、红橙、红绿、红棕、红灰；③黑蓝、黑橙、黑绿、黑棕、黑灰；④黄蓝、黄橙、黄绿、黄棕、黄灰；⑤紫蓝、紫橙、紫绿、紫棕、紫灰 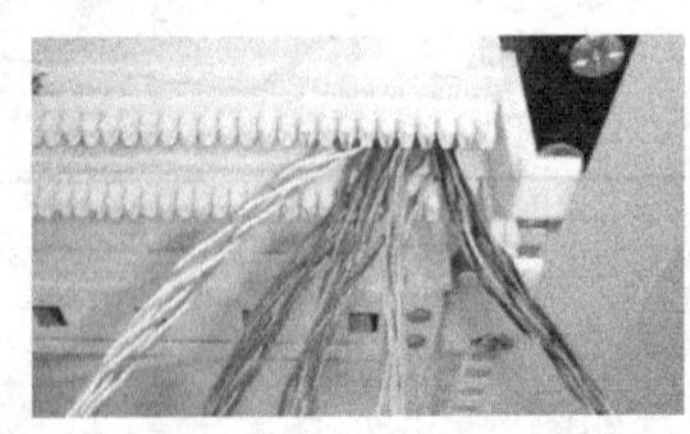 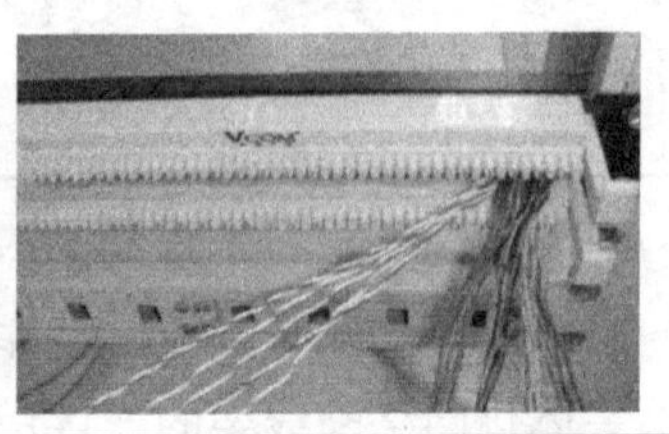	

续表

步骤6：根据上述大对数电缆色谱排列顺序，逐一将对应颜色线对压入槽内，然后使用110打线工具（单线打刀）固定线对连接，同时将伸出槽位外多余导线截断。注意：刀要与配线架垂直，刀口向外
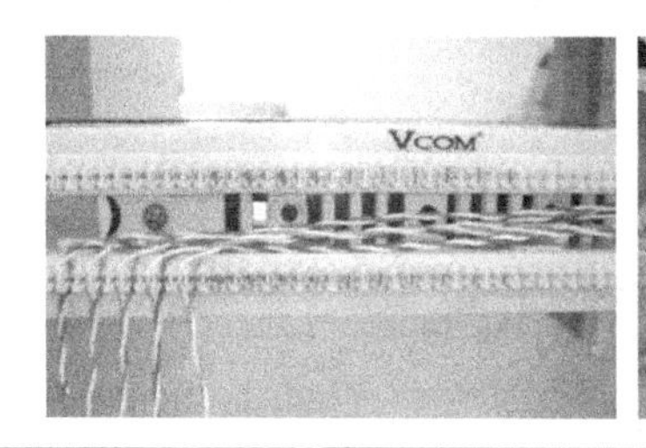 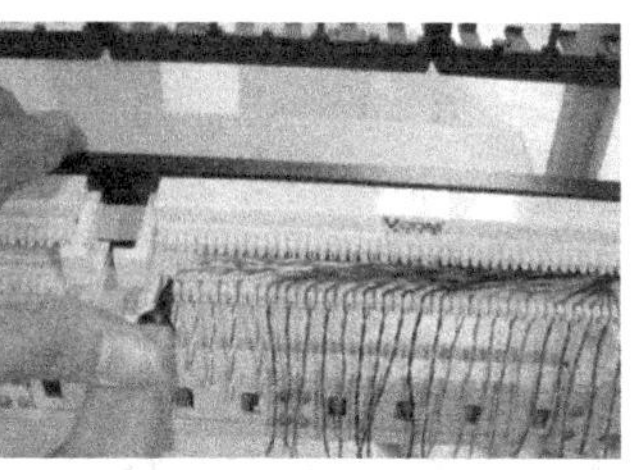
步骤7：最后使用5对打线工具和110连接块，将连接块放置在5对打线工具中，把连接块垂直压入槽内，并贴上编号标签，注意连接端子的组合是：在25对的110配线架基座上安装时，应选择5个4对连接块和1个5对连接块，其排列顺序为444445。从左到右完成白区、红区、黑区、黄区和紫区的安装
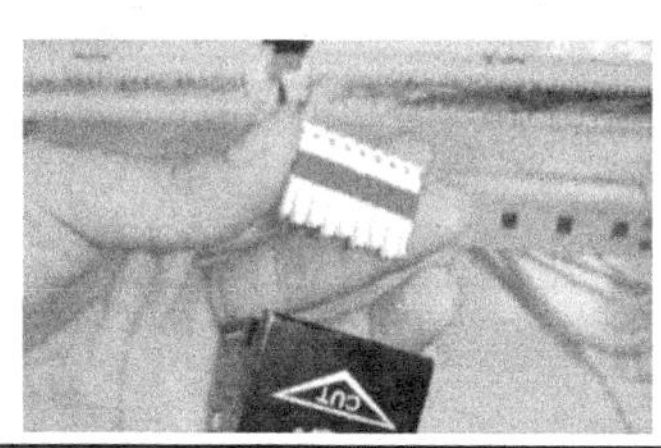 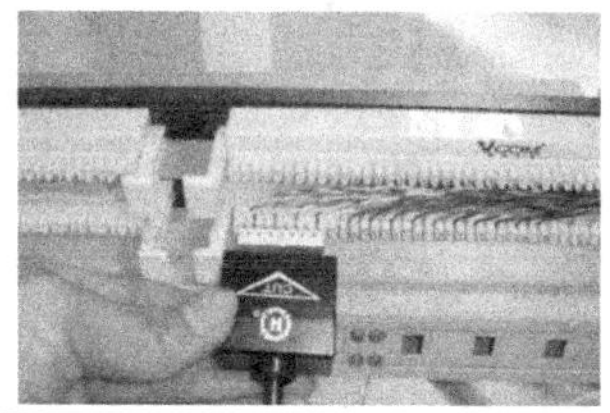

2）语音配线架连接

语音配线架的连接步骤如表4-10所示。

语音配线架的连接步骤　　表4-10

步骤1：准备好相应工具	步骤2：在装好的高频模块底座下方的穿线耳内穿入超五类或大对数电缆，剥去线缆外皮约100mm待用。将25对高频接线模块安装在需安装该模块的下一个模块底座上
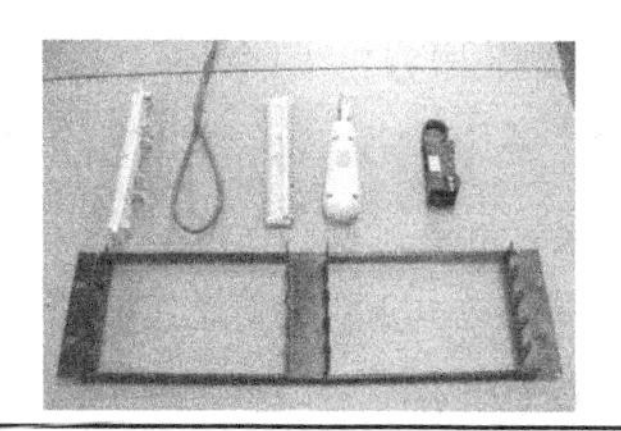	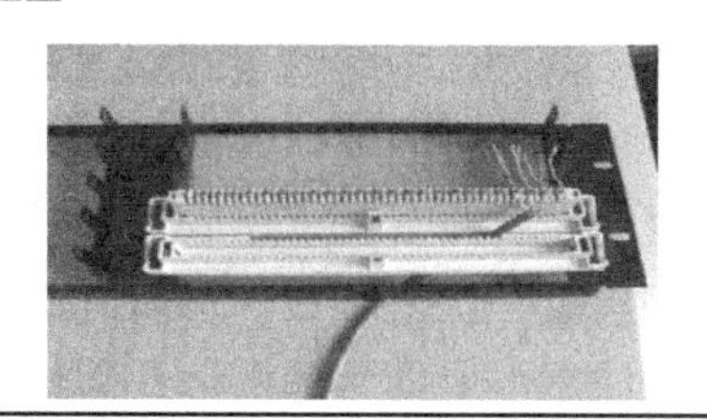

续表

步骤3：电缆按色标顺序自左向右进行接线。 步骤4：用卡接工具将导线卡接在模块上，卡接工具保持和接线模块垂直，倾斜不大于5°，直到听到一声清脆的响声以保证卡接到位，多余线头将自动剪去 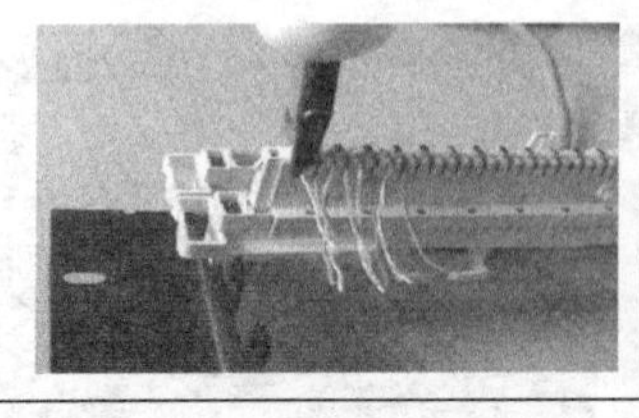 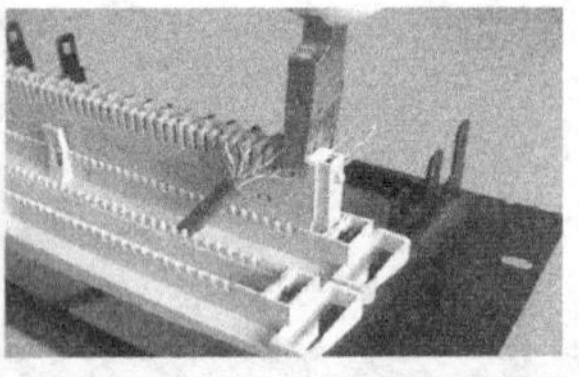
步骤5：打线完成后进行清理，整理线缆 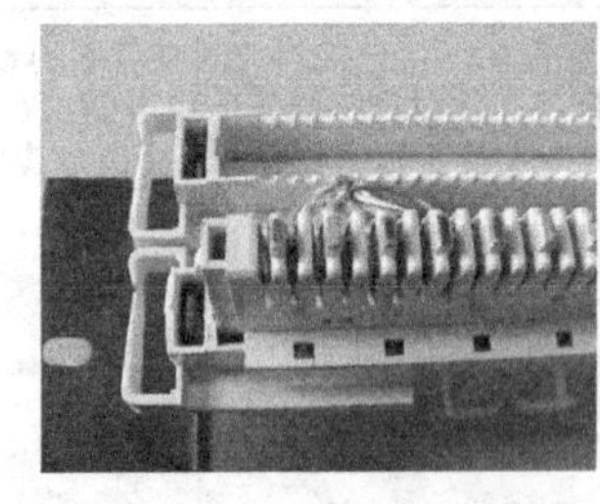 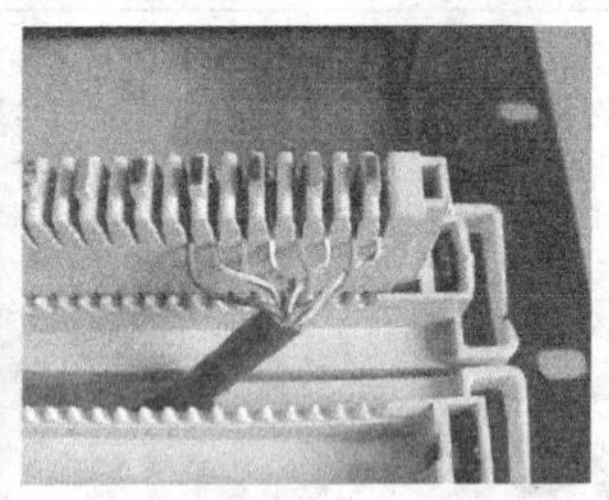

（四）光缆接续

1. 光纤连接件

常用光纤适配器如图4-40所示。光纤适配器又称光纤耦合器或光纤法兰。常用光纤跳线如图4-41所示。光纤配线架如图4-42所示。光纤配线箱如图4-43所示。

2. 光纤熔接

光纤与光纤熔接在弱电工程中使用较为普遍。光纤制备器材如图4-44所示。室外束管式光纤熔接步骤和方法如下：

（1）开剥光缆，盒内固定。在固定多束管层式光缆时需要分层盘纤，各束管应依序放置，以免缠绞。将光缆穿入接续盒，固定钢丝时一定要压紧，不能有松动。否则，可能造成光缆打滚纤芯。注意不要伤到管束，开剥长度取1m左右。

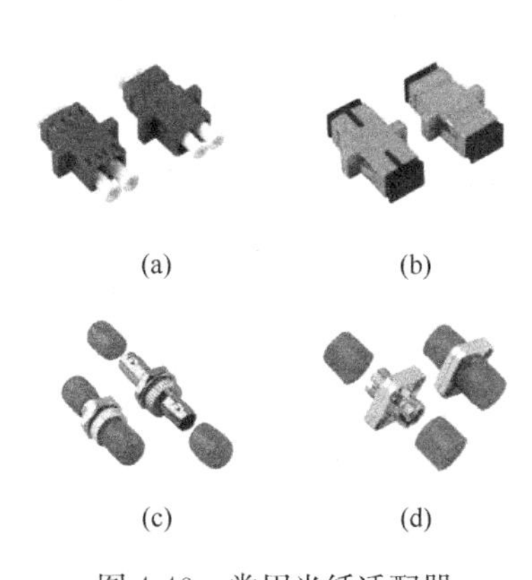

图 4-40　常用光纤适配器

(a) LC 型适配器；(b) SC 型适配器；(c) ST 型适配器；(d) FC 型适配器

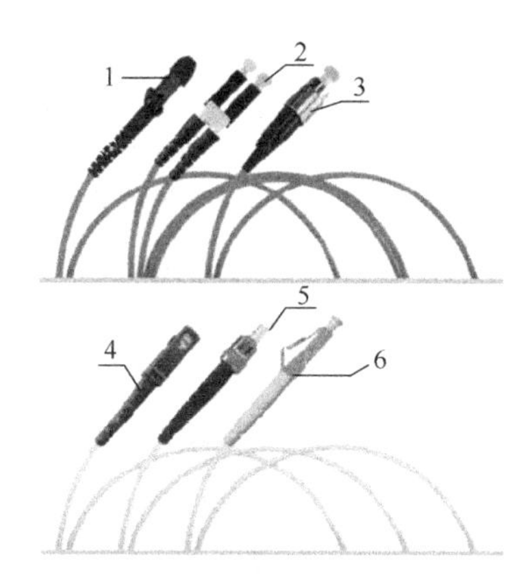

图 4-41　常用光纤跳线

1—MTRJ 连接件；2—LC 连接件；3—FC 连接件；4—SC 连接件；5—ST 连接件；6—LC 连接件

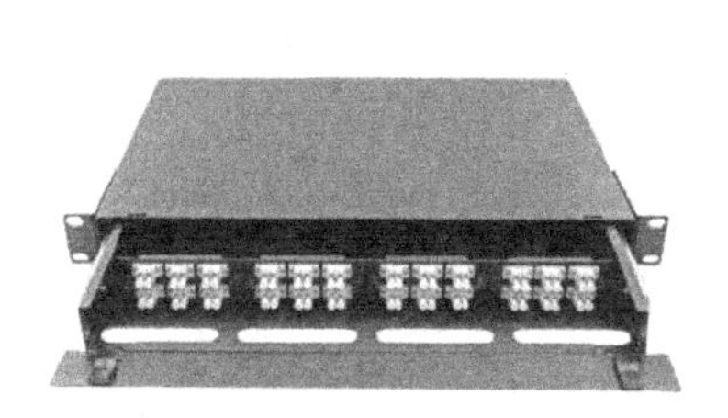

图 4-42　光纤配线架

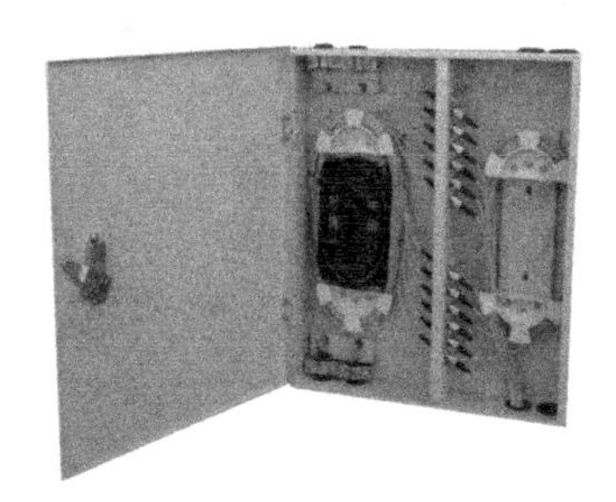

图 4-43　光纤配线箱

图 4-44　光纤制备器材准备图

（2）擦拭光纤。用卫生纸沿光纤轴向方向将油膏擦拭干净。

（3）开启熔接机。打开熔接机电源，选择合适的熔接方式。为保证熔接质量，开始熔接操作前需对熔接机进行清洁和检查。光纤熔接机的供电电源有直流和交流两种，要根据供电电流的种类来合理开关。为避免熔接机表面凝露，熔接机至少应预热10分钟。在使用中和使用后要及时去除熔接机中的粉尘和光纤碎末。

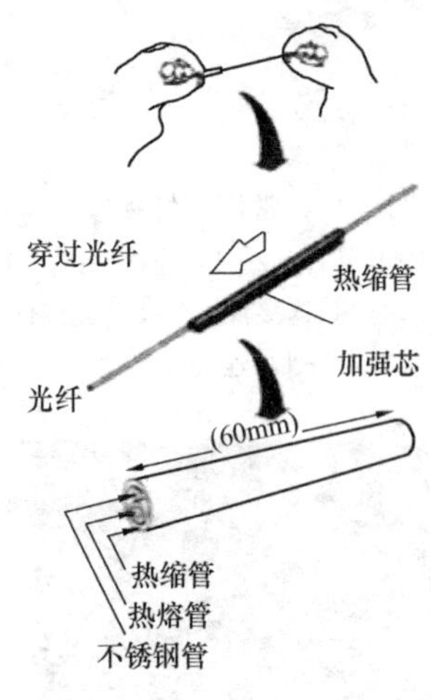

图4-45　热缩管穿套光纤图

（4）清洁光纤。用蘸有酒精的纱布或无尘棉清洁光纤涂覆层（自光纤端部往里约100mm）。避免光纤涂覆层灰尘或其他杂质进入光纤热缩管，由此可能造成光纤断裂或熔融。

（5）穿热缩管。将不同管束、不同颜色的光纤分开，分别穿过热缩套管。使用热缩套管，可以保护光纤接头，如图4-45所示。

（6）剥除涂覆层（剥纤）。用剥皮钳剥除光纤涂覆层，剥除长度约30～40mm。剥除时，剥皮钳略微倾斜。如图4-46所示。剥除后，用手拿好光纤，不要使裸纤损伤。

图4-46　光纤涂覆层剥除图

（7）清洁裸纤。用蘸有酒精的纱布或无尘棉清洁裸纤。清洁裸纤必须使用高纯度酒精（纯度超过99%），清洁后，用手拿好光纤，不要使裸纤损伤。

（8）切割光纤端面。使用光纤切割刀对光纤端面进行切割。打开压板，把剥好的光纤放置于V形槽内，根据需要的长度确定切割长度，如图4-47所示。按下压板固定光纤，观察盖子确保光纤端面在一直线上，把刀架推向后边，打开切割刀盖，小心取出切割好的光纤，以防损坏光纤端面。

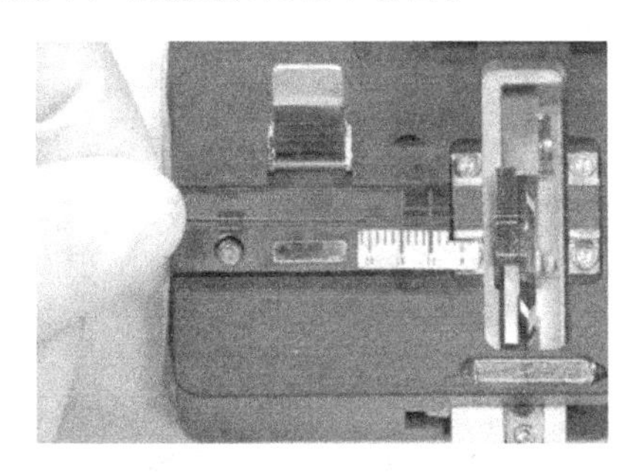

图4-47　光纤切割长度图

其中（4）～（8）的操作过程有时也称为“光纤制备”，可用图4-48表示。

（9）放置光纤。将光纤放在光纤熔接机的V形槽中，小心压上光纤压板和光纤夹具，要根据光纤切割长度设置光纤在压板中的位置，关上防风罩，按熔接键就可以自动完成熔接，光纤熔接机显示屏上会显示估算的损耗值。光纤放置如图4-49所示。

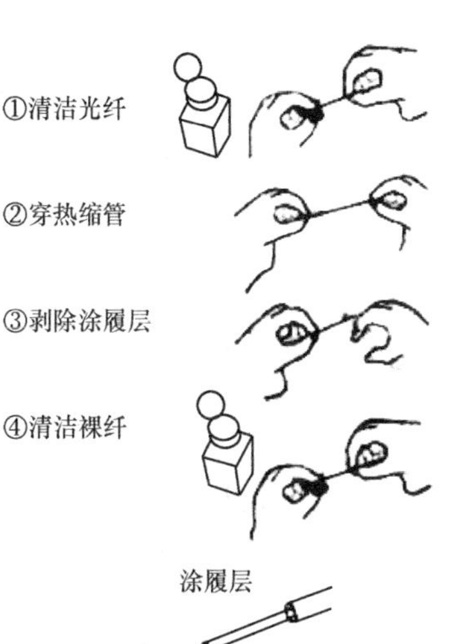

图4-48　光纤端面制备图

（10）移出光纤用熔接机加

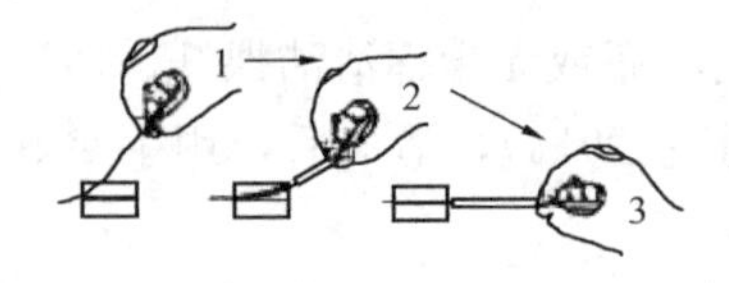

图 4-49　光纤放置图

热炉加热。检查是否有气饱或水珠，如有，则要重做。如图 4-50 所示。

（11）盘纤并固定。科学的盘纤方法可以使光纤布局合理、附加损耗小，经得住时间和恶劣环境的考验，避免因积压造成断纤现象。盘纤时，盘纤的半径越大，线路损耗就越小。所以，一定要保持一定半径，使激光在纤芯中传输时，避免产生不必要的损耗。

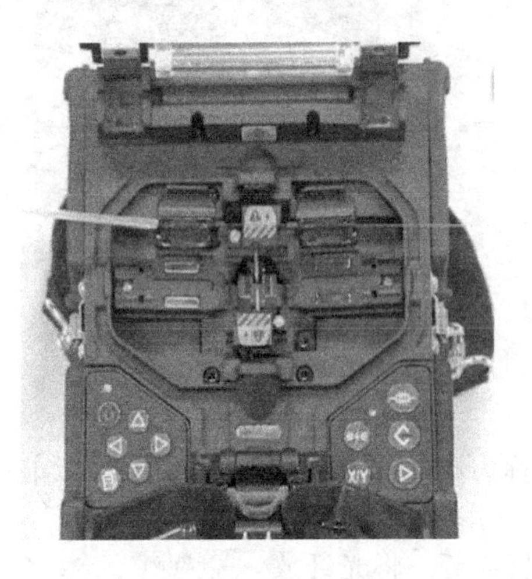

图 4-50　光纤熔接完成图

（12）密封接续盒。野外接续盒一定要密封好。避免接续盒进水。光纤以及光纤熔接点长期浸泡在水中，可能导致光纤衰减增大。

3. 光纤冷接

光纤到户（FTTH）在大多数情况使用皮线光纤，采用光纤冷接技术完成光纤接续。光纤冷接制作过程如下：

（1）打开冷接头的包装，共有 3 个部件，分别为主体、尾帽和外壳，如图 4-51 所示。保留冷接子的外包装，以备后续使用。

将外壳和尾帽依次套入 3mm 尾纤或 FRP 光纤入户皮线光纤。

图 4-51　冷接头配件

（2）用皮线开剥器剥除皮线光纤保护层，将外护套剥除约 6cm，用记号笔在离外护套剥离处 24mm 的位置做标记，标记在 250μm 涂覆层上。从 24mm 标记处剥除涂覆层，并用蘸酒精无纺棉清洁光纤，如图 4-52 所示。

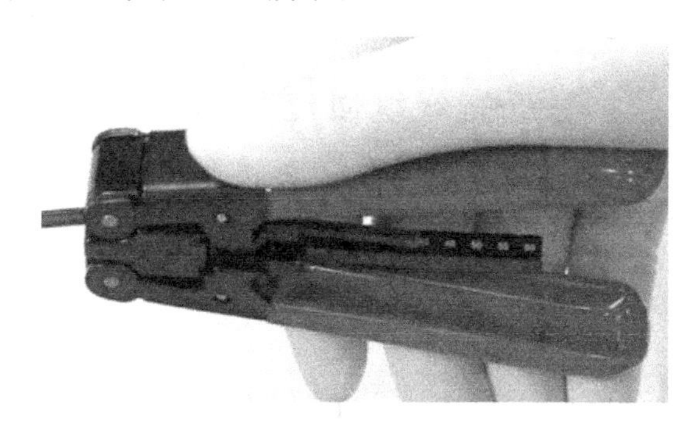

图 4-52　皮线开剥器开剥光缆

（3）将 3mm 尾纤或 FRP 入户皮线光缆放置于切割适配器内，外护套剥离处与适配器内底部的标线对齐。注意有些切割刀并不适用于 3M 切割适配器，有时这一步可以直接把光纤放入切割刀进行切割。将 3M 切割适配器放置于切割刀适配器槽内，进行光纤切割。

（4）从切割适配器中取出切割好的光纤，将切割好的光纤插入冷接头主体，注意将防火纤维整理在背面。

（5）当3mm尾纤或FRP入户皮线光缆的外皮到达光缆限位处时，停止进一步插入。250μm涂覆层可以明显观察到弯曲，按压主体上白色的压接盖到底。恢复防火纤维的自然方向，并紧靠在冷接头主体背面，将尾帽套上冷接头主体，并旋紧。注意保持光纤始终平直，将多余防火纤维齐根剪除。

（6）将外壳从光缆方向推上主体，将防尘帽套在陶瓷芯上，然后用手指捏紧连接器外壳，向光缆方向用力推动，同时小幅度旋转，取出外壳。

（7）将尾帽旋松并后退脱离冷接头本体，取下主体上的防尘帽后，对应3个缝隙位置，将冷接头放置在重复开启工具上，用力将主体向重复开启工具上按压，将主体上的压接盖顶起。将光纤冷接头沿轴向自主体内小心抽出，注意取出的过程尽量不要晃动光纤和主体，避免裸纤意外断裂在冷接头内，而无法重复使用。

（五）线缆固定与标识

1. 线缆的绑扎

弱电线缆敷设在封闭线槽或线管内，需要理顺，敷设在桥架内线缆需要整理固定。

（1）机房线缆绑扎

机房线缆绑扎应做到整齐、美观。通常情况下，机房机柜进线采用两种走线方式，一种是机柜上方桥架方式，另一种是静电地板下金属桥架走线方式。不管何种方式，都需要按以下原则进行绑扎：

1）所有线缆需要按照线缆的功能、类别、型号及颜色进行分组，线缆数量较多时可按列分类，用扎带扣好，并沿机柜两侧的走线槽走线。机柜两侧走线槽分为上走线或下走线。机柜内部和外部线缆必须绑扎。绑扎后的线缆应横平竖直、互相靠拢，外观整齐。

2）使用扎带绑扎线束时，视不同情况使用不同规格的扎带。绑扎光纤时应使用尼龙粘扣带（魔术贴扎带或雌雄贴扎带），绑扎其他室内线缆（室内网络线缆、室内大对数线缆等）时可以使用自锁式尼龙扎带或尼龙粘扣带，绑扎室外线缆时应使用自锁式尼龙扎带。

3）进入机房后，多根线缆必须进行成束绑扎。为不使绑扎强度下降，应尽量避免使用两根或两根以上的尼龙扎带串连后进行绑扎。

4）自锁式尼龙扎带绑扎好后，应使用平口钳将扎带多余部分齐根平滑剪齐，不得留有尖刺。

5）线缆绑扎间距视所处布线位置有所不同。线槽内水平、垂直布线中线缆绑扎间距不宜大于1.5m，线缆在桥架入口和出口处应固定。线缆在机柜内部成束绑扎时，间距宜为20～30mm。所有扎带绑扎间距要求均匀，不同成束线缆间的绑扎位置尽量保持一致。

6）线缆成束绑扎建议使用图4-53所示的线缆成束整理自制PVC管理线器。可先将绑扎的若干根线缆（如网线）穿入理线器中，一边移动理线器一边用扎带将线缆绑扎整理，这种方法整理出的成束线缆平直美观。

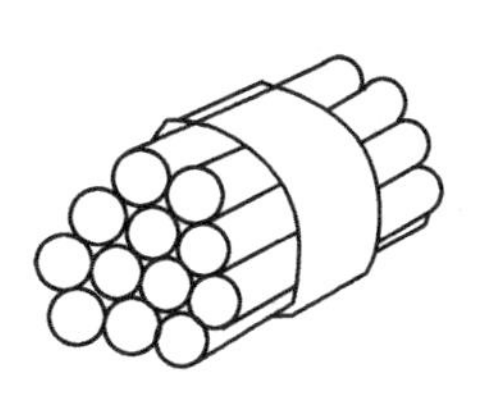

图4-53　线缆成束整理自制PVC管工具

7）绑扎成束的线缆转弯时，应尽量采用大弯曲半径以免在线缆转弯处应力过大造成内芯断芯。成束线缆在拐弯处不能绑扎带，如图4-54所示。

8）所有机柜中的线缆在机柜线槽走线应与机柜绑扎固定。

（2）室外线缆固定

室外敷设线缆通常使用“线缆固定夹”固定。线缆固定夹一般使用BMC材料，其具有高强度、高耐热性、低收缩甚至无收缩、高阻燃性能及耐电压性能，如图4-55所示。

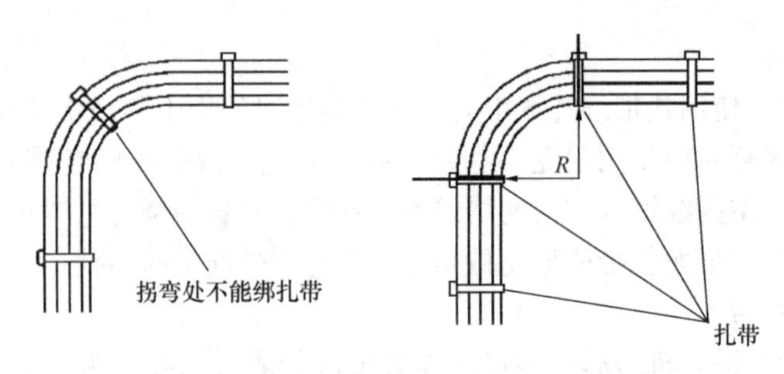

图 4-54　线缆扎带绑扎拐弯处处理方式图

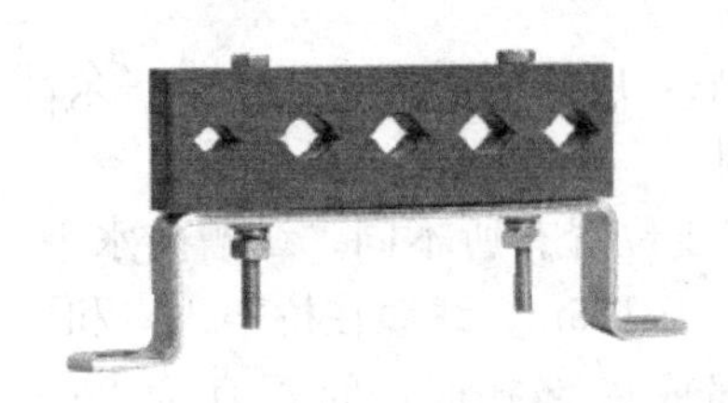

图 4-55　常用线缆固定夹

2. 线缆的标识

线缆标识是线缆敷设的重要环节。做好线缆标识应注意以下事项：

线缆标签应包含如下内容：线缆名称、线缆编码、线缆段名称、线缆段编码；跳/尾纤标签内容包括光纤光路名称、光路标识编号及业务、光路的收与发。

所有线缆两端应以标签标识，在线缆端头 2cm 处设置。

PVC 或金属管敷线，应在管道两端设置吊牌，吊牌内容应包括管道走向、内部线缆种类、数目等信息。

音视频线缆标签内容应包括摄像机、编码器及矩阵等设备的输入输出端口等信息。

机房或监控中心内部控制线的标签内容应包括对应的设备位置、ID 以及编码器编号、端口等信息。

网络线标签内容应包括交换机端口及对应的编码器、解码器端口等信息。

（六）无源链路测试

1. 电缆的连通性测试

电缆通断测试，可以根据电缆类型采取不同方式。电源电缆、控制电缆、同轴电缆等，一般可以通过万用表进行校线和通断测试。电源电缆、控制电缆等还需要使用绝缘摇表测试绝缘电阻值。网线可以使用寻线仪进行校线和通断测试。

寻线仪被用以寻找网络线路、电话线路线头或测试网线线路、电话线路连通性，如图 4-56 所示，下面介绍寻线仪的使用方法。

图 4-56　寻线仪

寻线仪具有寻线、对线及线路状态测试三大功能，具有快捷、准确的特点，是通信线路、综合布线等弱电系统安装、维护工程技术人员的实用工具。

寻线仪支持在大部分电话交换机和网络交换机开机状态下直接使用，不用把网络和电话线缆从交换机上取下来。寻线时，注意要判断声音大小，声音最大的是要寻找的目的线缆。如感觉确认不准确，可以把认为是正确的线缆从交换机或配线架上取下来直接插在寻线仪接收器的线续接口上，指示灯 1、3、4、5、7 灯会亮，其中 4 灯最亮，这样可更准确地确认要查找的目的线缆。另外还应注意交换机强电干扰，寻线时尽量离交换机远些，这样声音效果会更清楚。

在机房有配线架的情况下，如配线架和交换机之间有跳线连接，直接寻找跳线就可以。为确认准确，可以把初步确认的目的线缆同其他跳线分开 5cm 左右，若发出非常响亮的声音，则证明是正确的；如果没有接跳线直接查找配线架端口时，可以把接收器的探头直接插到 RJ45 接口里，这样要找的目的线和其他的线缆有明显声音区别。注意因为配线架端口之间距离很近，其他端口会有微弱的声音产生，要以最大的声音来定位所找的线缆。如果还认为不准确则可以进一步设法确认。

如要寻找的电缆是屏蔽电缆，在 50m 距离内还可以直接寻找，而远距离时就要在线缆的接口处（即屏蔽打开处）寻找。

支持交换机开机状态下直接校对线序，只要网络线缆另外一端接在交换机上，线序就会按正常顺序进行。有的交换机只接了 1、2、3、6 号这 4 根线，寻线仪的指示灯也会对应 1、2、3、6 号来闪烁。

支持电话线短路测试。把电话线直接插在 TESTER 接口上，如 4 和 5 灯循环亮，证明短路；如 4 灯长亮，证明电话线正常，可以通话；如指示灯无任何反映，证明电话线有断点。

2. 光缆的连通性测试

连通性测试是光纤测试的最基本要求，在布线施工结束后需要及时检测光纤的连通性。

连通性测试最简单的方法，只需在光纤一端导入光线（如红色激光笔），发送可见光，在光纤另一端查看是否有红光即可（注意保护眼睛，不可直视光源）。此种测试方法成为尾纤、跳线或者光纤段连通性测试最为简单又十分有用的方法。

规范的方法是使用光功率计测试光纤连通性，还能测得光衰指标，如图 4-57 所示。

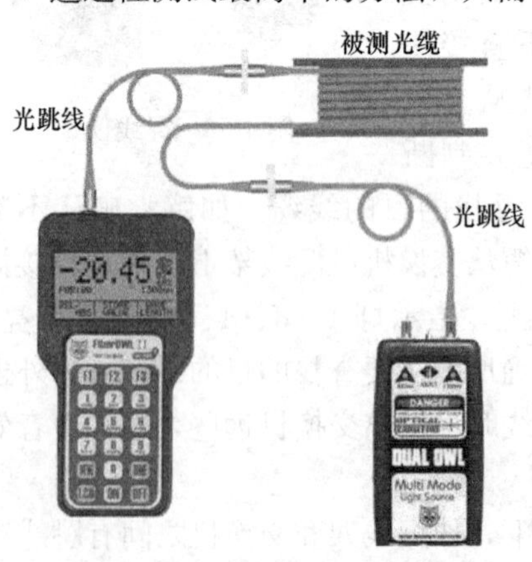

图 4-57　手持式光功率计测试光纤

五、设备设施安装

弱电系统设备按设计要求安装于不同场所，常见安装在设备机柜/机架、地面/顶下、墙面/桌面、立杆/支架、管/井/池等场所。设备安装应牢固、规范，应满足设备功能的需求，还应便于操作和维护。以下列举几种常见的安装方式。

（一）机柜/机架内安装

弱电工程中常用的落地式机柜/机架的规格一般以宽（W）×深（D）×高（H）尺寸标识。布线/网络常用机柜尺寸为600mm×600mm×2000mm，服务器机柜常用尺寸为600mm×1200mm×2000mm，广播机柜常用尺寸为600mm×600mm×1800mm，如图5-1、图5-2所示。

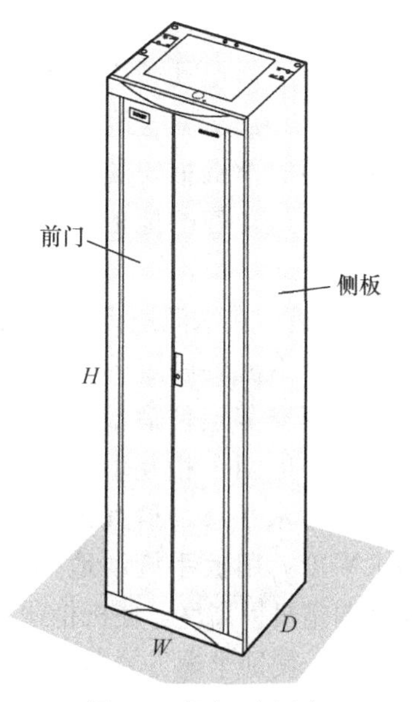

图5-1　机柜示意图

弱电工程中常见机柜/机架内安装的弱电设备包括配线架、理线器、服务器、存储设备、网络交换机、广播功率放大器、会议主机、网络设备机箱、程控交换机机箱、服务器机箱、存储设备机箱等。

1. 机柜/机架安装

机柜/机架安装一般分为在水泥地面上安装和在防静电地

板上安装两种情况，安装方法大致相同，但在防静电地板上安装时，机柜与支架之间有绝缘板，机柜固定螺栓上有绝缘套，一定要将绝缘零件正确安装，使整套设备在未连接地线之前，不与大地导通，有效地满足绝缘要求。

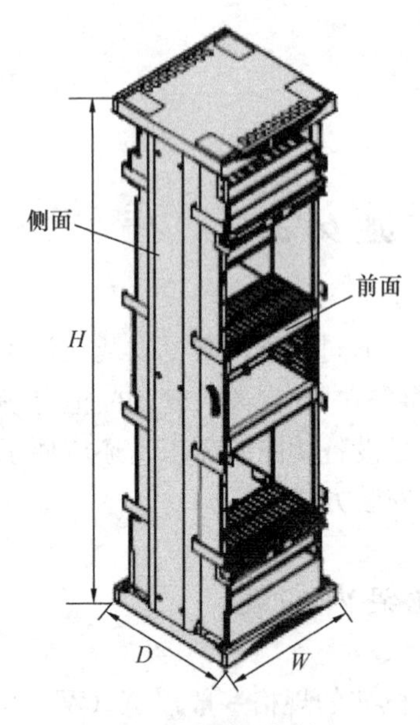

图 5-2 机架示意图

(1) 定位和水平调整

1) 在安装机柜之前首先应对可用空间进行规划。为便于散热和设备维护，一般要保证机柜前、后面与墙面或其他设备的距离不应小于机柜的深度尺寸，机房的净高一般不小于 2.5m。根据工程设计图纸在地板上确定机柜具体安装位置，用打孔模板在地板上标记孔位，如图 5-3 所示。在防静电地板上安装机柜时，机柜安装位置和尺寸需与防静电地板整块尺寸对应。

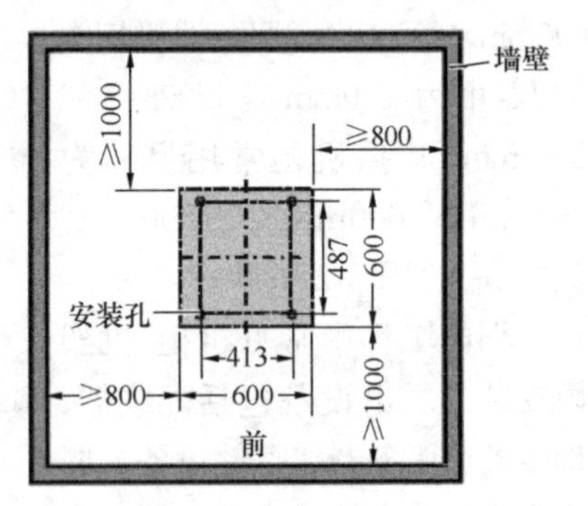

图 5-3 单机柜安装孔位定位示意图（单位：mm）

说明：图中为示例尺寸。

2) 机柜在水泥地板上安装时，在不需要固定的情况下，机柜安装定位后，在机柜顶部平面两个相互垂直的方向放置水平尺，检查机柜的水平度。用扳手旋动地脚螺杆调整机柜高度，使机柜达到水平状态，然后锁紧机柜地脚锁紧螺母，使锁紧螺母紧贴在机柜的底平面。机柜地脚锁紧螺母如图 5-4 所示。

（2）机柜/机架支架的安装

1）机柜并柜安装方式：首先取走安装位的防静电地板，将划线模板并排铺开到防静电地板下的水泥地面上，确保相邻的两个划线模板中心线距离为600mm，且机柜安装位置和尺寸与防静电地板整块尺寸对应。然后，在水泥地面用记号笔画孔，如图5-5所示。

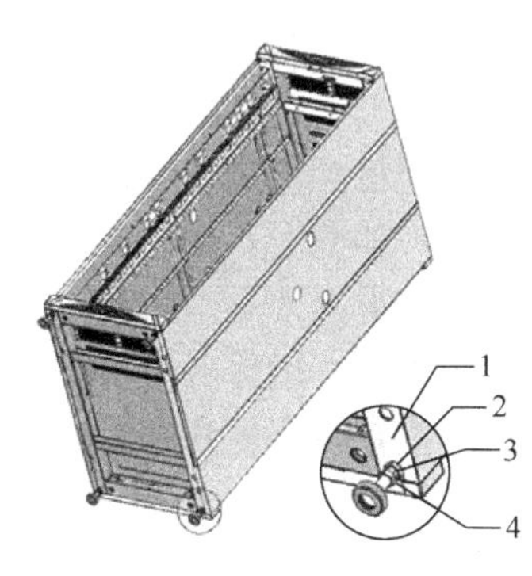

图5-4 机柜地脚锁紧示意图
1—机柜下围框；2—机柜锁紧螺母；3—机柜地脚；4—压板锁紧螺母

2）将膨胀螺栓垂直放入用冲击钻打好的孔中。用羊角锤敲打膨胀螺栓管直至全部进入孔内。顺时针预拧紧膨胀螺栓，使膨胀螺母与膨胀管不易松脱。逆时针拧下螺栓，取下弹垫和平垫。膨胀螺栓如图5-6所示。

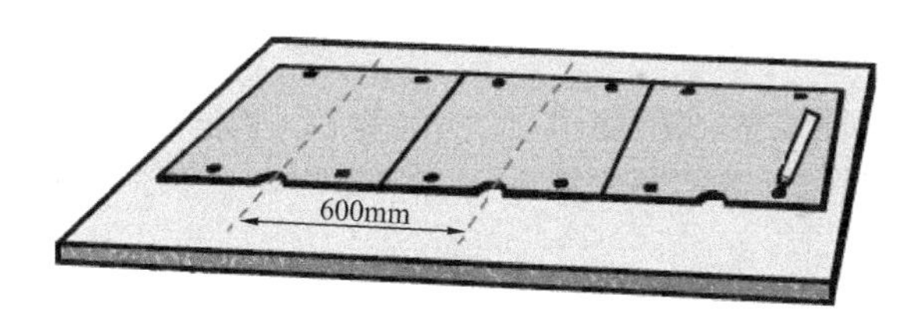

图5-5 机柜并柜安装孔定位示意图

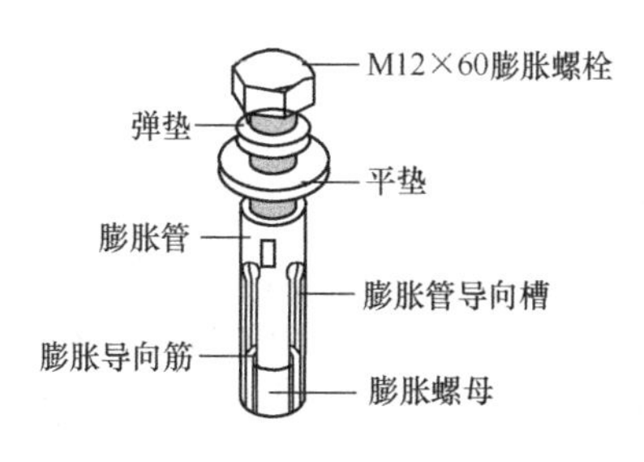

图5-6 膨胀螺栓示意图

将支架的安装孔对准地面的膨胀螺栓孔，有定位片的两面为前后面。

将弹垫和平垫套入膨胀螺栓上，插入支架和地面的安装孔并预拧紧，如图 5-7 所示。校正支架位置，用水平尺测量支架的水平度。如果支架不平，在支架下方增加调平垫片。用力矩套筒紧固膨胀螺栓。确保各个支架的前端在一条直线上。调节两个支架间的距离，将定位片安装在相邻的两个支架上。用水平尺检查支架的水平度。如果支架不平，在支架下方增加调平垫片，如图 5-8 所示。

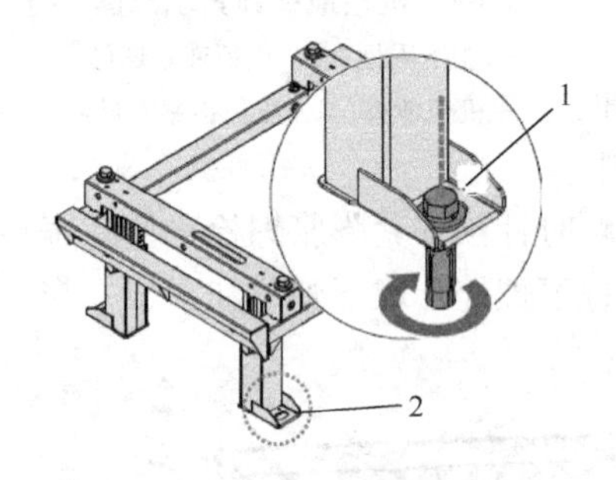

图 5-7　机柜支架安装示意图

1—膨胀螺栓；2—支架固定针脚

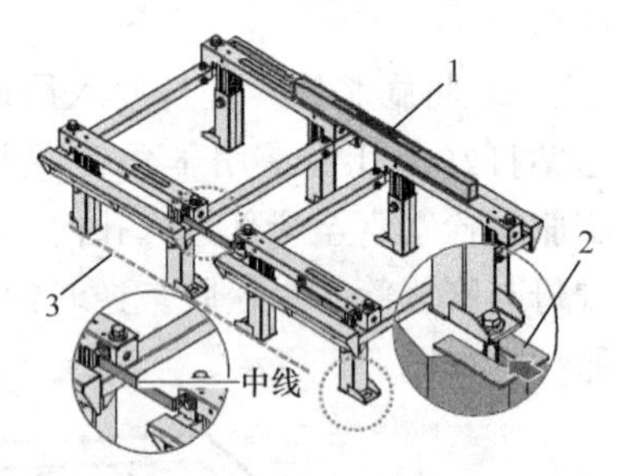

图 5-8　机柜支架调平示意图

1—水平尺；2—调平垫片；3—直线

（3）机柜/机架的安装

将机柜抬上支架，使机柜安装孔对准支架的固定螺栓孔。将弹垫、平垫和绝缘套套入 4 个固定螺栓中，预拧紧螺母。沿机柜深度方向，在机柜下面分别从前后推入两块绝缘板，确保缺口朝向内侧并卡入膨胀螺栓，如图 5-9、图 5-10 所示。

（4）机柜/机架的调平

取下下围框上的 4 个调平螺栓，并安装在调平螺母上。用水平尺和铅垂仪分别检查机柜的水平度和垂直度。如果机柜不平，用套筒扳手调节调平螺栓。机柜调平后，用力矩套筒紧固 4 个固定螺栓，如图 5-11、图 5-12 所示。

（5）绝缘测试

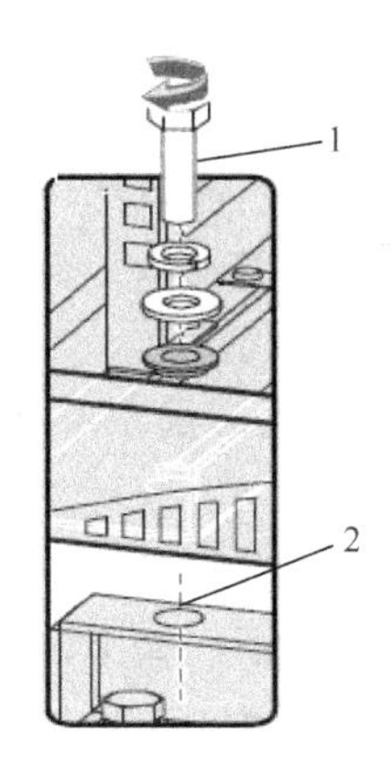

图 5-9　单机柜安装示意图

1—固定螺栓；2—支架上的固定螺栓孔

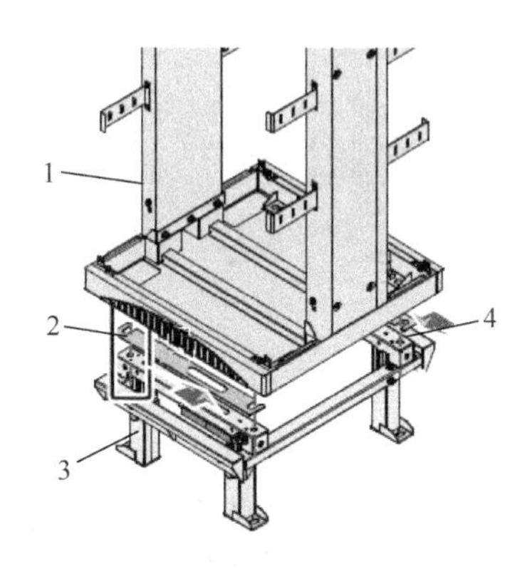

图 5-10　机柜并柜安装示意图

1—机柜/机架；2—绝缘板；3—装支架；4—支架上的固定螺栓孔

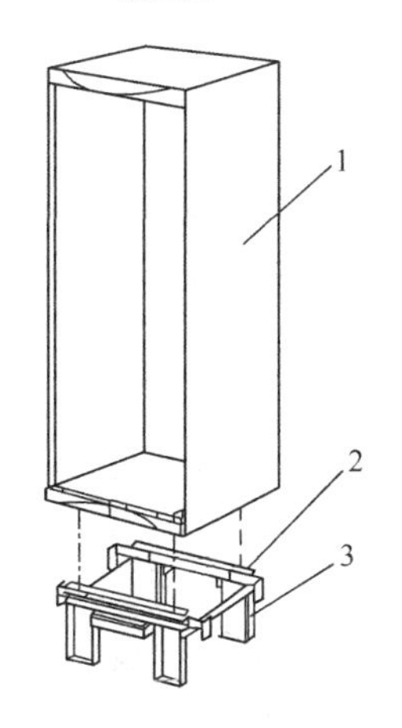

图 5-11　单机柜安装示意图

1—机柜；2—防静电地板；3—机柜安装支架

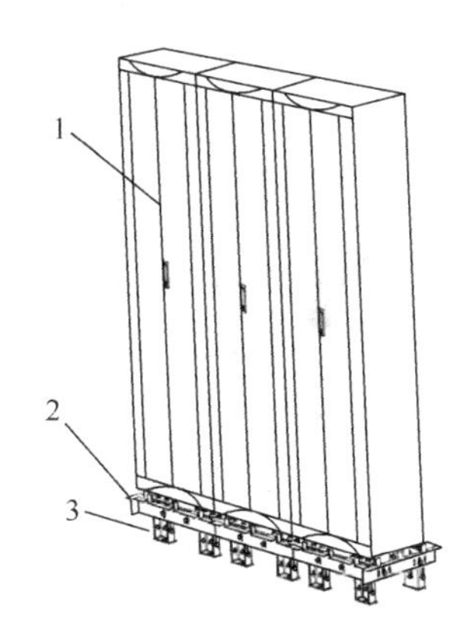

图 5-12　机柜并柜安装示意图

1—机柜；2—防静电地板；3—机柜安装支架

调万用表至兆欧档。测量膨胀螺栓和机架接地螺栓之间的阻值，阻值必须大于 5MΩ。如果阻值小于 5MΩ，检查是否漏装绝缘件，或绝缘零件是否有损坏。重新进行绝缘测试。否则拆除所有安装件，重新安装并固定机柜。

（6）复原防静电地板

若采用下走线，需将线缆布放好后，再复原防静电地板，复原后的状态如图 5-13 所示。

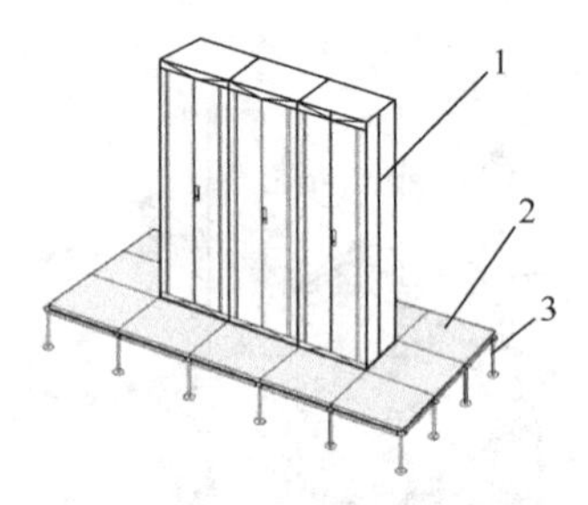

图 5-13　并柜安装复原防静电地板示意图

1—机柜；2—防静电地板；3—地板安装支架

（7）安装侧门、前后门和电位线

左右并柜时，中间机柜不要安装侧门。将门放在下门楣上，轴销自动落入下门楣上对应的安装孔。按下门顶部的弹簧销并推机柜门上端，弹簧销会自动弹出并插入顶部相应的安装孔。检验门上端的弹簧销和门下端的轴销，确保安装到位。最后安装侧门、前后门等电位线，如图 5-14 和图 5-15 所示。

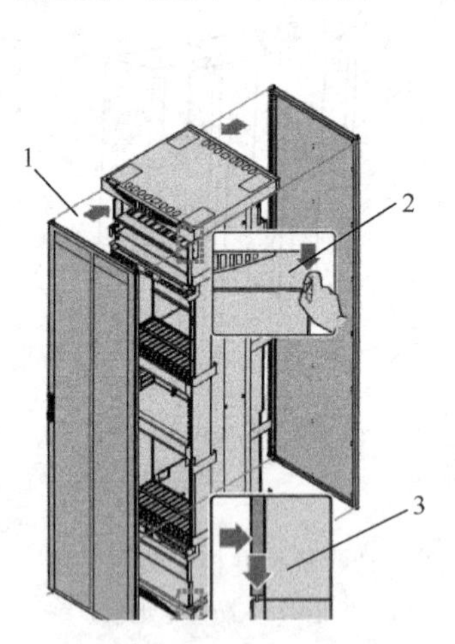

图 5-14　前、后门安装示意图

1—门楣；2—弹簧销；3—门楣销

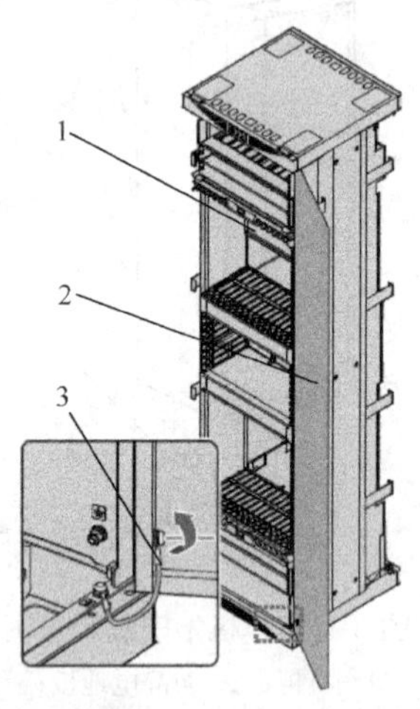

图 5-15　机柜接地线安装示意图

1—机柜；2—前门；3—机柜接地线

（8）安装机柜铭牌

1）取出机柜铭牌，选择门楣位置。

2）撕去铭牌背面的贴纸，将铭牌粘贴在机柜前门左侧门上部的长方形凹块位置。

（9）机柜/机架安装要求

1）机柜安装前必须检查机柜排风设备是否完好，设备托板数量是否齐全以及滑轮、支撑柱是否完好等。

2）机柜型号、规格和安装位置，应符合设计要求。

3）机柜安装垂直偏差度应不大于3mm，水平误差不应大于2mm。机柜并排安装时，面板应在同一平面上并与基准线平行，前后偏差不得大于3mm；两个机柜中间缝隙不得大于3mm。对于相互有一定间隔而排成一列的设备，其面板前后偏差不得大于5mm。

4）机柜的各种零件不得脱落或碰坏，漆面如有脱落应予以补漆，铭牌和标志应完整、清晰。

5）机柜安装应牢固，有抗震要求时，按设计图纸的抗震设计进行加固。

6）机柜不能直接安装在防静电活动地板上，按设备的底平面尺寸制作安装支架，安装支架直接与水泥地面固定，机柜固定在安装支架上，然后铺设防静电活动地板。

7）安装机柜面板后，架前应预留800mm空间，机柜背面离墙距离应大于机柜深度的尺寸。

8）机柜内的设备、部件的安装，应在机柜定位完毕并固定后进行。

9）机柜上的固定螺栓、垫片和弹簧垫圈均应按要求紧固不得遗漏。

10）机柜安装完毕应做好标识，标识应统一、清晰、美观。柜体进出线缆孔洞应采用防火胶泥封堵。做好防鼠、防虫、防水和防潮处理。

2. 常见弱电设备在19寸机架（柜）安装

（1）安装方式选择

在19英寸标准机柜安装弱电设备，安装方式分为以下四种：

1）前挂耳安装；

2）前挂耳和托盘配合安装；

3）前挂耳和后挂耳配合安装；

4）前挂耳和滑道配合安装。

安装方式的选择与弱电设备的长度、宽度相关，具体安装方式选择参见表 5-1。

弱电安装方式选择表　　表 5-1

弱电设备宽度	前挂耳安装	前挂耳和托盘配合安装	前挂耳和后挂耳配合安装	前挂耳和滑道配合安装
300mm	✓	✓	—	✓
360mm	—	✓	✓	✓
420mm	—	✓	✓	✓

说明：当弱电设备的宽度大于 300mm 时，前挂耳只对设备起固定作用，不能用来承重。

（2）挂耳安装

设备挂耳安装需要的基本部件主要有挂耳和滑道，挂耳外观如图 5-16 和图 5-17 所示。

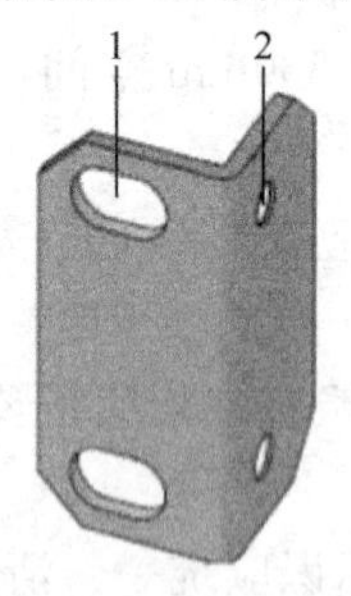

图 5-16　前挂耳外观示意图

1—前挂耳与机柜固定的螺钉孔（选用 M6 螺钉，非标配）；2—前挂耳与交换机固定的螺钉孔

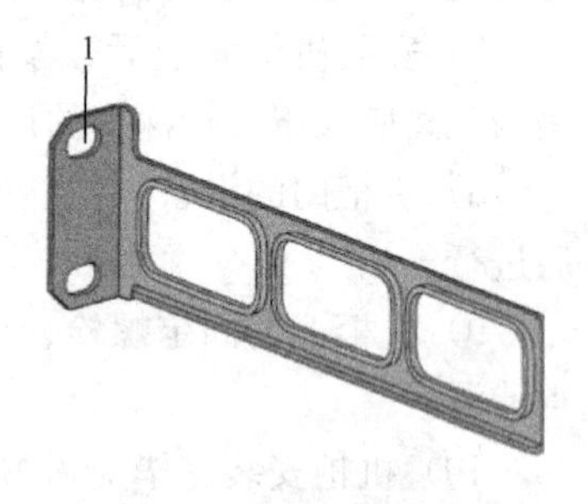

图 5-17　后挂耳外观示意图

1—后挂耳与机柜固定的螺钉孔（选用 M6 螺钉，非标配）

滑道为选购部件，应根据安装设备尺寸按照表 5-1 选择。其

外观如图 5-18 所示。

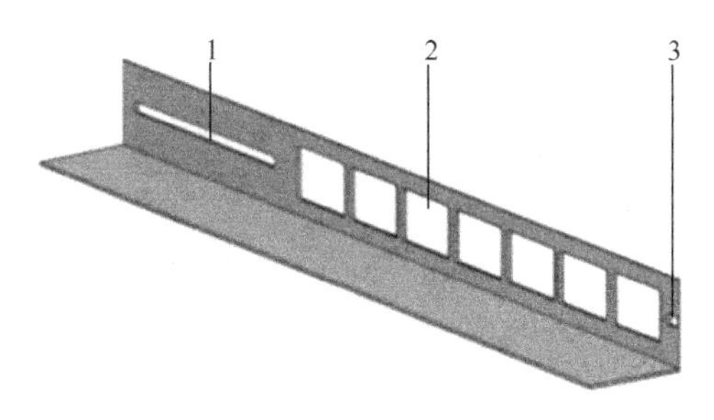

图 5-18 滑道外观示意图

1—腰形孔 1，滑道与机柜后立柱固定的螺钉孔，可以根据弱电设备的位置对该螺钉孔的螺钉位置进行调整；2—散热孔，用于弱电设备和机柜之间散热；3—腰形孔 2，滑道与机柜前立柱固定的螺钉孔

（3）前挂耳安装

1）佩戴防静电手腕（需确保防静电手腕与皮肤良好接触，确认防静电手腕已经良好接地），并检查机柜接地与稳定性良好（其他安装方式在安装前也需做好这一步准备工作）。

2）取出螺钉（与前挂耳配套包装），将前挂耳的一端安装到交换机上，如图 5-19 所示。

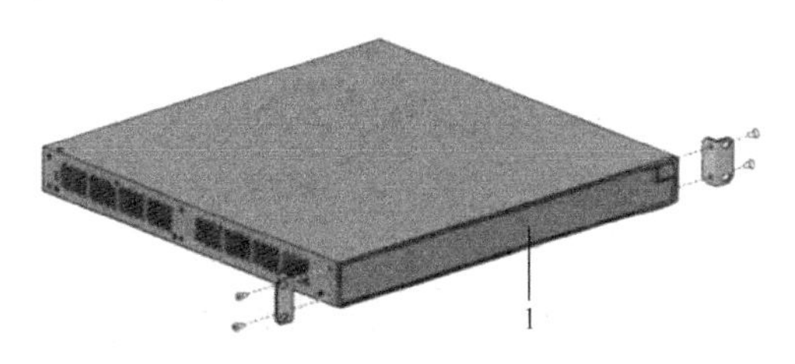

图 5-19 滑道外观示意图

1—弱电设备前面板

3）将设备水平放置于机柜适当位置，通过 M6 螺钉和配套的浮动螺母，将前挂耳的另一端固定在机柜前方孔条上，如图 5-20 所示。

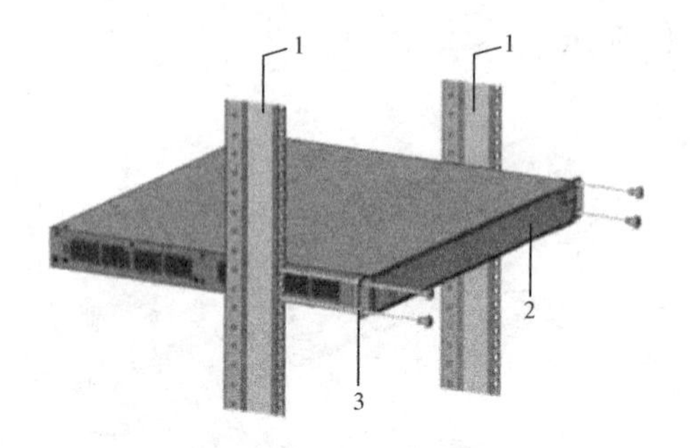

图 5-20　前挂耳安装示意图

1—机柜前方孔条；2—弱电设备前面板；3—前挂耳

（4）前挂耳和托盘配合安装

1）将机柜附带的托盘水平固定到机柜的适当位置。

2）取出螺钉（与前挂耳配套包装），将前挂耳的一端安装到弱电设备上，如图 5-20 所示。

3）将弱电设备水平放置于托盘上，沿托盘轻推入机柜，通过螺钉和配套的浮动螺母，将前挂耳的另一端固定在机柜的前方孔条上。

（5）前挂耳和后挂耳配合安装

1）取出螺钉（与前挂耳配套包装），将前挂耳的一端安装到设备上。

2）取出承重螺钉（与后挂耳配套包装）并将其安装至弱电设备侧面上方的合适位置，如图 5-21 所示。

3）选择弱电设备在机柜上的安装位置，用 M6 螺钉和配套的浮动螺母将后挂耳固定在机柜的后方孔条上，如图 5-22 所示。

4）左手托住弱电设备底部，右手抓住弱电设备前部，将弱电设备轻推入机柜，如图 5-23 所示。

弱电设备推入后，要保证固定在机柜上的后挂耳的上沿和固定在弱电设备上的承重螺钉紧密接触。

5）通过 M6 螺钉和配套的浮动螺母，将前挂耳的另一端固定在机柜的前方孔条上，保证前挂耳和后挂耳将弱电设备稳定地

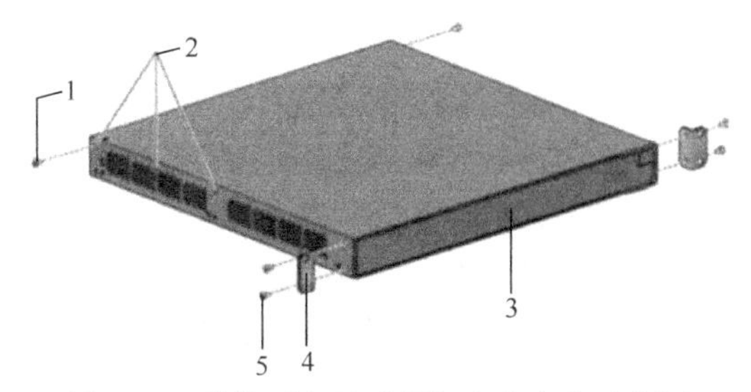

图 5-21　前挂耳和承重螺钉配合安装示意图

1—承重螺钉；2—承重螺钉安装位置（可根据实际需求选择其一）；3—弱电设备前面板；4—前挂耳；5—固定前挂耳到弱电设备的螺钉（与前挂耳配套包装）

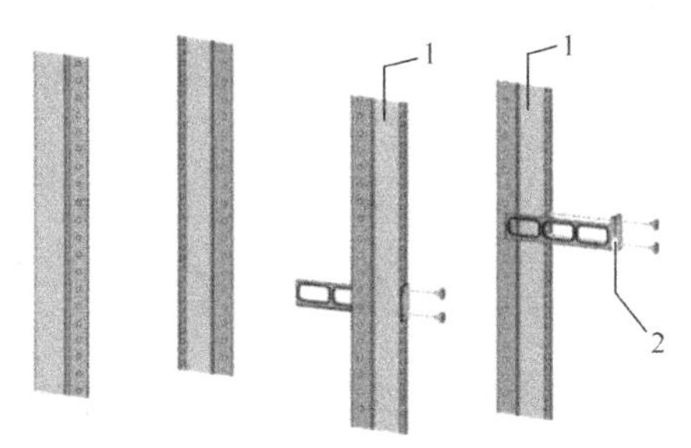

图 5-22　后挂耳安装示意图

1—机柜后方孔条；2—后挂耳

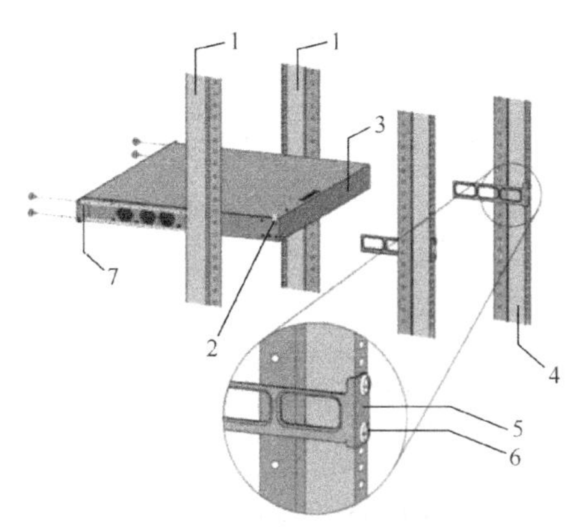

图 5-23　前挂耳和后挂耳配合安装示意图

1—机柜前方孔条；2—承重螺钉；3—弱电设备后面板；4—机柜后方孔条；5—后挂耳；6—固定后挂耳到后方孔条上的 M6 螺钉；7—前挂耳

固定在机柜上。

（6）前挂耳和滑道配合安装

1）取出螺钉（与前挂耳配套包装），安装前挂耳的一端到弱电设备上，如图 5-24 所示。

2）通过 M5 自攻螺钉将滑道安装到机柜两侧的立柱上，如图 5-24 所示（下图仅供参考，请根据机柜的实际情况进行安装）。

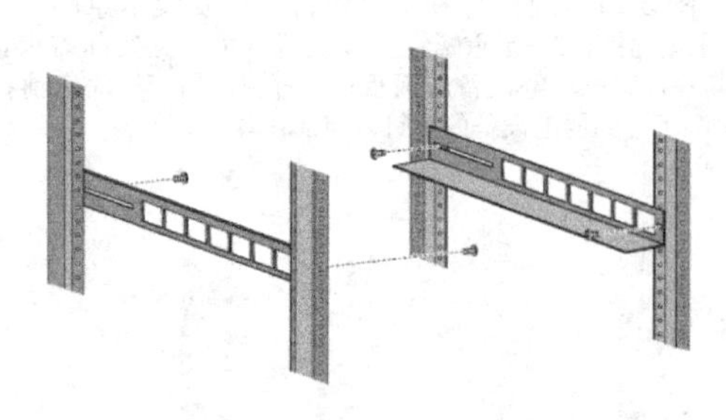

图 5-24　滑道安装示意图

3）左右手分别抓住弱电设备的两侧，根据实际情况，将弱电设备沿机柜滑道轻轻推入机柜至合适位置，如图 5-25 所示。需要注意的是：弱电设备推入后，保证固定在机柜上的滑道的下折边与弱电设备的底部紧密接触。

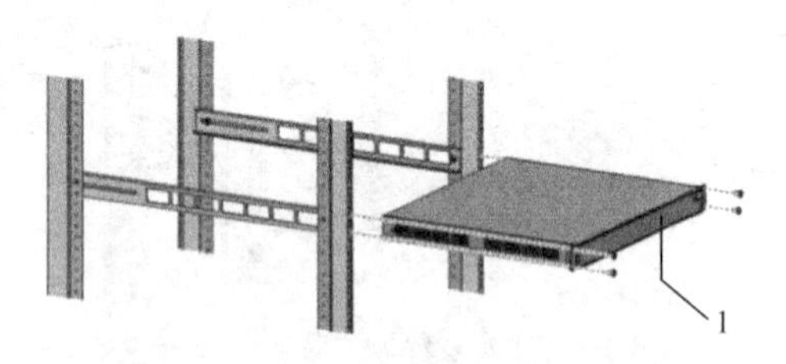

图 5-25　前挂耳和滑道配合安装示意图

1—交换机前面板

4）通过 M6 螺钉和配套的浮动螺母，将前挂耳的另一端固定在机柜的前方孔条上，保证前挂耳和滑道将交换机稳定地固定在机柜上。

(7) 连接保护地线

电源输入端，接有噪声滤波器，其中心地与机箱直接相连，称作机壳地（即保护地），此机壳地必须良好接地，以使感应、泄漏电能够安全流入大地，并提高整机的抗电磁干扰能力。根据设备所处不同安装环境，安装人员选择适当的接地方式。

1）设备的接地螺钉和接地孔位于机箱后面板，并有接地标识。

2）将设备的黄绿双色保护接地电缆一端接至设备的保护地接地孔上。

3）取下设备机箱后面板的接地螺钉。

4）将设备随机附带的接地线的 OT 端子套在机箱接地螺钉上。

5）将套了 OT 端子的接地孔连接螺钉安装到接地孔上，并用螺丝刀拧紧，如图 5-26 所示。

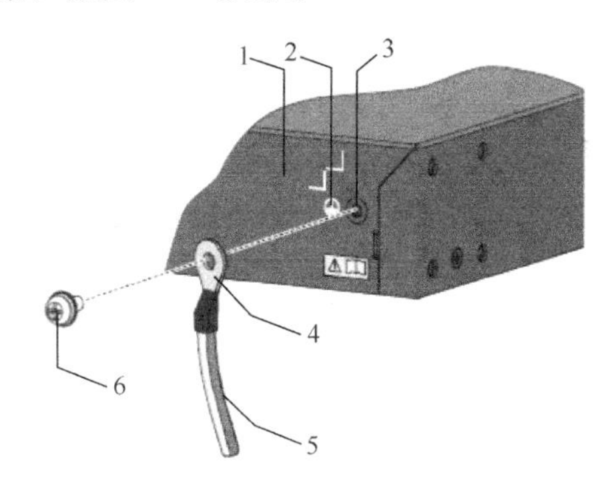

图 5-26 连接保护地接线到交换机的接地孔

1—交换机后面板；2—接地标识；3—接地孔；4—保护接地电缆的 OT 端子；5—保护接地电缆；6—接地螺钉

6）根据设备与接地排的距离，截取合适长度的保护接地线缆。

7）用剥线钳剥掉约 5mm 长的绝缘胶皮，将露出的金属丝穿过黑色绝缘保护套，插入 OT 端子尾部。

8）用压线钳将金属丝与 OT 端子尾部加紧固定，并用黑色绝缘保护套将接触点密封。

9）将 OT 端子套在接地排的接地柱上，用六角螺母将接地线紧固在接地柱上，如图 5-27 所示。

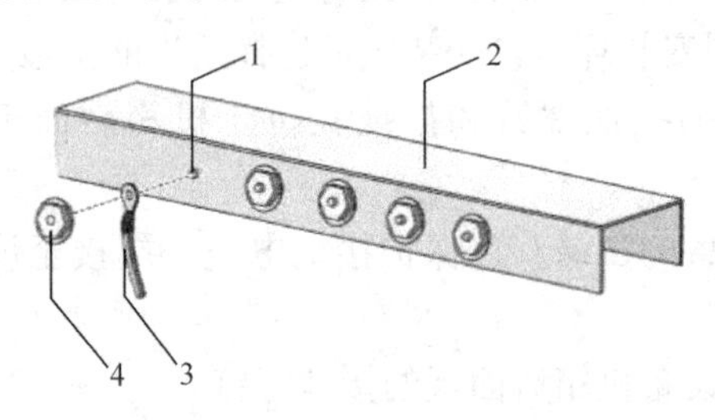

图 5-27　连接保护地接线到接地排

1—接地柱；2—接地排；3—保护接地电缆；4—六角螺母

（二）地（顶）面安装

常见顶面安装的弱电设备主要有卫星接收天线、开路天线、时钟系统 GPS 接收天线等，常见的地面安装设备主要有室外弱电箱、速通门道闸、停车场控制器、室外立杆等。

1. 卫星接收天线安装

（1）位置选择

1）接收现场要满足开阔空旷的条件，应避开接收电波传输方向上的遮挡物和周围的金属构件，并避开一些可能造成干扰的因素，例如：高压电力线、电梯机房、飞机航道、微波干扰带、工业干扰等，且不要离公路太近。

2）卫星接收天线安装位置亦可选择在无遮挡的地面，既可利用建筑物阻挡微波干扰路径，又可以降低卫星接收天线在屋顶的风荷载，提高系统安装的安全性。

（2）天线安装

1）应严格按照设计图纸和产品说明书进行操作。

2）若天线位于建筑物避雷针保护范围之内，则天线无须再设避雷针；若位于保护范围之外，可在主反射面上沿和副反射面顶端各安装一个避雷针，其高度应覆盖整个主反射面或单独安装避雷针，其安装高度应确保天线置于其保护范围之内，如图5-28所示。避雷针接地应有独立走线，严禁避雷针接地与室内接收设备接地线共用。

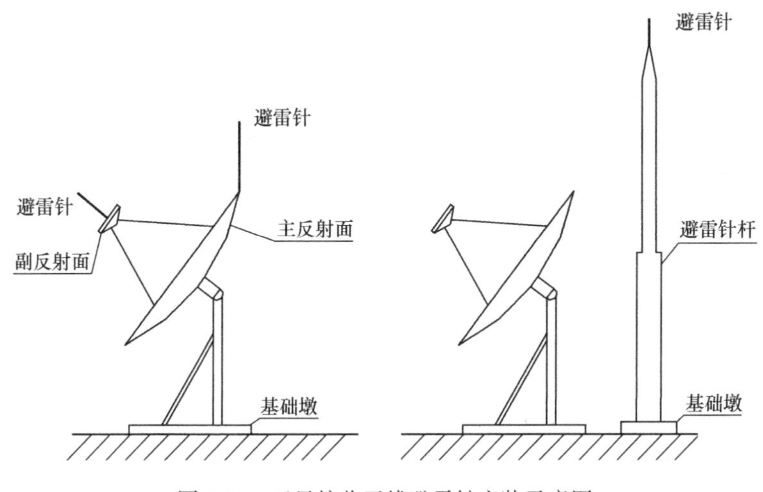

图5-28 卫星接收天线避雷针安装示意图

3）天线基础。根据设计图纸和天线厂家提供的产品资料，并根据天线的自重和风荷载等指标，在结构施工过程中预埋基础螺栓件和基础钢板，并应保证各基础墩的平面高度一致。

4）立柱吊装。校准预埋螺栓的尺寸和位置后，先将天线立柱吊装，固定在预埋螺栓上，并采用平垫圈、弹簧垫圈及双母进行紧固，螺栓暴露部分要均匀涂抹黄油，防止金属件生锈。

5）天线面拼装。根据出厂编号顺序进行拼装，拼装过程中螺丝不应一次紧固，待天线面全部拼装完毕后，统一进行紧固，以防止在安装过程中对天线面的损坏，影响精度。

6）天线面的整体吊装。将拼装好的天线面整体吊装在已安装好的天线主柱，并用螺栓连接。在拼装过程中应注意吊装的承重点固定在天线面的骨架上，防止在吊装过程中承重中心的偏离，造成天线面倾斜或损坏天线面。

（3）接地线制作

用4mm×25 mm的扁钢或不小于10mm的圆钢将天线主杆、基座与建筑物联合接地网连接为一体。

（4）安装要求

1）在屋面安装天线、立杆时，不得损坏建筑物、屋面防水及装修，并保持现场清洁。

2）室外的器件和设备应做防水处理。

3）为了减少高频干扰、交流电干扰和防止雷击，器件金属外壳要求屏蔽接地，全部连通，良好接地。

2. 室外弱电箱的安装

室外弱电箱地面安装方式常见有室外弱电配电箱、室外设备箱、室外接线箱等。一般箱体尺寸超过500mm（W）×400mm（H）×200mm（D）时应采用落地式安装。

（1）安装位置选择

1）应选择地势较高，不受洪水影响，地形平坦、土质稳定，有建手孔和室外箱体基座的条件并能与人孔沟通的地点。

2）高压走廊和电磁干扰严重的地方，强雷击或有剧烈振动和冲击源的地方，易于淹没的洼地等不适宜安装室外箱体。

（2）基座制作

1）落地安装室外箱体常采用混凝土基座，一般要求基座承载负荷不小于6kN/m^2。

2）基座尺寸可参照箱体外部规格尺寸来确定，长、宽宜超出箱体外形尺寸50mm。基座的平面应高于历史最高水位不少于100mm。基座平面水平度偏差不大于千分之三。

3）浇筑基座应预埋电源线、光电缆，引入管孔至基座内的上线槽。

4）地线的安装应与基础建造同步实施，应采用镀锌扁铁将地线系统的水平接地体延伸至基座内的上线槽，露出端有

ϕ10mm 的连接孔。

5）箱体底部应与基座加固，连接固定点不得裸露在外。箱体与基座之间的缝隙应采用防水材料封堵。如图 5-29、图 5-30 所示。

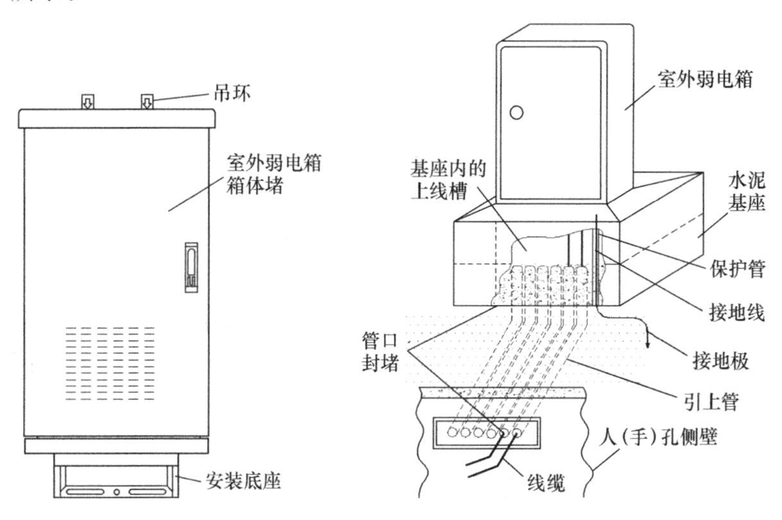

图 5-29　室外弱电箱构成示意图　　图 5-30　室外弱电箱基座安装示意图

(3) 箱体安装

1）在水泥墩上用螺栓固定室外弱电箱底座。

2）将弱电箱吊装到底座上锁紧螺钉，最后接好地线。

3）安装完成后，在弱电箱适当位置做好铭牌，标识清晰。

(4) 安装要求

1）不允许使用无防松装置的螺纹连接作为结构和承载连接。固定箱体地脚螺栓应采用热浸镀锌的螺栓。

2）一般箱体重量超过 90kg 时，出厂均配置提吊装置（如吊环），在安装说明中明确规定起吊要求。起吊装置时，确保机箱在移动过程中平稳、平衡。

3）室外弱电箱应做好防腐蚀、防水、防凝露、防尘、防风、防雷等措施。

4）避免在安装过程中产生可能造成人身安全隐患的缺陷，诸如锋边、毛刺等。

5）弱电箱的金属部分应互连并接至接地排，任意两点之间的连接电阻应小于 0.1Ω。

6）室外弱电箱应设置警告标识，在对设备正常操作过程中，操作者应该清晰地看到这些标识。

（三）墙 面 安 装

墙面安装一般又可分为嵌墙安装、墙面明装、墙面支架安装等方式。

嵌墙安装也叫暗装，主要包括各类信息面板，如网络/电话信息面板、有线电视信息面板、开门按钮、电源插座面板、灯控开关、调音按钮等。小型弱电箱也常见嵌墙暗装，如配电箱、家居配线箱、CP 箱等。

墙面明装主要包括各类信息面板，如：网络/电话信息面板、有线电视信息面板、出门按钮、电源插座面板、灯控开关、调音按钮等；小型弱电箱，如配电箱、家居配线箱、CP 箱、DDC 控制箱等；室内对讲分机、报警操作键盘、读卡器等。

墙面支架安装的设备主要包括摄像机、探测器、壁挂音箱等。

1. 信息面板的安装

（1）安装方式有暗装、明装，如图 5-31 所示。

（2）安装步骤

1）将线缆从线管中通过进线孔拉入到信息插座底盒中；

2）为便于端接、维修和变更，线缆从底盒拉出后预留约 15cm 长度，将多余部分剪去；

3）端接线缆到信息面板；

4）将容余线缆盘于底盒中；

5）合上面板，紧固螺钉，插入标识，完成安装。

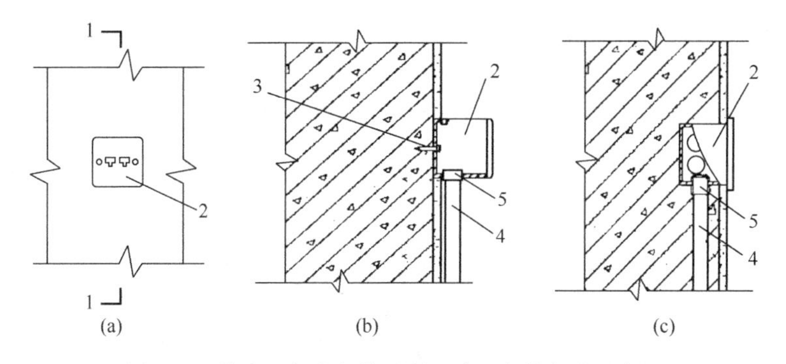

图 5-31　信息面板在钢筋混凝土墙上安装方式示意图

（a）信息面板墙装示意图；（b）明装（1-1 剖面）；（c）暗装（1-1 剖面）

1—信息插座面板；2—信息插座接线盒；3—水泥钢钉；4—保护管；5—护口

（3）安装要求

1）接线盒一般采用 86 系列，接线盒外形尺寸、安装位置由工程设计确定，尽量与其他面板底边平齐。

2）底盒和线管在墙面施工时应预埋好。

3）如果信息面板安装在轻质隔墙上，须在石膏板安装前增加加强龙骨，其四边应与加强龙骨焊接，每边焊点不少于 2 处。

4）在拧螺钉时，应注意调整面板与墙面平齐，确保面板两底角的高差不超过 2mm。盖上面板，检查面板是否平行，如果安装不当，应立即调整。

2. 小型弱电箱的安装

（1）测量定位

根据设计图纸确定弱电箱安装位置，并按照弱电箱的外形尺寸进行弹线定位，同时应与附近其他箱体底边对齐。

（2）安装方式有暗装、明装，如图 5-32 所示。

1）明装弱电箱

① 固定螺栓安装

在混凝土墙或砖墙上采用金属膨胀螺栓固定弱电箱。首先根据弹线定位和打孔模板确定固定点位置，用冲击钻在固定点位置处钻孔，其孔径及深度应刚好将金属膨胀螺栓的胀管部分埋入，且孔洞应平直不得歪斜。

② 弱电箱箱体固定

根据不同的固定方式，把箱体固定在紧固件上。在木结构上固定配电箱时，应采用相应防火措施。管路进明装配电箱的做法如图 5-32（b）所示。

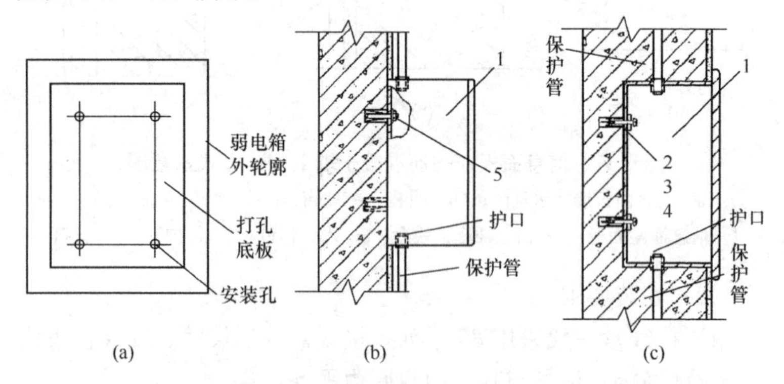

图 5-32 弱电箱在钢筋混凝土墙上安装方式示意图

（a）弱电箱安装底板开孔示意图；（b）明装示意图；（c）暗装示意图

1—弱电箱箱体；2—木螺钉；3—塑料胀管；4—垫圈；5—膨胀螺栓

2）暗装弱电箱

① 在现浇混凝土剪力墙内安装弱电箱时，应设置弱电箱预留洞。

② 将箱体放入洞内找好标高和水平位置，并将箱体固定好。用水泥砂浆填实周边，并抹平。待水泥砂浆凝固后再安装盘面。如箱底保护层厚度小于 30mm，应在外墙固定金属网后再做墙面抹灰。不得在箱底板上直接抹灰。管路进配电箱的做法如图 5-32（c）所示。

③ 在二次墙体内安装配电箱时，可将箱体预埋在墙体内。

（3）绝缘测试

弱电箱安装完毕后，用 500V 兆欧表对线路进行绝缘摇测，绝缘电阻值不小于 1Ω。

（4）安装要求

1）安装位置由工程设计确定，现场定位时，应与其他箱体底边平齐。

2）保护管入箱顺直，排列间距均匀，管端在箱内露丝扣为2～3扣，用锁母内外锁紧，做好接地，如图5-33所示。

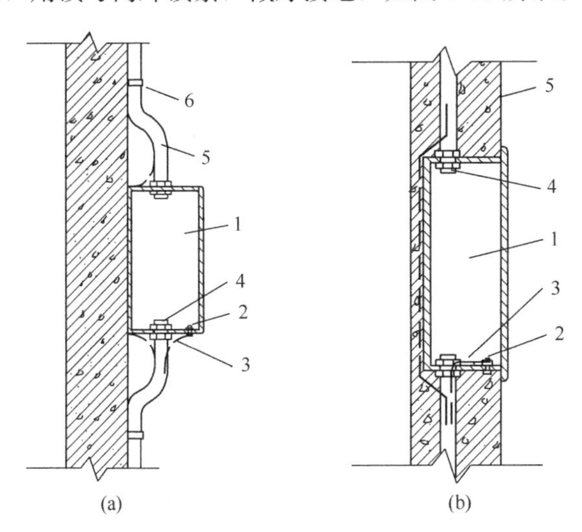

图5-33　弱电箱保护管和接地线安装示意图

（a）弱电箱明装示意图；（b）弱电箱暗装示意图

1—弱电箱箱体；2—接地螺栓；3—接地线；4—护口；5—保护管；6—卡子

3）安装盘面要求平整，周边间隙均匀对称，不歪斜，螺钉垂直受力均匀。

4）如弱电箱安装在轻质隔墙上，须在石膏板安装前增加加强龙骨，将弱电箱直接固定在加强龙骨上，确保安装牢固。

3. 墙面安装

（1）墙面直接安装

1）安装步骤

① 壁挂式墙面直接安装设备可用于室内、室外环境的硬质墙壁结构，墙壁的厚度应足够安装膨胀螺钉，墙壁至少能承受4倍设备的重量。

② 按照设计图纸及设备安装说明在墙壁上定位，以设备底座或安装底板的安装孔为模板，在墙壁上画出打孔位置，并打孔，如图 5-34 所示。

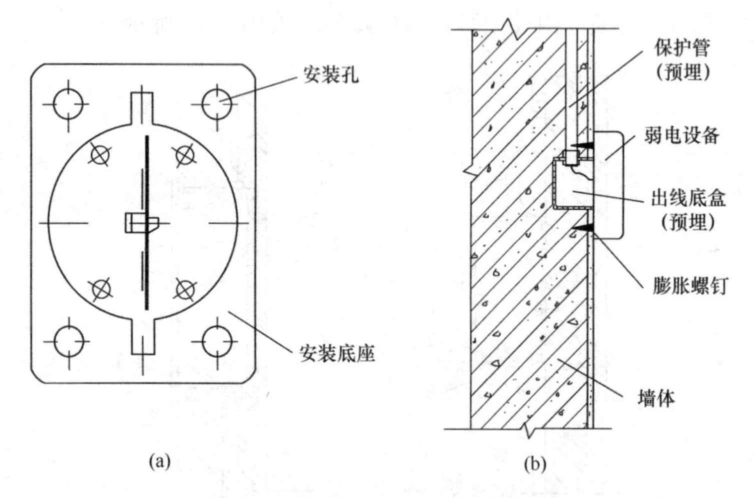

图 5-34　弱电设备墙面直接安装示意图

(a) 底座安装示意图；(b) 墙面直接安装示意图

③ 用膨胀螺钉将弱电设备固定好，并调平。

④ 按设备说明书端接好线缆，安装好设备，并做好标识。

2）安装要求

① 弱电设备安装位置由工程设计确定，并按照相关规范、图集和设计要求调整好方向。

② 如果弱电设备安装在轻质隔墙上，须在石膏板安装前增加加强龙骨，设备底座直接固定在加强龙骨上，并确保安装牢固。

③ 在固定设备底座、底板时，需调整与墙面平齐。

（2）墙面支架安装

1）安装步骤

① 墙面支架安装弱电设备可用于室内、室外环境的硬质墙壁结构，墙壁的厚度应足够安装膨胀螺钉，墙壁至少能承受 4 倍

弱电设备的重量。

② 按照设计图纸及设备安装说明在墙壁上定位，以壁挂支架底面的安装孔为模板，在墙壁上画出打孔位置，并打孔，如图 5-35 所示。

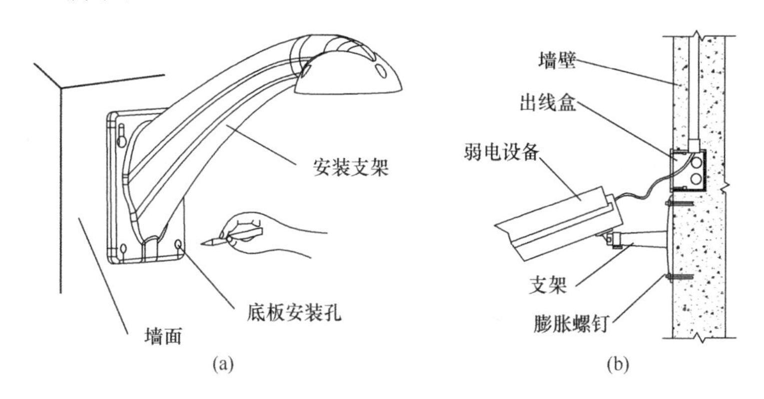

图 5-35 弱电设备墙面支架安装示意图
(a) 弱电设备墙面支架安装示意图（一）；
(b) 弱电设备墙面支架安装示意图（二）

③ 用膨胀螺钉将壁挂支架固定好，并调平。

④ 按设备安装说明书将设备安装固定于支架上，如图 5-36 所示。

⑤ 按设备说明书端接好线缆，安装好设备，并做好标识。

2）安装要求

① 弱电设备安装位置由工程设计确定，并按照相关规范、图集和设计要求调整好方向。

② 如果弱电设备安装在轻质隔墙上，须在石膏板安装前增加加强龙骨，设备支架直接固定在加强龙骨上，并确保安装牢固。

③ 在固定支架时，需调整支架底座与墙面平齐。

④ 当在室外安装时，装饰板与安装支架之间应做防水处理，如用防水胶密封。

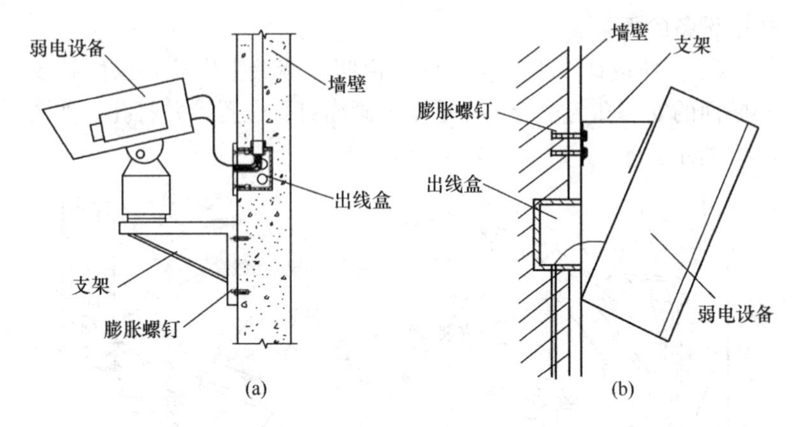

图 5-36　弱电设备墙面安装示意图

(a) 弱电设备墙面安装示意图（一）；(b) 弱电设备墙面安装示意图（二）

（四）桌 面 安 装

桌面安装分为直接放置在工作台面上和工作台面嵌入式安装方式。

直接放置在工作台面上一般包括工作站（计算机）显示设备、鼠标、打印机、广播呼叫站、调音台等。

工作台面嵌入式安装方式一般包括会议话筒、广播呼叫站、调音台等。

1. 直接放置在工作台面上

（1）安装步骤

1）将弱电设备放置在工作台面上，调整设备位置和方向，以方便日常操作。

2）按设备说明书端接好线缆，做好标识。

（2）安装要求

1）保证工作台的平稳性与良好接地。

2）弱电设备四周留出 10cm 空间，以便设备散热、维护和使用。

3）同类设备、同一区域桌面直接放置安装时，应排列均匀，成行、成线，保持高度一致，平整稳固。

2. 台面嵌入式安装方式

（1）安装步骤

1）工作台面嵌入式安装开孔一般在工作台生产加工过程中完成，按照弱电设备开孔尺寸图纸和模板进行开孔，如图 5-37 所示。

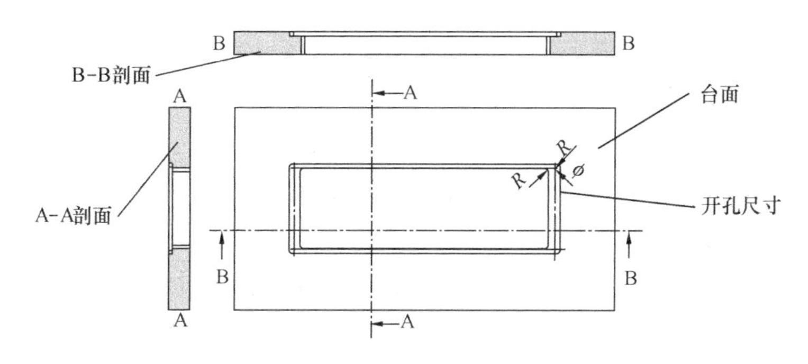

图 5-37 弱电设备桌面开孔示意图

2）按设备安装说明书将设备固定于安装支架、托板上或设备安装盒内。

3）将固定一体的带有设备的支架、托板或安装盒嵌入到桌面已开好的孔内并按说明书要求用螺钉固定于工作台上。

4）按设备说明书端接好线缆，并做好标识，如图 5-38 所示。

（2）安装要求

1）安装位置由设计图纸确定，确保使用方便。

2）保证工作台的平稳性与良好接地。

3）安装完成面，弱电设备边缘部分应与桌面平齐，不能有缝隙，不允许有破口。

4）同类设备、同一区域桌面嵌入式安装完成后排列均匀，成行、成线，保持高度一致，平整牢固。

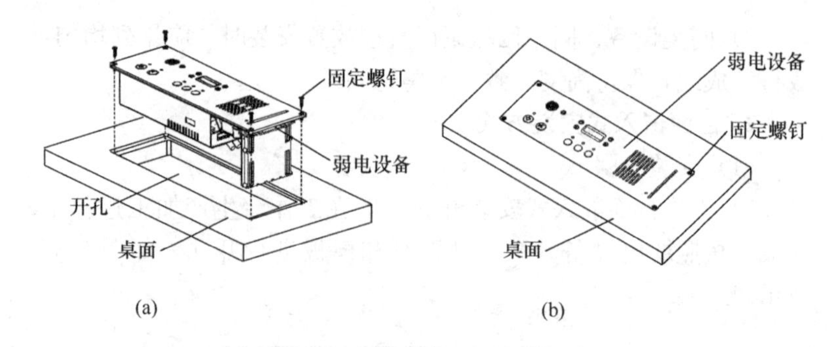

图 5-38 弱电设备桌面嵌入安装示意图

(a) 弱电设备桌面嵌入安装示意图（一）；(b) 弱电设备桌面嵌入安装示意图（二）

（五）顶 下 安 装

顶下安装分为吸顶安装、吊顶嵌入式安装、顶板下吊装等方式。吸顶安装常见有半球摄像机，报警探测器，感温、感烟等火灾探测器等。吊顶嵌入式安装有室内快球摄像机，吸顶音箱等。顶板下吊装方式常见有吊装快球摄像机、枪式摄像机等。

1. 吸顶安装

（1）安装方式

吸顶安装一般又可分为吊顶下吸顶安装和顶板下吸顶安装，如图 5-39 所示。

（2）安装步骤

1）吸顶安装可用于室内、室外环境的硬质吊顶或顶板（楼板），吊顶的厚度应足够安装膨胀螺钉，吊顶至少能承受 4 倍弱电设备的重量。

2）按照设计图纸及设备安装说明在吊顶或顶板上定位，以设备底座的安装孔为模板，在吊顶或顶板上画出打孔位置，并打孔，如图 5-39 所示。

3）用膨胀螺钉将设备底座固定好，并调平。

4）按设备说明书安装好设备，端接好线缆，并做好标识。

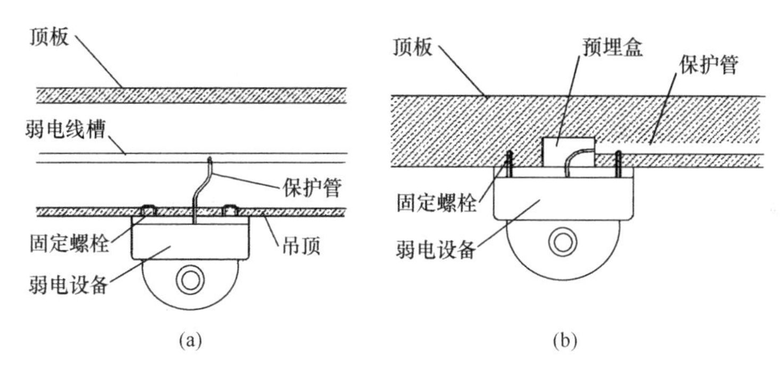

图 5-39 吸顶安装示意图
(a) 吊顶吸顶安装示意图；(b) 顶板吸顶安装示意图

(3) 安装要求

1) 弱电设备安装位置由工程设计确定，并按照相关规范、图集和设计要求调整好方向。

2) 如果弱电设备安装在轻质吊顶上，须在吊顶安装前增加加强龙骨，设备底座直接固定在加强龙骨上，并确保安装牢固。

3) 在固定底座时，需调整底座与吊顶平齐。

2. 吸顶嵌入式安装

(1) 安装步骤

1) 吸顶嵌入式安装可用于硬质吊顶，吊顶的厚度应足够安装膨胀螺钉，吊顶至少能承受 4 倍弱电设备的重量。

2) 按照设计图纸及设备安装说明在吊顶上定位，以设备底座的安装孔为模板，在吊顶上画出开孔位置，并开孔，如图 5-40所示。

3) 用螺钉将设备安装支架固定好，并调平，然后安装设备底座。

4) 按设备说明书安装好设备，端接好线缆，并做好标识。

(2) 安装要求

1) 安装位置由工程设计确定，并按照相关规范、图集和设计要求调整好方向。

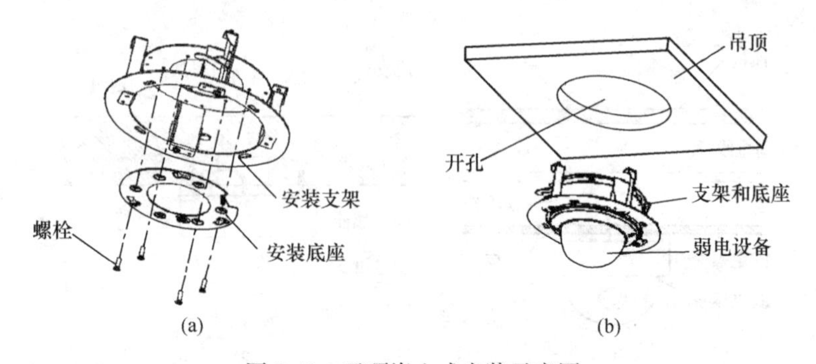

图 5-40 吸顶嵌入式安装示意图
(a) 吊顶嵌入式安装支架示意图；(b) 吊顶嵌入式安装开孔示意图

2）如果弱电设备安装在轻质吊顶上，须在吊顶安装前增加加强龙骨，设备支架和底座直接固定在加强龙骨上，并确保安装牢固。

3）在固定底座时，需调整底座与吊顶平齐。

4）考虑到天花板的强度一般都不高，宜采用安全绳将嵌入式支架与顶板或其他固定设施相连接。

3. 顶板下吊装

（1）安装步骤

1）按照设计图纸及设备安装说明在顶板上定位，以设备吊架底座的安装孔为模板，在顶板上画出打孔位置，并打孔，如图 5-41 所示。

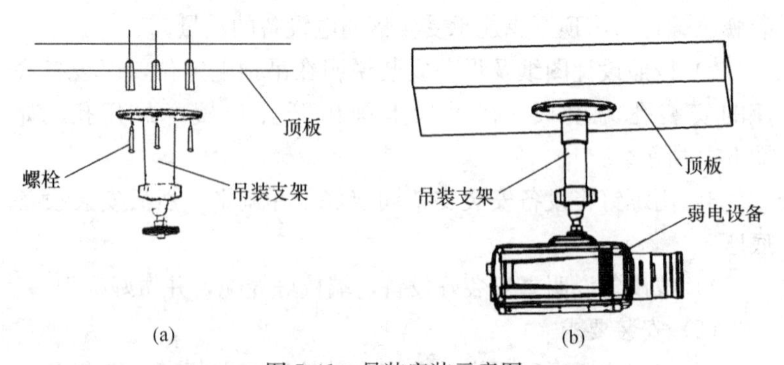

图 5-41 吊装安装示意图
(a) 吊装支架安装示意图；(b) 吊装设备安装示意图

2）用螺钉将设备固定，并调平。

3）按设备说明书要求将设备固定于吊架，端接好线缆，并做好标识。

（2）安装要求

1）弱电设备安装位置由工程设计确定，并按照相关规范、图集和设计要求调整好方向。

2）在固定支架时，需调整支架与顶板垂直。

（六）立 杆 安 装

1. 立杆安装

（1）常用立杆简介

立杆一般由立杆、连接法兰、造型支臂、安装法兰及预埋钢结构构成。常用的立杆主要有八角立杆、圆管立杆、等径立杆、变径立杆、锥形立杆、龙门架等，高度一般为 3～12m 不等，如图 5-42 所示。

（2）基础制作

1）预制混凝土构件及现场浇筑基础混凝土使用的沙、石或卵石应符合国家标准。水泥的质量应符合现行国家标准，其品种与标号应符合设计要求。

2）基础结构包含的具体材料有钢板、钢筋、C25 混凝土、碎石、穿线管、基础钢筋车丝，并配镀锌螺帽、平光垫圈和弹簧垫圈等，应按如图 5-42 方式配置和浇筑。

3）制作预制混凝土产品用水，应使用饮用水、塘水。除设计有特殊要求外，可只进行外观检查不做化验。水中不得含有油脂，不得使用海水。

4）基础养护时间不应少于 14 天，养护时应用麻袋、草席、锯末或沙石进行覆盖，并及时浇水养护，以保证混凝土具有足够湿润状态。

（3）杆件的吊装

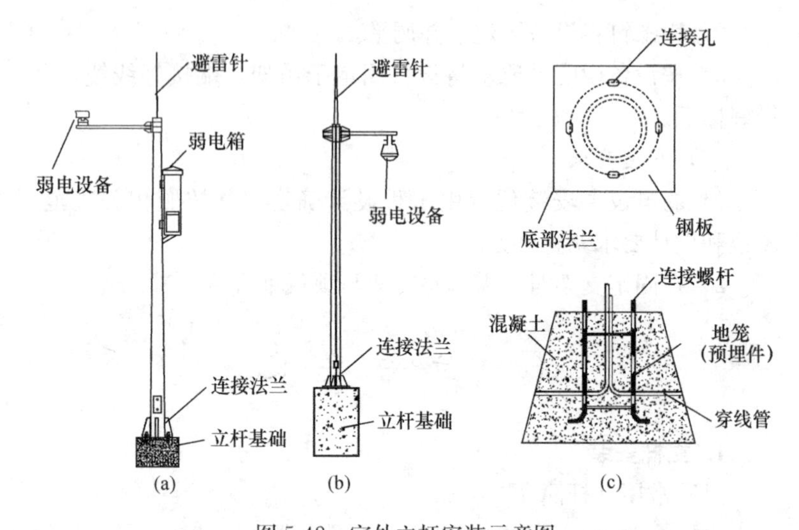

图 5-42　室外立杆安装示意图

(a) 带弱电箱的立杆；(b) 不带弱电箱的立杆；(c) 立杆基础

1）杆件组装时各构件的组合应牢固，交叉处有空隙的，应该装设相应厚度的垫圈或垫板。

2）螺杆应该与构件面垂直，螺栓头平面与构件间不应有空隙，螺母拧紧后，螺杆露出螺母的长度不应小于两个螺距。必须添加垫片者，每端不宜超过两个垫片。

3）螺杆和螺母均必须进行防锈处理，通常采用抹黄油或水泥浆覆盖。

4）杆件与部件组装有困难时，应查明原因，严禁强行组装。个别螺孔需要扩孔时，扩孔部分不应超过 3mm。当扩孔需超过 3mm 时，应先堵焊再重新打孔，并进行防锈处理。严禁用气割进行扩孔或烧孔。

5）竖立允许偏差：立柱的倾斜度小于 0.3%（全方位）。

6）水平允许偏差：横挑杆不得低垂，宜略微上扬，上扬角度小于 5°。

（4）接地体安装

1）接地体顶面埋设深度应符合设计规定。当无规定时，接地体顶面从基础坑底部向下不宜小于 0.6m。接地体引出线应选用 30×5 扁钢，其长度须高于基础坑深 0.3m。钢筋、角钢或钢管接地体应垂直配置，如图 5-43（a）所示。除接地体外，接地体引出线的垂直部分和接地装置焊接部位应作防腐处理。作防腐处理前，表面必须除锈并去掉焊接处残留的焊药。

2）水平接地体的间距应符合设计规定。当无设计规定时不宜小于 2m，如图 5-43（b）所示。

3）接地体敷设完毕后回填土内不应夹有石块和建筑垃圾等。外取的土壤不得有较强的腐蚀性。回填土时应分层夯实。

4）接地电阻应不大于 10Ω。

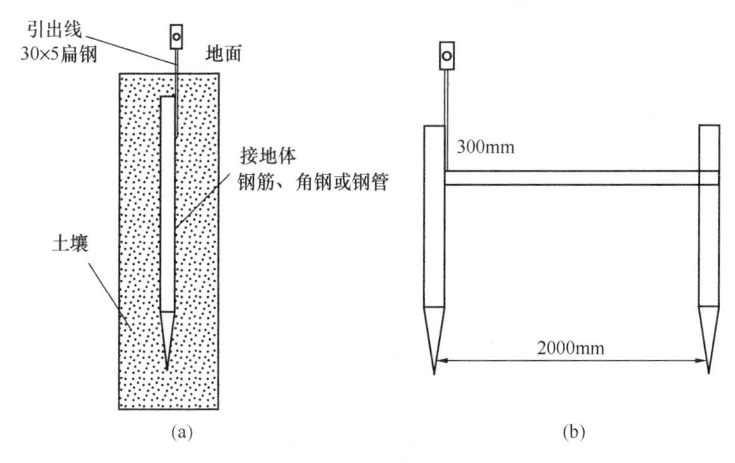

图 5-43　接地体结构示意图

（5）安装要求

1）应做好安全工作，安全措施要到位。

2）注意预埋件地脚螺栓的摆放方向，要与图纸相对应，对准立杆横臂所指的方向。

3）预埋件下坑后最上面底板要保持水平，可使用水平直尺进行校正。

4）地脚螺栓要做好保护，避免锈蚀和人为破坏。

5）紧固螺栓时要注意立柱下部法兰盘与混凝土基础完全接触，不能出现缝隙。必要时，螺母紧固后可再加一个螺母防止因振动而松动。

6）立杆直立后，使用经纬仪对杆两个方向垂直度做检验，垂直度偏差不超过0.5%。

2. 抱杆安装

立杆安装一般采用抱箍或扣件固定设备，采用立杆安装方式的弱电设备主要有室外摄像机、音箱、无线AP、室外弱电箱等。

（1）箱体抱杆安装步骤

1）将一组抱箍或扣件用螺栓安装在抱杆上端并紧固。

2）将另一组抱箍或扣件紧固于抱杆下端。

3）调节上下两组抱箍或扣件的间距为设备安装孔尺寸。

4）设备或设备箱背面的安装孔对准抱箍或扣件上的安装孔位。

5）用螺栓固定，安装示意图见图5-44、图5-45。

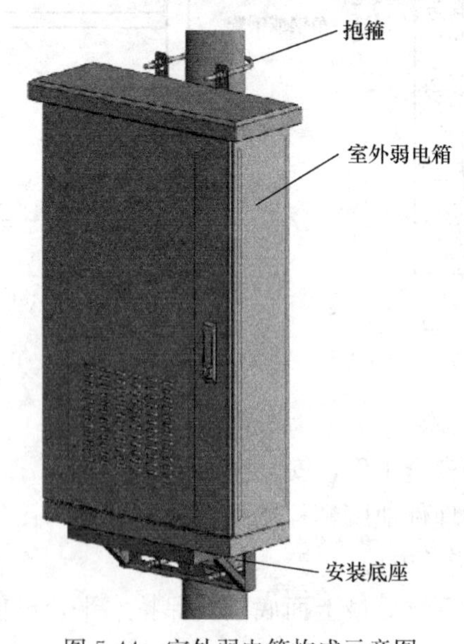

图5-44　室外弱电箱构成示意图

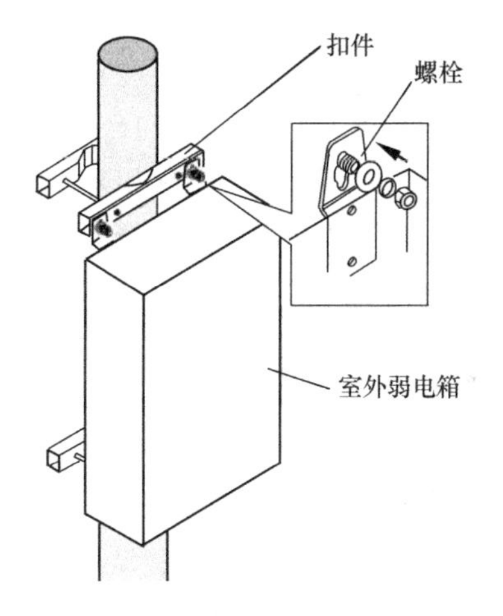

图 5-45　室外弱电箱基座安装示意图

（2）安装要求

1）避免信号线和地线/电源线相互交叉、缠绕，中间不能有接头。

2）严禁将交流电源线直接绑扎在铁件上，应采用保护管连接到弱电设备。

3）在固定设备时，需调整安装底座至垂直或水平，按相关规范、图集和设计要求调整好方向。

3. 立杆支架安装

（1）立杆支架安装步骤

1）将抱箍或扣件用螺栓装在抱杆或造型支壁上并紧固。

2）将设备支架安装到抱箍或扣件底座上。

3）将设备固定到安装支架上，如图 5-46、图 5-47 所示。

4）按设备安装说明书安装设备，端接线缆，并做

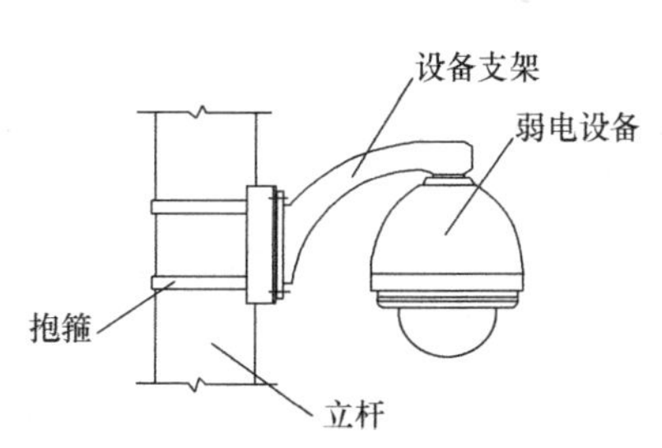

图 5-46　立杆支架安装示意图

好标识。

(2) 安装要求

1) 避免信号线和地线/电源线相互交叉、缠绕，中间不能有接头。

2) 严禁将交流电源线直接绑扎在铁件上，应采用保护管连接到弱电设备。

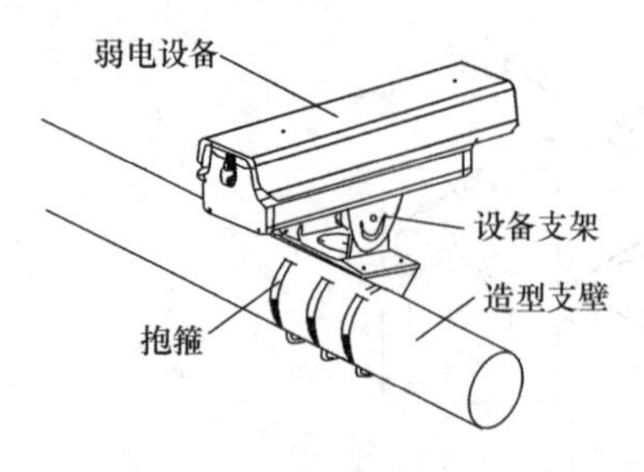

图 5-47 立杆支架安装示意图

3) 在固定设备安装支架时，需调整支架底座至垂直或水平，并按相关规范、图集和设计要求调整好方向。

(七) 底 座 安 装

底座主要有两个作用：一是承重；二是留出设备下进线空间。采用底座安装方式的设备有操作台、电视墙、中大型 UPS 及电池柜、精密空调、机柜（箱）等。

1. 操作台安装

(1) 操作台

操作台也称控制台，是弱电工程运营操作人员常用的一种专业办公桌，主要弱电设备都封闭在操作台内部，从而实现了整洁、美观、大气。操作台可分为直线形、弧形、L 形、U 形等。常用的平面直线形操作台可提供三个工作平面：一是显示设备或打印设备放置平面，二是键盘或（和）指示灯、按钮安装平面，三是写字台和鼠标操作平面。按工作席位区分有单联和双联两种型号，单联通常有 700mm 和 900mm 两种宽度，双联通常有 1200mm 宽度。

单联平面直线形操作台外形如图 5-48 所示，内部布局如图 5-49所示。

操作台内部，用于放置计算机或服务器主机，配备可供多个用电部件的多功能插座，也可以装双路电源切换装置，确保主机

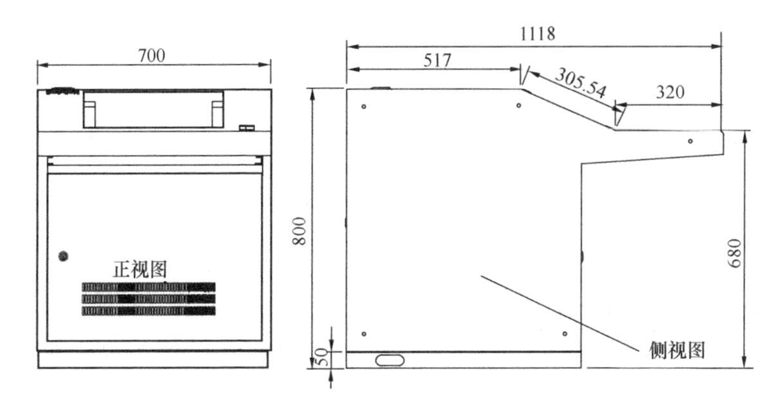

图 5-48　操作台样式尺寸示意图（单位：mm）

说明：图中为示例尺寸，仅供参考。

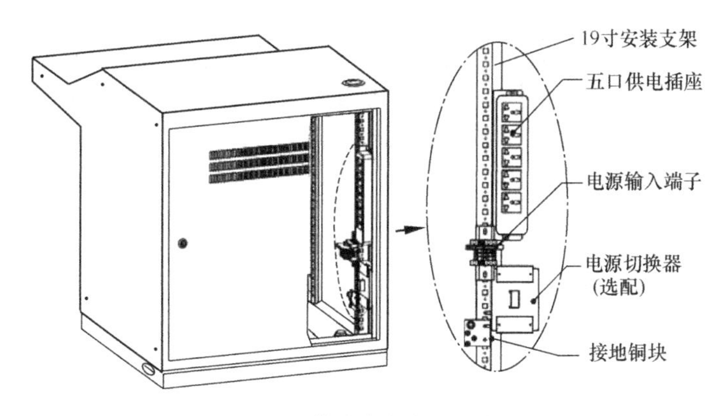

图 5-49　操作台内部布局示意图

可靠工作。

操作台内部，选装 19 寸部件支架，可加装交换机等标准 19 寸架装设备，也可以安装继电器、接线端子等外配部件。

（2）操作台的安装

1）操作台固定

为满足正常操作、检修、维护工作，操作台前面和后面需留有 800～1000mm 的空间。操作台通常固定在混凝土地板上，也可在槽钢（或支架）上固定。操作台地脚安装如图 5-50 所示。

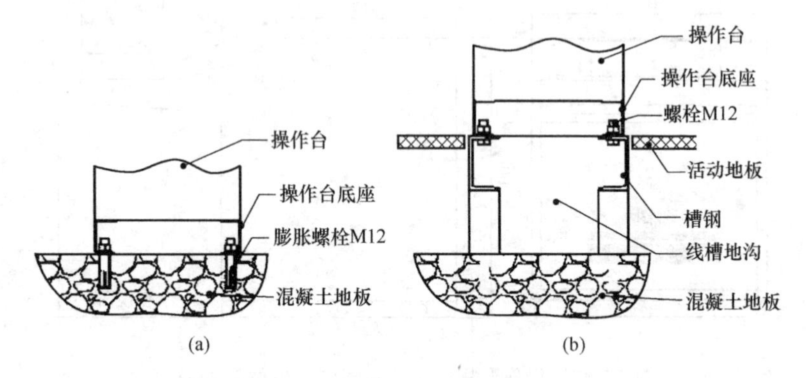

图 5-50　操作台固定方式示意图

（a）直接安装在混凝土地板上；（b）安装在防静电地板上

2）操作台拼接

操作台侧面设置有拼接孔用于操作台之间无缝拼装，如图 5-51所示。拼接时要求操作台的前、后、侧各面两两对齐。

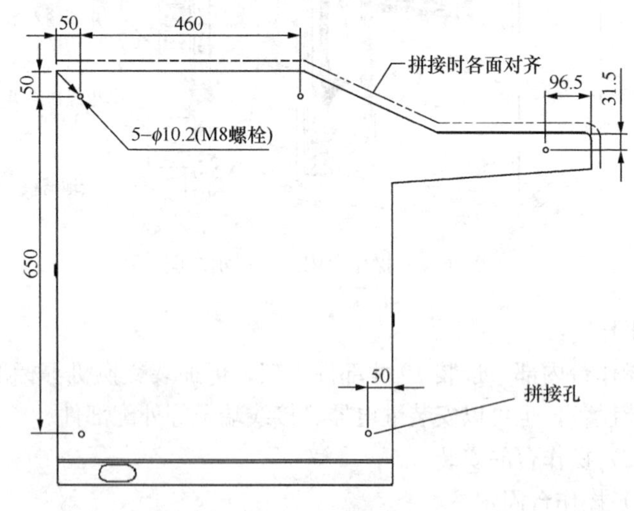

图 5-51　操作台拼接示意图

(3) 显示器、键盘、鼠标的安装

1) 显示器安装：显示器直接放置在操作台平面上，显示器的电源线和信号线穿过桌面穿线孔进入操作台内，调整好显示器位置、高度、屏幕倾斜度，使整排操作台上的显示器对齐。

2) 键盘安装：把键盘线放入操作台键盘托内，键盘垂直嵌入。

3) 鼠标安装：从操作台面上取出橡胶线孔盖，将鼠标线卡入橡胶线孔盖内，鼠标线的 USB 插头从台面上的穿线孔内穿入操作台内部，将橡胶线孔盖卡入斜面上的穿线孔上，调整好鼠标线外露部分的长度，如图 5-52 所示。

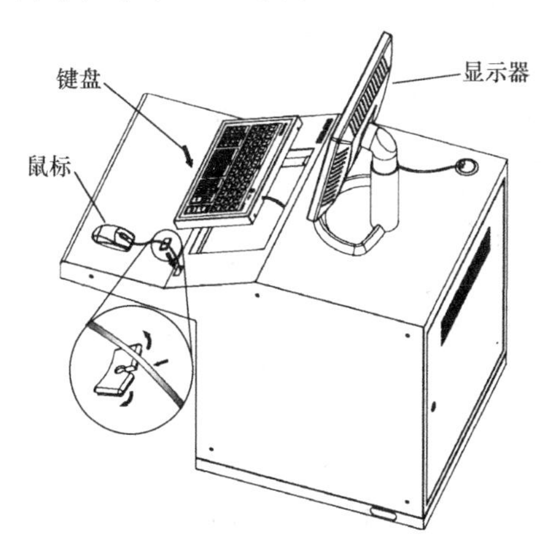

图 5-52　显示器、键盘和鼠标安装示意图

(4) 电源切换器（开关）安装

电源切换器属选配部件，可安装在立柱上。操作台输入电源可提供双路输入和单路输入。双路输入通过双路电源切换器来完成电源输入。

(5) 绝缘测试

调万用表至兆欧档。测量膨胀螺栓和操作台接地铜排之间的阻值，阻值必须大于 5MΩ。如果阻值小于 5MΩ，检查是否漏装绝缘件，或绝缘零件是否有损坏后，应重新进行绝缘测试。否则拆除所有安装件，重新安装并固定操作台。

（6）接地线的连接

操作台侧面安装接地铜排，如图 5-53 所示。接地铜排设置有多个接地点，用于操作台、设备机壳、电源开关、插座、计算机、网络设备等接地连接。接地铜排接地分支连接至机房接地网。

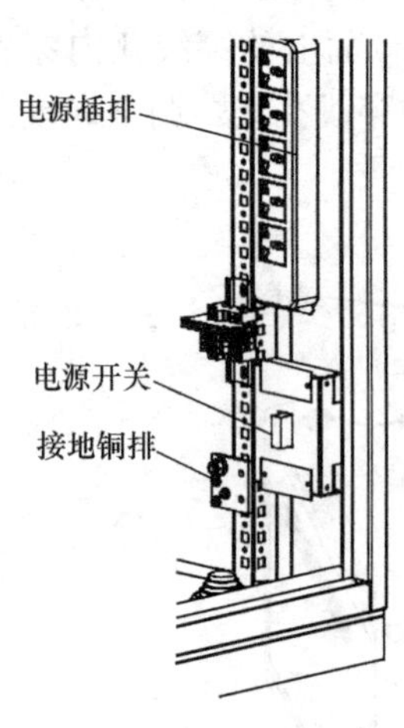

图 5-53　电源开关和接地线安装示意图

（7）操作台安装要求

1）依照设计图纸和现场实际需要确定操作台的摆放位置。

2）信号线的地板开孔位置应与电源线开孔保持一定距离，信号线的开孔的大小应与操作台所设计的信号线数量和型号相匹配。信号线进线需要用扎带捆扎有序。

3）电源供电形式和功率应满足操作台设计功率要求。

4）操作台安装垂直偏差度应不大于 3mm，水平误差不应大于 2mm。操作台并排安装时，面板应在同一平面上，并与基准线平行，前后偏差不大于 3mm，两操作台中间缝隙不大于 1mm。

5）操作台安装应牢固，有抗震要求时，按设计图纸的抗震要求加固。

6）操作台不能直接安装在防静电活动地板上，按操作台底平面尺寸制作安装支架，安装支架直接与水泥地面固定。操作台安装固定完毕后铺设防静电活动地板。

2. 电视墙的安装

电视墙是由多个显示单元（LCD、LED、DLP 等）拼接而成的一种超大屏幕电视墙体，可看作一台可显示来自计算机信号、多种视频信号的巨型显示装置。如图 5-54、图 5-55 所示。

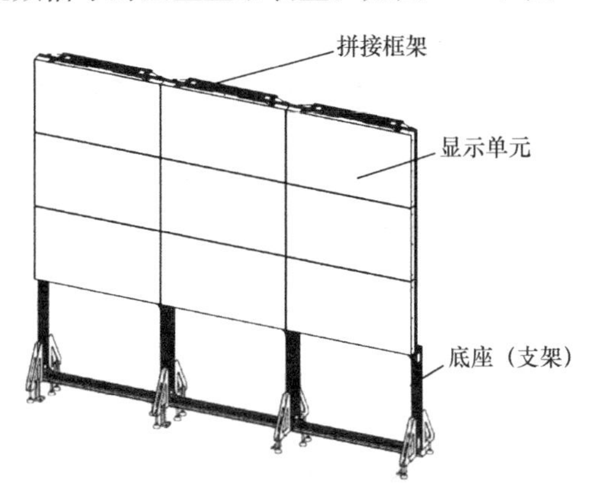

图 5-54　拼接电视墙示意图

图 5-55　拼接电视墙效果图

电视墙通常可分为直线形、弧形、L 形、U 形等。主要由拼接单元、拼接框架和底座（支架）构成。

（1）安装环境确认

1）按照设计图纸要求和现场实际确认摆放拼接大屏安装位置。

2）测量摆放位置的长度与高度，对照项目图纸尺寸，是否符合要求，当有特殊情况需要指明确认。如有静电地板时需确认静电地板高度与安装图纸对应。

3）确认供电状况（插座规格、接地、漏电、保险、负载等）检查。

4）安装位置环境应考虑：光照、散热（通风）条件、稳固性、电磁干扰、磕碰、振动、儿童触及、烟雾、沙尘、潮湿、气体、油污、上方悬挂物或装饰物等环境条件。

（2）底座（支架）的安装

1）底座（支架）的位置和高度可根据设计要求和现场实际情况确定。

2）底座（支架）用螺栓安装在水平承重地面上，如图 5-56 所示。

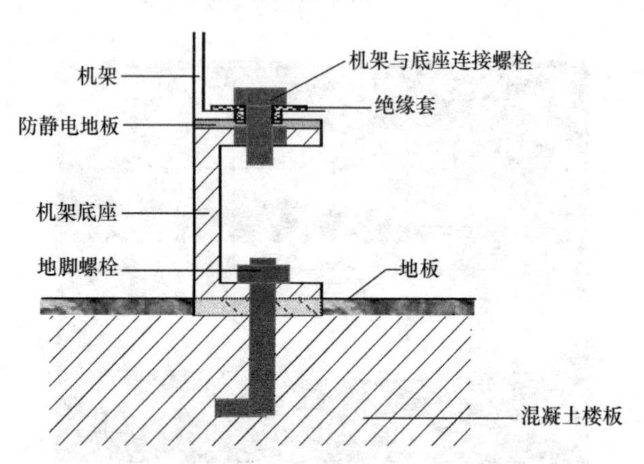

图 5-56 底座（支架）与混凝土地板的固定示意图

3）底座（支架）装有地脚螺栓时可进行高度的微调(0～50mm)。

4）拼接框架与底座（支架）通过上下螺栓的紧固固定在底座（支架）上，如图 5-57 所示。

5）安装拼接单元时要先进行底座总体调平，保持所有底座安装面在同一平面上。

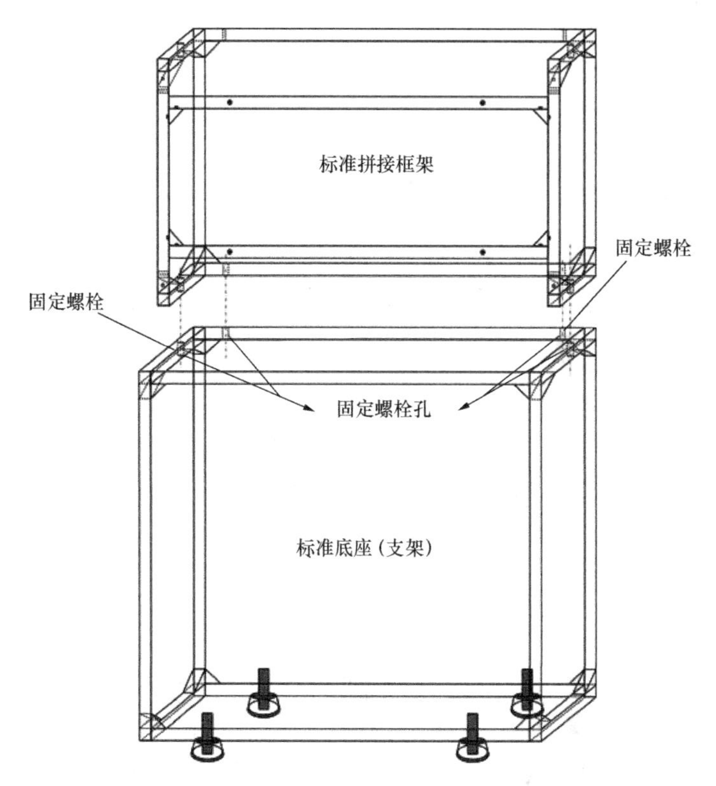

图 5-57　标准拼接框架与底座（支架）安装示意图

（3）标准拼接框架的安装

1）先安装底座单元，用水平仪调整使每个单元底座水平，并保持底座在同一水平面上后进行连接固定。

2）底座安装后，按先中间后两边、由下而上的顺序安装拼接单元，同时在每安装完一层拼接单元后都要检查它的垂直度与水平度。

3）按图 5-57 所示，下面 4 个连接孔与底座用螺栓相连（也可与另一框架上下连接），上面 4 个连接孔与上一框架用螺栓连接组成 m 行拼接框架。

4）按图 5-58 所示，左右竖梁与相邻框架通过连接孔用螺栓

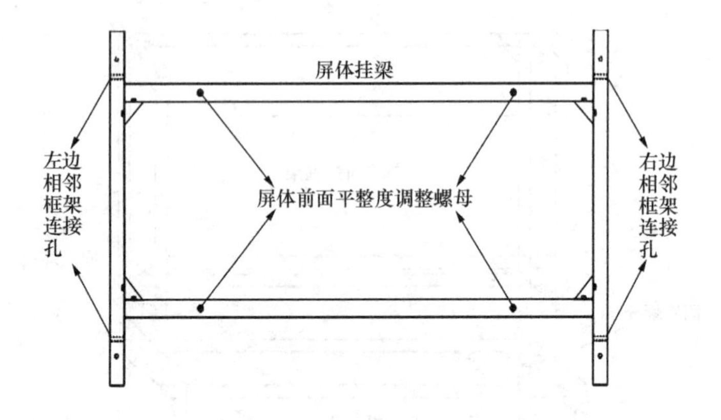

图 5-58　拼接框架结构示意图

连接固定，依次类推可组成 n 列拼接框架。

5）按图 5-59 所示，通过 $m \times n$ 个拼接框架的组装就形成任意屏体的组合。

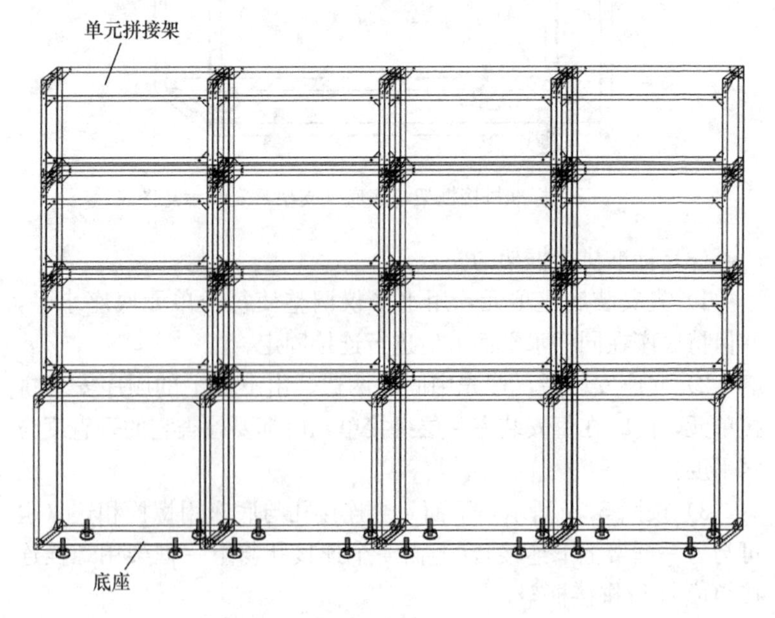

图 5-59　3×4 标准拼接框架立体示意图

6）所有螺栓连接必须紧密牢固配合，不能出现框架摇摆的情况。

（4）拼接屏的组装

1）液晶屏通过背面的挂架（图5-60），直接挂在标准拼接框架的水平挂梁上，通过上下水平挂梁上的4个调整螺栓，进行屏体的平整度调整。

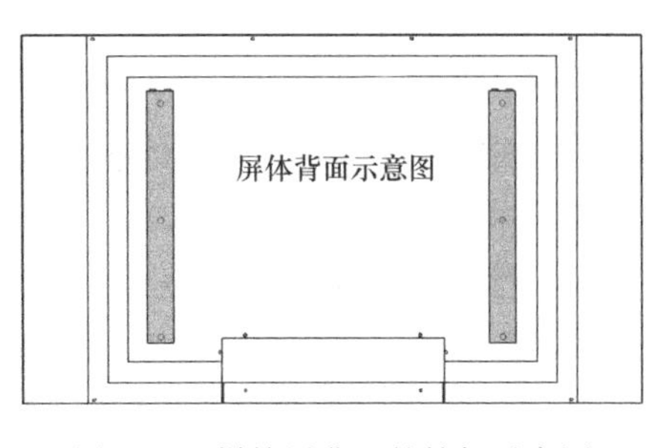

图5-60　拼接屏背面的挂架示意图

2）根据不同现场情况，可采用吊顶支架连接固定或立面墙支撑支架固定两种方式，无论采用何种方式，都要保证固定墙面（或天花顶）为承重墙（或顶）。

3）调节液晶屏后挂架的调整螺栓进行屏体的水平度及缝隙调整。

4）调节单元框架挂梁上4个角的调整螺栓进行屏体的平整度调整，如图5-61。

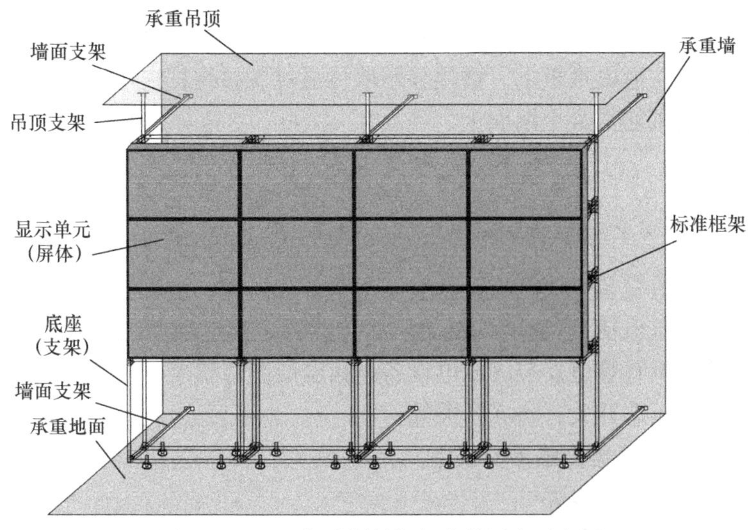

图5-61　3×4标准拼接框架安装固定示意图

(5) 绝缘测试

测量膨胀螺栓和电视墙接地铜排之间的阻值，必须大于5MΩ。否则，应检查是否漏装绝缘件或绝缘零件是否损坏。修正或更换后重新进行绝缘测试。

(6) 接地线的连接

电视墙底座（支架）上安装了接地铜排，接地铜排设置有多个接地点，用于电视墙机壳、显示单元、电源开关、插座、控制设备、网络设备等接地连接。接地铜排接地分支应连接至机房接地网。

(7) 安装要求

1) 拼接显示墙的背后应有不少于 0.5m 的维修通道，设置可独立控制灯光。

2) 在屏幕前面 2m 内为暗区，显示屏区域不能受到外来光的直射。

3) 电视墙安装应竖直平稳，垂直偏差不得超过 1‰。

4) 墙体承受重量必须达到安装拼接屏重量的二倍，墙体要求牢靠，安装拼接屏的墙面应平直不变形。

5) 拼接显示墙体底座直接安装固定在水泥地面上，而不能安装在防静电地板上。拼接显示墙体通过支撑拉杆连接到电视墙后面的钢筋混凝土墙面上。

(八) 管道安装

管道安装主要是指设备安装于水管和风管。水管管道安装的弱电设备包括流量计（表)、压力传感器、温度探测器、液位开关等。风管管道安装的弱电设备包括温湿度传感器、二氧化碳传感器、压差开关、防冻开关等。

1. 水管类传感器的安装

(1) 安装步骤

1) 先在管道上开孔，并去除毛刺。

2）把螺纹配件焊接在管道上。

3）螺纹配件和套管密封，例如：麻丝、特氟纶或类似材料。

4）将传感器插入杆上的金属环组件，旋转螺母，直到拧紧。

5）传感器和套管之间涂满硅胶。

（2）安装要求

1）水管类传感器应与工艺管道预制与安装同时进行。

2）水管类传感器的开孔与焊接工作，必须在工艺管道的防腐、衬里、吹扫压力试验前进行。

3）传感器要安装在便于维修、调试的位置。

4）传感器必须正确现场接地，不能与电源共用地线。

2. 风管类传感器的安装

（1）传感器应安装在风速平稳的位置；

（2）传感器安装应在风管保温层完成后，安装在风管直管段或应避开风管死角的位置和蒸汽放空口位置；

（3）风管式传感器应安装在便于调试、维修的地方。

六、防雷与接地

（一）防雷接地基础知识

1. 雷电的形成

雷电是大气中带电云块之间或带电云层与地面之间所发生的一种强烈的自然放电现象。

大气雷云对地面的“主放电”过程为数十至数百微秒，雷电流幅值可达数十至数百千安培。紧接着的“余光阶段”电流数百安培但持续时间可达数十至数百毫秒。这种雷云对大地的放电称为“闪击”。所谓雷击即是一个闪电对地闪击中的一次放电。

2. 雷击的危害

雷电是一种常见的自然现象，雷击可能造成电气、电子设备损坏，电力系统停电，建筑物损坏、着火，还有可能造成严重的设备或人身安全事故。

雷击分为直接雷击和闪电感应，具有很大的破坏作用。

3. 接地系统

（1）接地的概念

电气工程中的地是能提供或接受大量电荷并可用来作为稳定良好的基准电位或参考电位的物体，一般指大地。电子设备中的基准电位参考点也称为“地”，但不一定与大地相连。

参考地（基准地）是指不受任何接地装置配置影响、可视为导电的大地的一部分，其电位约定为零。局部地是指大地与接地极有电接触的部分，其电位不一定等于零。

接地是指在系统、装置或设备的给定点与局部地之间做电连接。与局部地之间的连接可以是有意的或无意的，也可以是永久的或临时性的。

（2）弱电系统的接地形式

弱电系统接地的种类一般分为以下5种：

① 保护接地：为了保证人身及设备安全的接地。当电子设备由低压交流或直流线路供电时，为防止在发生接地故障时其外露可导电部分出现危险的接触电压，弱电设备的外露可导电部分应接保护接地导体（PE）。

② 防静电接地：防止由于静电荷的积聚产生较高的静电电压而干扰弱电设备运行或损坏设备，弱电系统机房的静电电压要求小于1kV。

③ 屏蔽接地：弱电系统屏蔽接地，既有屏蔽电缆屏蔽层的接地，主要是电磁兼容性接地，又有屏蔽室的接地，是为了进行电磁屏蔽而进行的外壳接地。电磁屏蔽室的接地宜采用共用接地装置和单独接地线的形式。

④ 防雷接地：包括防直击雷的接地和内部防雷措施的接地。

⑤ 直流接地：为保证信号具有稳定的基准电位而设置的接地。为使弱电设备工作时有一个统一的参考电位，并避免有害电磁场的干扰，使弱电设备稳定可靠地工作，弱电设备中的信号电路应接地，也称“信号地”。这个地可以是大地，也可以是弱电设备的底板、金属外壳或一个等电位面。

（二）弱电系统防雷与接地技术要求

1. 弱电系统的雷电防护

（1）建筑物外部和内部雷电防护区划分

建筑物外部和内部雷电防护区划分示意图如图6-1所示。

图6-1的符号解释如下：

1）$LPZ0_A$区，受直接雷击和全部雷电电磁场威胁的区域。该区域的内部系统可能受到全部或部分雷电浪涌电流的影响。

2）$LPZ0_B$区，直接雷击的防护区域，但该区域的威胁仍是

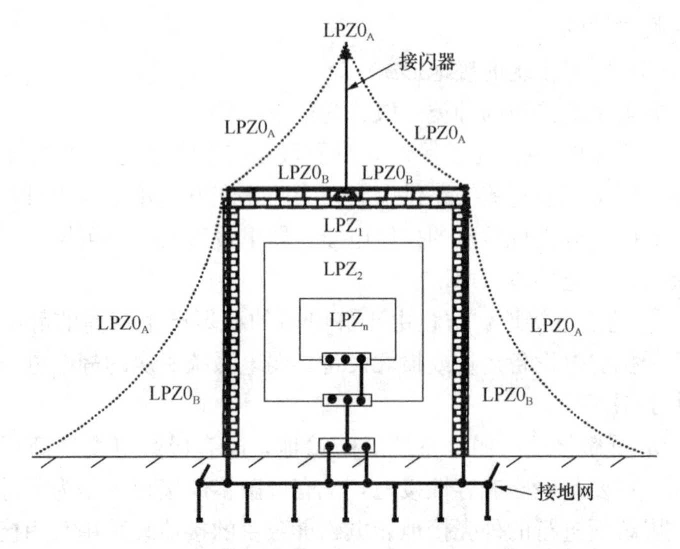

图 6-1　建筑物外部和内部雷电防护区划分示意图

全部雷电电磁场。该区域的内部系统可能受到部分雷电浪涌电流的影响。

3）LPZ_1区，由于边界处分流和浪涌保护器的作用使浪涌电流受到限制的区域。该区域的空间屏蔽可以衰减雷电电磁场。

4）$LPZ_{2\sim n}$后续防雷区，由于边界处分流和浪涌保护器的作用使浪涌电流受到进一步限制的区域。该区域的空间屏蔽可以进一步衰减雷电电磁场。

（2）弱电系统综合防雷

目前各种建筑物大多数采用避雷针、避雷带等防止直击雷，保护建筑物的安全。但随着现代电子技术的不断发展，电子设备的电源线、信号线很容易受到雷电影响而产生感应电流损坏设备。因此，弱电系统应采用外部防雷和内部防雷等措施进行综合防护，如图 6-2 所示。

（3）弱电系统外部防雷措施

当安装在建筑物周围的弱电设备或天线系统处在建筑物避雷

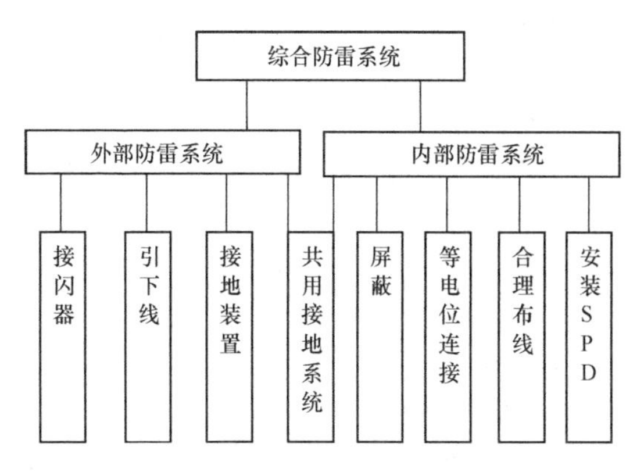

图 6-2　弱电综合防雷系统

针保护范围内时可以不另加避雷针，只需要将弱电设备及天线系统的金属外壳及安装支架与屋顶接地干线系统连通即可。如图 6-3（a）所示。

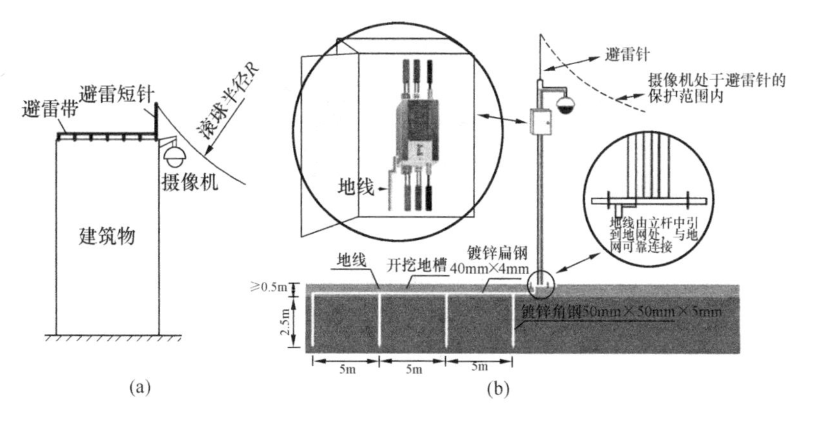

图 6-3　室外弱电设备防直击雷

（a）利用建筑物防雷；（b）单独防雷

当安装在建筑物周围的弱电设备或天线系统不在建筑物避雷针保护范围内时需要单独加装避雷针，并利用建筑物接地装置做防雷接地。

当弱电设备独立安装在室外（如在道路旁安装的摄像机），

则需要单独加装防直击雷装置，如加装接闪器、引下线、人工接地体等。如图 6-3（b）所示。

（4）弱电系统内部防雷措施

室内外安装的弱电设备，应根据安装位置采取防感应雷的内部防雷措施，加装匹配的电源浪涌保护器、信号线路浪涌保护器、屏蔽、等电位连接等。其中电源浪涌保护的设置一般由强电专业完成。

2. 防雷产品介绍

（1）接闪器（俗称避雷针）

避雷针的形式也是多种多样，某产品避雷针外形如图 6-4（a）所示。它主要用在室外独立安装的弱电设备上，如安装在建筑物防雷保护范围的外摄像机、天馈线等。如果室外弱电设备的外金属体（如金属塔杆）满足避雷针的要求时，也可以当作避雷针使用。

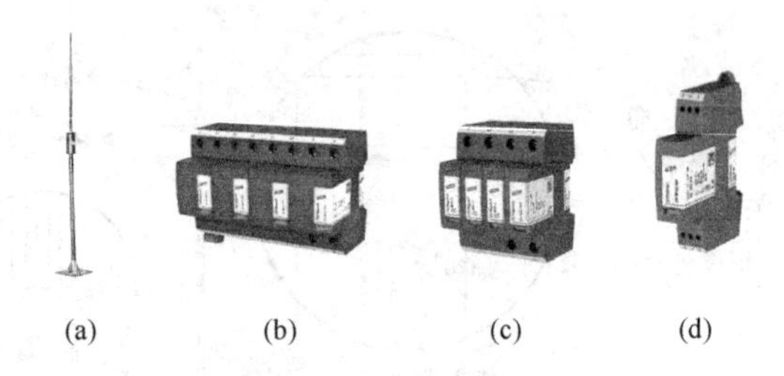

(a) (b) (c) (d)

图 6-4 电源防雷器件

（a）避雷针；（b）Ⅰ级电源浪涌保护器；

（c）Ⅱ级电源浪涌保护器；（c）Ⅲ级电源浪涌保护器

（2）电源浪涌保护器

电源浪涌保护器提供弱电设备电源系统（交直流）的保护方案，防止雷电侵入及开关切换操作引起电涌而造成弱电设备的损坏。某产品电源浪涌保护器外形如图 6-4（b）～（d）所示。

（3）信号线路浪涌保护器

信号线路浪涌保护器是对弱电设备信号数据线路进行保护的防雷保护器件。针对不同的信号线路需要选择适配的浪涌保护器。某产品信号线路浪涌保护器外形如图 6-5 所示。

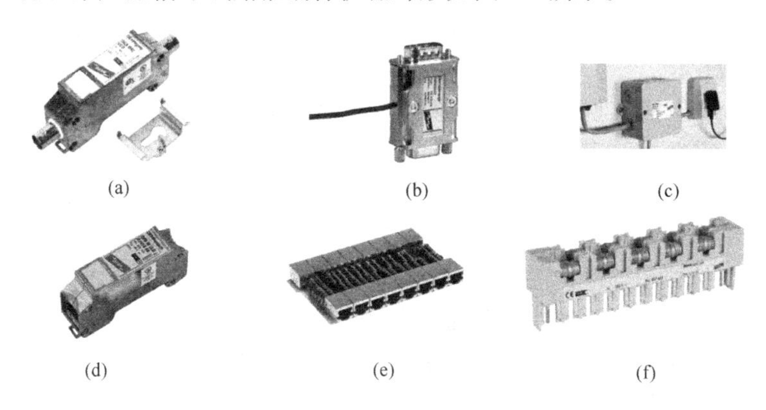

图 6-5　信号线路浪涌保护器

(a) 同轴电缆保护器；(b) USB 口保护器；(c) 电信入口保护器；
(d) 以太网口保护器；(e) 带屏蔽以太网口保护器；(f) 线对保护器

3. 弱电系统接地技术要求

(1) 通信接入网和电话交换系统

浪涌保护器的接地端应与配线架接地端相连，配线架的接地线应采用截面积不小于 16mm^2 的多股铜线接至等电位接地端子板上；通信设备机柜、机房电源配电箱等的接地线应就近接至机房的局部等电位接地端子板上；引入建筑物的室外铜缆宜穿钢管敷设，钢管两端应接地。

(2) 信息网络系统

入户处浪涌保护器的接地线应就近接至等电位接地端子板；设备处信号浪涌保护器的接地线宜采用截面积不小于 1.5mm^2 的多股绝缘铜导线连接到机架或机房等电位连接网络上；计算机网络的安全保护接地、信号工作地、屏蔽接地、防静电接地和浪涌保护器的接地等均应与局部等电位连接网络连接。

(3) 安全防范系统

安全防范系统浪涌保护器的接地线应就近接至等电位接地端子板；系统的户外供电线路、视频信号线路、控制信号线路应有金属屏蔽层并穿钢管埋地敷设，屏蔽层及钢管应接地。视频信号线屏蔽层应单端接地，钢管应两端接地。信号线与供电线路应分开敷设。

（4）火灾自动报警及消防联动控制系统

消防控制室内所有的机架（壳）、金属线槽、安全保护接地、浪涌保护器接地端均应就近接至等电位连接网络；区域报警控制器的金属机架（壳）、金属线槽（或钢管）、电气竖井内的接地干线、接线箱的保护接地端等，应就近接至等电位接地端子板；火灾自动报警及联动控制系统的接地应采用共用接地系统。接地干线应采用铜芯绝缘线，并宜穿管敷设接至本楼层或就近的等电位接地端子板。

（5）建筑设备管理系统

系统中央控制室宜在机柜附近设等电位连接网络；室内所有设备金属机架（壳）、金属线槽、保护接地和浪涌保护器的接地端等均应做等电位连接并接地；系统的接地应采用共用接地系统，其接地干线宜采用铜芯绝缘导线穿管敷设，并就近接至等电位接地端子板。

（6）有线电视系统

有线电视网络前端机房内应设置局部等电位接地端子板，并采用截面积不小于 $25mm^2$ 的铜芯导线与楼层接地端子板相连。机房内电子设备的金属外壳、线缆金属屏蔽层、浪涌保护器的接地以及 PE 线都应接至局部等电位接地端子板上；有线电视信号传输网络的光缆、同轴电缆的承重钢绞线在建筑物入户处应进行等电位连接并接地。光缆内的金属加强芯及金属护层均应良好接地。

（7）移动通信基站

基站天馈线应从铁塔中心部位引下，同轴电缆在其上部、下部和经走线桥架进入机房前，屏蔽层应就近接地。当铁塔高度大于或等于 60m 时，同轴电缆金属屏蔽层还应在铁塔中间部位增加一处接地；机房天馈线入户处应设室外接地端子板作为馈线和走线桥架入户处的接地点，室外接地端子板应直接与接地网连接。馈线入户下端接地点不应接在室内设备接地端子板上，亦不应接在铁塔一角上或接闪带上；移动基站的地网应由机房地网、铁塔地网和变压器地网相互连接组成。机房地网由机房建筑基础和周围环形接地体组成，环形接地体应与机房建筑物四角主钢筋焊接连通。

（8）卫星通信系统

站外引入的信号电缆屏蔽层应在入户处接地；卫星天线的波导管应在天线架和机房入口外侧接地；卫星天线伺服控制系统的控制线及电源线，应采用屏蔽电缆，屏蔽层应在天线处和机房入口外接地；卫星通信天线应设置防直击雷的接闪装置，使天线处于 $LPZ0_B$防护区内；当卫星通信系统具有双向（收/发）通信功能且天线架设在高层建筑物的屋面时天线架应通过专引接地线（截面积不小于 $25mm^2$绝缘铜芯导线）与卫星通信机房等电位接地端子板连接，不应与接闪器直接连接。

4. 等电位连接

（1）定义

等电位连接就是直接用连接导体或通过浪涌保护器将分离的金属部件、外来导电物、电力线路、通信线路及其他电缆连接起来以减小它们之间产生电位差的措施。在弱电系统中还可以通过等电位连接提供一致的参考电位。

为了安全目的而进行的等电位连接称为保护性等电位连接；为保证设备正常运行而进行的等电位连接称为功能性等电位连接。

（2）弱电系统等电位连接

弱电系统电气和电子设备的金属外壳、机柜、机架、金属管（槽）、屏蔽线缆外层、信息设备防静电接地和安全保护接地及浪涌保护器接地端等均应以最短的距离与局部等电位连接网络连接。等电位连接的结构形式用 S 型、M 型或它们的组合，如图 6-6 所示。

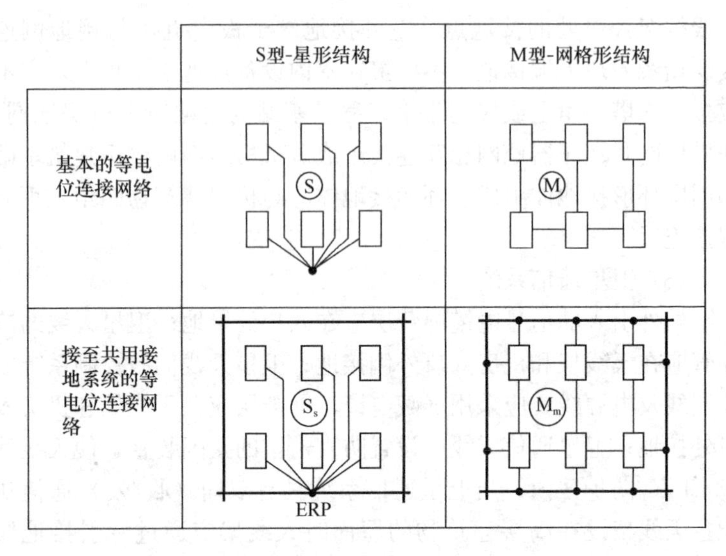

图 6-6 等电位连接网络结构示意图

S 型结构一般宜用于电子信息设备相对较少（面积 100m^2 以下）的机房或局部的系统中，如消防、建筑设备监控系统、扩声等系统。当采用 S 型结构局部等电位连接网络时，电子信息设备所有的金属导体，如机柜、机箱和机架应与共用接地系统独立，仅通过作为接地参考点（EPR）的唯一等电位连接母排与共用接地系统连接，形成 S_s 型单点等电位连接的星形结构。采用星形结构时，单个设备的所有连线应与等电位连接导体平行，避免形成感应回路。

采用 M 型网格形结构时，机房内电气、电子信息设备等所有的金属导体，如机柜、机箱和机架不应与接地系统独立，应通过多个等电位连接点与接地系统连接，形成 M_m 型网状等电位连接的网格形结构。当电子信息系统分布于较大区域，设备之间有许多线路，并且通过多点进入该系统内部时，适合采用网格形结构，网格大小宜为 0.6～3m。

(3) 等电位端子箱（板）

等电位端子箱和等电位端子板均是做等电位连接用的，如图6-7所示。

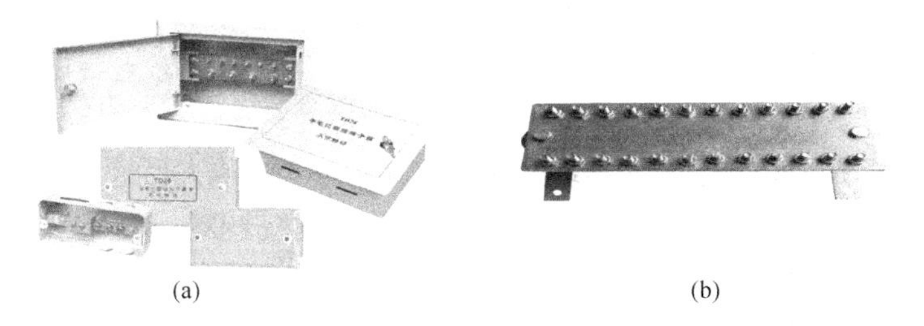

(a)　　(b)

图6-7　等电位端子箱和等电位端子排

（三）防雷接地装置的安装

1. 人工接地体的安装

（1）安装要求

1）钢质人工接地体的最小尺寸见表6-1。

钢接地体的最小规格　　表6-1

材料	结构	最小尺寸			备注
		垂直接地体直径（mm）	水平接地体（mm^2）	接地板（mm）	
热镀锌钢	圆钢	14	78		
	钢管	20			壁厚2mm
	扁钢	—	90		厚度3mm
	钢板			500×500	厚度3mm
	网格钢板			600×600	注1
	型钢	注2			

注1：各网格边截面30mm×3mm，网格网边总长度不小于4.8m。

注2：不同截面的型钢，其截面积不小于290mm^2，最小厚度3mm，可采用50mm×50mm×3mm角钢。

2）钢质人工垂直接地体的长度宜为2.5m。其间距以及人工水平接地体的间距均宜为5m。

3）人工接地体在土壤中的埋设深度不应小于0.6m，当仅用于防雷系统时，不应小于0.5m，并宜敷设在当地冻土层以下，其距墙或基础不宜小于1m。

4）当接地装置必须埋设在距建筑物出入口或人形道小于3m时，应采用均压带做法或在接地装置上面敷设50～90mm厚沥青层，其宽度应超过接地装置2m。

5）防直击雷的专设引下线距出入口或人行道边沿不宜小于3m。

6）钢质接地体应采用焊接连接，其搭接长度如下：

① 扁钢与扁钢（角钢）搭接长度为扁钢宽度的2倍，不少于三面施焊；

② 圆钢与圆钢搭接长度为圆钢直径的6倍，双面施焊；

③ 圆钢与扁钢搭接长度为圆钢直径的6倍，双面施焊；

④ 扁钢和圆钢与钢管、角钢互相焊接时，除应在接触部位双面施焊外，还应增加圆钢搭接件；圆钢搭接件在水平、垂直方向的焊接长度各为圆钢直径的6倍，双面施焊。

7）焊接部位应除去焊渣后做防腐处理。

8）接地体连接应可靠，连接处不应松动、脱焊、接触不良。

9）接地体施工结束后，接地电阻值应符合设计要求。

（2）安装方法

1）接地体的加工

根据设计要求的材料规格、数量进行加工，材料一般采用钢管和角钢切割，长度不应小于2.5m。如采用钢管打入地下应根据土质加工成一定的形状，遇松软土壤时，可切成斜面形。为了避免打入时受力不均使管子歪斜，也可加工成扁尖形；遇土质很硬时，可将尖端加工成锥形。如选用角钢时，应采用不小于50mm×50mm×3mm的角钢，切割长度不应小于2.5m，角钢的一端应加工成尖头形状。

2）挖沟

根据设计图纸要求，对接地体（网）的线路进行测量弹线，在此线路上挖掘深为0.8～1m、宽为0.5m的沟，沟上部稍宽，底部如有石子应清除。

3）安装接地体

沟挖好后，应立即安装接地体和敷设接地扁钢，防止土方坍塌。先将接地体放在沟的中心线上，打入地中，一般采用手锤打入，一人扶着接地体，一人用大锤敲打接地体顶部。为了防止将钢管或角钢打劈，可加一护管帽套入接地体管端，角钢接地可采用短角钢（约100mm）焊在接地角钢上。使用手锤敲打接地体时要平稳，锤击接地体正中，不得打偏，应与地面保持垂直，当接地体顶端达到设计要求深度时停止打入。

4）接地体扁钢敷设

扁钢敷设前应调直，然后将扁钢放置于沟内，依次将扁钢与接地体用电焊焊接。扁钢应侧放而不可平放，侧放时散流电阻较小。扁钢与钢管连接的位置距接地体最高点约100mm。焊接时应将扁钢拉直，焊好后清除药皮，刷沥青做防腐处理，并将接地线引出至需要的位置，留有足够的连接长度，以待使用。

5）核验接地体

接地体连接完毕后，应及时请质检部门进行隐检，接地体材质、位置、焊接质量、接地体的截面规格等均应符合设计及施工质量验收规范要求，经检验合格后方可进行回填，分层夯实。将接地电阻摇测数值填写在隐检记录表内。

2. 引下线的安装

（1）安装要求

1）引下线与接闪器的连接应可靠，应采用焊接或卡接器连接。引下线与接闪器连接的圆钢或扁钢，其截面积不应小于接闪器的截面积。

2）明敷设引下线应采用固定支架安装。固定支架应安装牢固，高度不宜小于150mm，间距应均匀，且不宜大于表6-2的规定。

3）明敷设的引下线与接地体连接，必须采用焊接或螺栓连接。

4）明敷设引下线位置不应妨碍设备的拆卸与检修。

5）引下线应水平或垂直敷设，不应有高低起伏及弯曲情况。

6）在建筑物楼顶利用自然接地体的弱电设备接闪器的引下线沿建筑物墙壁水平敷设时，离地面应保持250～300mm的距离，与建筑物墙壁间隙应不小于10mm。

7）引下线与建筑物原有接地干线或人工接地体连接处，应做接地标志。

（2）安装方法

引下线是将接闪器接受的雷电流引到接地体，弱电系统引下线基本上采用明敷方式。引下线可以利用金属杆或采用圆钢或扁钢（一般采用圆钢）等方式。

当支持件安装完毕，将接地圆钢沿弱电设备安装杆件敷设，在杆件上用卡子将圆钢固定，与接地体的连接处应焊接牢固。末端预留或连接应符合设计要求。

3. 接闪器（避雷针）的安装

（1）安装要求

1）接闪器（避雷针）的形式、位置应符合设计要求。

2）专用接闪器（避雷针）的安装应按照厂家技术要求安装，安装应牢固可靠。

3）自制接闪器（避雷针）应按照设计图纸进行制作与安装，安装应牢固可靠。

4）当利用弱电设备安装用金属杆作为接闪器（避雷针）时，应与防雷引下线焊接。

5）在一般情况下，明敷接闪导体固定支架的间距不宜大于表6-2的规定。

明敷接闪导体和引下线固定支架的间距　　表 6-2

布置方式	扁形导体和绞线固定支架的间距（mm）	单根圆形导体固定支架的间距（mm）
安装于水平面上的水平导体	500	1000
安装于垂直面上的水平导体	500	1000
安装于从地面至高 20m 垂直面上的垂直导体	1000	1000
安装在高于 20m 垂直面上的垂直导体	500	1000

6）外露钢质接闪器应涂热镀锌。在腐蚀性较强的场所，接闪器应适当加大截面积或采取其他防腐措施。

（2）安装方法

接闪器（避雷针）的安装必须在接地体与引下线安装完成，接地电阻测试符合设计要求后进行。

专用接闪器（避雷针）安装应按照产品说明书和设计图纸要求进行组装与固定。

自制接闪器（避雷针）应按照设计图纸进行制作与安装。

有安装立杆的弱电设备（如室外摄像机等）的避雷针一般安装在立杆上。独立安装的避雷针先将支座钢板的底板固定在预埋的地脚螺栓上，焊上一块肋板，再将避雷针立起、找直、找正后进行点焊，然后加以校正，焊上其他三块肋板。最后，将引下线焊在底板上，清除药皮，刷防锈漆。

4. 浪涌保护器安装

（1）电源线路浪涌保护器安装

电源浪涌保护器的安装一般由强电专业作业人员完成。

（2）天馈线路浪涌保护器安装

1）天馈线路浪涌保护器应安装在天馈线与被保护设备之间，宜安装在机房内设备附近或机架上，也可以直接安装在设备射频端口。

2）天馈线路浪涌保护器的接地端应采用截面积不小于6mm²的铜芯导线就近连接到$LPZ0_A$或$LPZ0_B$与LPZ_1交界处的等电位接地端子板上，接地线应短直。

（3）信号线路浪涌保护器安装

1）信号线路浪涌保护器应连接在被保护设备的信号端口上。浪涌保护器可以安装在机柜内，也可以固定在设备机架或附近的支撑物上。

2）信号线路浪涌保护器接地端宜采用截面积不小于1.5mm²的铜芯导线与设备机房等电位连接网络连接，接地线应短直。

5. 接地电阻测量

接地电阻的测量可以采用接地电阻测试仪，工程中经常使用ZC-8型接地电阻测试仪进行接地电阻的测量。在测量接地装置接地电阻时，必须把接地断接卡断开，否则可能会对运行的设备产生影响。目前市场上也有一些不需要断接卡就能进行接地电阻测量的卡式接地电阻测试仪，适用于日常维护过程中的接地电阻测试。

（四）等电位连接的安装

1. 安装要求

（1）在雷电防护区界面处应安装等电位接地端子板，材料规格应符合设计要求，并应与接地装置连接。

（2）钢筋混凝土建筑物宜在电子信息系统机房内预埋与房屋内墙结构柱主钢筋相连的等电位接地端子板，并宜符合下列规定：

1）机房采用S型等电位连接时，宜使用不小于25mm×3mm的铜排作为单点连接的等电位接地基准点。

2）机房采用M型等电位连接时，宜使用截面积不小于25mm²的铜芯或多股铜芯导体在防静电活动地板下做成等电位接地网格。

3）砖木结构建筑物宜在其四周埋设环形接地装置。电子信息设备机房宜采用截面积不小于 50mm² 铜带安装局部等电位连接带，并采用截面积不小于 25mm² 的绝缘铜芯导线穿管与环形接地装置相连。

4）等电位连接网格的连接宜采用焊接、熔接或压接。连接导体与等电位接地端子板之间应采用螺栓连接，连接处应进行热搪锡处理。

5）等电位连接导线应使用具有黄绿相间色标的铜质绝缘导线。

6）对于暗敷的等电位连接线及其连接处，应做隐蔽工程记录，并在竣工图上注明其实际部位、走向。

7）等电位连接带表面应无毛刺、无明显伤痕、无残余焊渣，安装平整、连接牢固，绝缘导线的绝缘层无老化龟裂现象。

8）等电位连接线路最小截面应符合表 6-3 的规定。

等电位线路最小允许截面 **表 6-3**

材料	截面积（mm²）	
	干线	支线
铜	16	6
钢	50	16

2. 安装方法

等电位连接工作应按照设计图纸进行安装，而设计图纸往往只是一个概略性的说明，有些等电位连接线容易疏漏，应引起足够重视。隐蔽工程应做好隐检记录。

（1）等电位接地端子板的加工制作

1）等电位接地端子板的具体做法应按照施工图纸或国家标准图集制作。

2）等电位接地端子板有专业生产厂家制作的，可购买成品。

3）等电位接地端子板上应刷有黄色底漆并标以黑色标记，其符号为“⏚”。

(2) 等电位端子箱的安装

1) 等电位端子箱一般在地板下安装或暗装在墙上。

2) 按照图纸在等电位端子箱内安装等电位端子板。

(3) 机房等电位网格安装

1) 机房接地网格材料及尺寸应按照设计要求确定。

2) 机房 IT 设备等电位连接宜采用如下方式：

① 放射式接地，用电源线路的 PE 线做放射式接地。

② 网格式接地，水平局部等电位连接。

3) 机房接地网络可以采用焊接或压接的方式，安装应牢固可靠。

(4) 接地干线的连接

1) 按设计图纸要求选择等电位连接总干线的材料（一般为扁钢或圆钢），按图纸的位置，与接地体直接连接，不得少于 2 处。

2) 将总干线引至总等电位连接箱，箱体与总干线连接一体，箱中的接线端子排为铜质，截面积应满足设计要求。铜排与镀锌扁钢搭接处，铜排端应刷锡，搭接倍数不小于 $2b$（b 为扁钢宽度）。亦可在总干线镀锌扁钢上直接打孔，做为接线端子。但必须刷锡，螺栓用 M10 型，附件齐全，等电位连接箱应有箱盖（门），并有标示。

3) 由总等电位连接箱引出的等电位连接干线，可用扁钢、圆钢或导线穿绝缘导管敷设（根据设计要求实施）。

4) 等电位连接干线引至局部等电位连接箱的做法与总干线相同，连接螺栓可用 M8 型。

(5) 等电位连接线的连接

1) 由局部等电位连接箱或等电位连接网格派出的支线，一般采用多股绝缘软铜线或裸铜编织带，实际工程中应根据设计图纸要求选取连接线规格。

2) 等电位连接线一般采用焊接或压接的方式连接。

3) 结构施工期间预埋箱、盒、管，做好的等电位支线应预置于接线盒内，待金属器具安装完毕后，将支线与专用等电位接点接好。

4）接线的焊接必须做隐蔽工程验收，验收合格后方可隐蔽。

3. 导通性测试

等电位连接安装完毕后应采用专用的测试仪表（例如等电位电阻测试仪）进行导通性测试。测试用电源可采用空载电压为4～24V直流或交流电源。测试电流不应小于0.2A。当测得等电位连接端子板与等电位连接范围内的金属管道等金属末端之间的电阻不超过3Ω时，可认为等电位连接是有效的。

导通不良的管道连接处，应做跨接线，在投入使用后应定期做导通性测试。

等电位连接的导通性测试，是对等电位用的管夹、端子板、连接线、有关接头进行检验，等电位连接的有效性必须通过测试来证实。

测量等电位连接端子板与等电位连接范围内的金属管道末端之间的电阻，有时是较困难的，因为一般距离较远。建议进行分段测量，然后将电阻值相加。

《弱电工》互动培训

七、工程管理

弱电工程管理的组织体系是统一领导，分级管理。弱电工的工程管理是项目管理中的基层管理，是组成弱电工程管理的基础。弱电工承担着班组长、工长的管理职责，在工程管理过程中协助专业工程师、项目经理完成技术管理工作。

（一）班组管理

班组是工程现场施工的基本生产单位，由若干名弱电工组成。各弱电工之间分工协作，共同完成具体的弱电施工任务。每个班组设立班组长，负责班组日常具体的施工组织与管理工作的落实。

1. 班组长应具备的条件

（1）熟悉弱电专业或工种的施工图纸，对弱电专业各子系统的技术内容应比较精通；对各子系统的施工工艺要求、验收标准比较熟悉；熟悉弱电专业安全生产知识，有高度的安全与文明生产意识；具备解决本班组施工中关键技术与管理问题的能力。

（2）思想品德好、有责任心、敢抓敢管、作风正派、办事公道，能以身作则起模范带头作用，且在班组中有较高威信。

（3）具有一定的组织管理、沟通协调能力。能够完成班组日常的安全、技术、工艺等业务的交底以及日常管理活动；能够合理安排器材、人员、进度计划等工作；能够协调与其他专业施工班组之间的配合工作。

（4）善于学习，具有创新意识，能够通过工艺创新、科学管理来降本增效，带领施工团队高质量地完成班组负责的弱电工程建设任务。

2. 班组管理的基本内容

（1）组织学习现场各项管理制度

（2）安全教育，施工技术与安全交底

1）进场人员做好安全三级教育并建立安全管理台账。

2）每道工序作业前，对作业人员进行图纸、技术、工艺标准交底，使其清楚做什么、如何做以及工作完成所应达到的标准或技术要求，并在初次作业时检查交底结果，以确保交底到位。

（3）定期组织班组人员技术培训

培训内容包括技术规程、规范和标准、专业知识和技能等。

（4）任务安排

根据弱电施工进度计划以及当前工作界面情况合理进行人员分组、工作指派以及下料、领料、施工机具协调等工作。

（5）考勤管理

1）坚持每日考勤制度。

2）每月进行考勤记录确认，班组工人、班组长、项目部管理人员三方签字确认。

（6）定期组织活动

1）坚持每天召开班前、班后会。班前会安排工作时强调安全注意事项、工作进度、工艺质量要求。班后会主要针对当日工作存在的技术、安全、质量问题进行总结。

2）每周至少组织一次安全培训活动，并形成记录。活动要结合实际，并具有针对性，组织班组成员对一周内所完成的施工任务进行自我检查，并针对暴露出的问题进行分析，制定整改措施。

（7）思想工作与民主管理

积极组织有利于企业发展、有利于安全生产、有益于员工身心健康并能增加班组凝聚力的活动，培养班组员工爱岗敬业、奋发向上的精神，促进班组成员之间相互协作、密切配合，发扬团队精神，愉快、高效、优质地完成各项施工生产任务。

（二）施工现场管理

1. 施工现场管理要求

（1）弱电工程各子系统之间，弱电专业与建筑工程各专业之间，应密切协调配合，并应保证施工进度和质量。

（2）弱电工程的实施应全程接受监理工程师的监督。未经监理工程师确认，不得实施弱电隐蔽工程作业。隐蔽工程的过程检查记录，应经监理工程师签字确认，并填写隐蔽工程验收单。

（3）在技术负责人主持下，项目部应建立适应所承包弱电工程的施工技术交底制度。技术交底资料和记录应由资料员进行收集、整理并保存。

（4）当需设计变更时，应经建设单位、设计单位、监理工程师、施工单位共同协商，并应按要求填写设计变更单，审核确认后方可实施。

（5）应确定质量目标，建立质量保证体系和质量控制程序。

（6）应建立安全管理机构、安全生产制度、安全操作规程以及高效的运行机制。安全管理制度应符合国家及相关行业对安全生产的要求。

（7）作业前应对班组进行安全生产交底。

2. 施工现场临时设施管理

现场临时设施布置，原则上力求合理、紧凑、厉行节约、经济实用，并方便管理，确保施工期间各项工程合理有序、安全高效地施工。

施工现场的临时设施一般由施工总承包单位进行规划、管理，弱电和其他专业施工单位必须遵守总包现场临设管理规定。

对于弱电工程专业，临设内容一般包括办公、仓库、加工场地、宿舍以及临电、临水和消防设施等。

弱电工程临设管理措施主要包括以下内容：

（1）办公、仓库、宿舍、加工场地等的设置，必须设置在总包规定的区域内。

(2) 办公、仓库、宿舍、加工场区域必须在明显的位置设置标识标牌，建立管理制度，且制度上墙，具体规定包括：

1) 施工现场不得住人；

2) 宿舍内不得乱拖、乱拉电线，不得使用电加热器，不得在宿舍内使用电取暖设备；

3) 保持各自施工区域整洁，材料堆放整齐，及时清理废弃的包装纸等建筑垃圾；

4) 办公、宿舍、仓库等区域必须配备消防器具，一般配置为灭火器、沙桶或消防水桶，灭火器必须在有效期内；

5) 易燃、易爆物品需放置在专门设置的危险品仓库内，禁止现场散放，并应设置禁令标志。

3. 施工现场标识、标牌管理

(1) 标识、标牌

标识、标牌是指在不同时间和空间环境里，采取立、挂、吊、粘等安装方式，有一定制作标准、质地多样的、通过文字图形表达方位功能或信息功能的识别装置。

施工现场的标识、标牌主要包括：各种安全类标志牌、施工现场各类生产管理制度标志牌、各级管理人员岗位职责标志牌、各类施工人员安全操作规程牌以及施工现场生活区各类管理制度标志、标牌等。施工现场常用标识、标牌如图 7-1、图 7-2 所示。

图 7-1　施工现场安全标识

施工现场标识、标牌属于安全文明施工标准化管理范畴。弱电专业施工单位或施工班组，应按照施工现场的标识、标牌管理

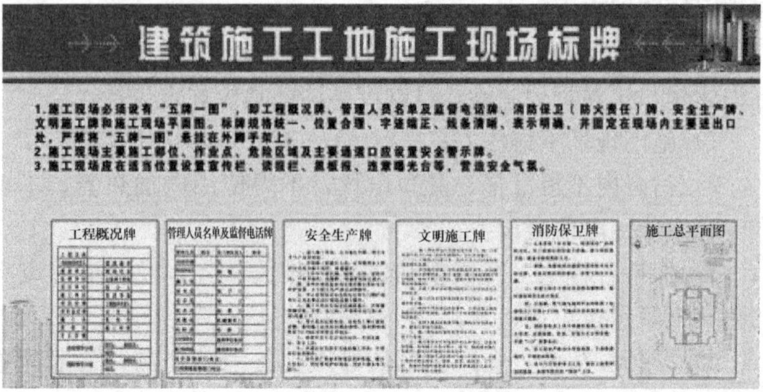

图 7-2　施工现场标牌（示例）

要求，规范设置临设区域、作业区域的标识、标牌。

（2）安全色

安全色（Safety Colour）是表达安全信息的颜色，表示禁止、警告、指令、提示等意义，主要包括红、蓝、黄、绿等颜色，在施工现场作业区域的标识、标牌中广泛使用，用于比较清楚的表达出标识、标牌的含义。

根据《安全色》GB 2893 规定：

① 红色，传递禁止、停止、危险或提示消防防备、设施的信息。

② 蓝色，传递必须遵守规定的指令性信息。

③ 黄色，传递注意、警告的信息。

④ 绿色，传递安全的提示性信息。

此外，黑、白两种颜色也有时采用。它们一般作安全色的对比色，使其更加醒目，以提高安全色的辨别度。如红色、蓝色和绿色采用白色作对比色。黄色采用黑色作对比色。黄色与黑色的条纹交替，视见度较好，一般用来标示警告危险。红色和白色的间隔常用来表示“禁止跨越”等。

（3）常用安全标牌

施工现场安全标牌主要包括下列几类：

1）施工机械安全操作规程牌。

2）主要工种安全操作规程牌。

3）安全警示牌。

4）安全指示牌。

5）电力安全标志牌。

6）消防安全标志牌。

4. 施工日志

施工日志是整个施工阶段的施工组织管理、施工技术等有关施工活动和现场情况变化真实的综合性记录，是处理施工问题的备忘录，是单位工程和质量保证体系的原始记录，也是工程交竣工验收资料的重要组成部分。

施工班组应及时、全面地填写《施工日志》。施工日志样表如表7-1所示。

施工日志样表 **表7-1**

日期		工程名称		施工部位	
天气情况		风　　力		最高/最低温度	
突发事件					
施工情况记录：					
工程质量、安全工作记录：					
工程负责人（班组长/工长）				记录人	

（1）施工日志的记录内容

1）日期及气候：如实填写当日的日期、气候及温度；

2）分项工程：如实填写当日进行施工的工种及班组长姓名，

进行施工的分项工程名称、实际的施工人数及分项工程的进度情况；

3）质量：如实填写当日施工质量检查的情况，哪些部位存在什么质量问题（应量化）、如何解决、整改责任人及要求解决的期限；

4）安全：如实填写当日的安全检查情况，发生的安全事故及处理措施，存在安全隐患及整改措施，施工机具、临电箱等的安全检查情况，施工工人安全交底及安全教育情况，特殊工种的证件备存情况等；

5）物资进场：如实填写当日物资进场的情况，进场材料的数量及质量验收情况（包括包装、观感、合格证及检测报告），材料申请单的编号及简要内容；

6）分部（项）工程交接：包括工序交接、隐蔽报验、工序报验、技术交底等；

7）停工情况：如实记录停工的原因（停电、停水、环保因素或其他），停工的具体时间，施工工人的窝工及材料的报废情况等；

8）文明施工：如实记录当日的文明施工检查情况，文明施工标牌的挂贴情况，施工现场清洁卫生、噪声、灰尘、材料码放的情况及整改措施，临时宿舍的清洁检查情况，文明施工的检查奖罚情况等；

9）加班情况：如实填写各施工班组当日的加班施工部位及内容、施工人数及加班时间，特殊情况需注明加班原因；

10）备注：包括发生在记录当天的会议、工作联系单、存在问题的跟踪情况、关键过程、特殊工艺等。

（2）施工日志填写要求

1）施工日志应该按单位工程填写；

2）记录时间期限应从开工到竣工验收时为止；

3）施工日志填写必须及时、认真负责，内容详细、齐全真实；

4）必须由记录者本人签字，并做好保存。

5. 质量自检与工序交验

（1）质量自检

工程质量自检是保证弱电工程质量的重要环节之一。质量自检即是弱电施工人员对已完成的设备及系统安装、线路敷设等项目进行的自我检验，及时发现问题，以便予以纠正或完善。质量自检过程应按《智能建筑工程施工规范》GB 50606 要求填写《自检记录》。

（2）工序交验

弱电工程施工中，当某道工序完成后，要经过质检员的检查合格后方可进入下道工序，这是保证弱电工程质量的基本方法之一。

工序交验应按要求填写《工序交验表》，样表如表 7-2 所示。

工序交验表 **表 7-2**

<table>
<tr><td colspan="5">下列工序已完成，自检已达到要求，请予以检查。可否进行下道工序？</td></tr>
<tr><td>工程名称</td><td colspan="2"></td><td>施工位置</td><td></td></tr>
<tr><td>工序内容</td><td colspan="4"></td></tr>
<tr><td>递交时间</td><td colspan="2"></td><td>递交人签字</td><td></td></tr>
<tr><td colspan="2">现场监理工程师收发件
日期和时间</td><td></td><td>监理工程师签字</td><td></td></tr>
<tr><td>质量保证资料</td><td colspan="4"></td></tr>
<tr><td>监理检验情况与
意见</td><td colspan="4"></td></tr>
<tr><td colspan="3">（1）可以进行下道工序 □</td><td colspan="2">（2）不可以进行下道工序 □</td></tr>
<tr><td colspan="3">承包人：</td><td colspan="2">监理工程师： 年 月 日</td></tr>
</table>

6. 班组施工总结

施工总结是对工程施工期间积累的技术经验教训进行归纳汇总，将施工过程中所遇到的实际问题提炼升华到理论的高度。施工总结不仅仅是工程竣工时所做的一份资料，而且是把在施工过程中遇到的典型问题、通病、教训、解决问题后的经验心得，进行整理、汇总，都可以组织整理出一份合格的施工总结报告，既是对工作的阶段性总结分析，也是未来开展工作的经验心得。

施工总结的主要内容应包括：

1）工程概况。

2）施工技术参数和施工工艺，主要包括施工技术参数、施工布置、施工工艺及质量控制流程图、准备工作、现场人员配置、施工工序、新技术、新工艺应用情况等。

3）施工过程中如何对质量、进度、成本三大过程目标进行科学控制，效果如何等。

4）应如何开展安全教育与管理等工作，采取哪些措施保证施工现场与施工过程的安全。

5）应如何进行文明施工的管理，效果如何等。

6）施工中遇到的问题，以及解决方法。

7）验收与评定。

8）经验分析与结论等。

不同类型的施工总结内容各有侧重。不同工作岗位的施工技术或管理人员应根据各自的岗位职责撰写完成施工总结。

（三）工机具、仪器仪表管理

1. 常用工机具、仪器仪表种类

建筑弱电工程常用检测仪器仪表及工具包括以下几类：

(1) 常用工具：克丝钳、尖嘴钳、斜口钳、剥线钳、压接钳、螺丝刀、电工刀、试电笔，以及各种扳手、壁纸刀、穿线器、放线架、电烙铁、钢卷尺、记号笔等；

（2）专用工具：布线用单口打线刀、五联打线刀、模块压接钳、水晶头压接钳、剥线刀、光纤熔接机、光纤剥线刀、切刀等；

（3）常用电动工具和机械：电锤、电钻、切割机、角磨机、水钻、电焊机、梯子、升降机、移动电源箱、对讲机等；

（4）测量工具：游标卡尺、螺旋测微仪、水平尺等；

（5）软件工具：计算机硬件测试软件、网络测试软件、RS485 通信测试软件等；

（6）调试工具：笔记本电脑等；

（7）常用仪器仪表：测线器、万用表、电缆测试仪、光缆测试仪、接地电阻测试仪、绝缘电阻测量仪、光功率计、场强仪、视频信号测试仪、信号泄露测试仪、信号发生器、屏蔽测试设备，以及相位仪、噪声发生器、频谱仪、噪声仪等。

2. 工机具、仪器仪表管理

（1）工机具、仪器仪表应建立资产档案。档案内容应包含资产登记卡、配置信息、使用与调用记录、维修记录、检测与校验资料等。建立与更新仪表、工机具台账，应进行公示，且定期进行账实核对。

（2）跟踪管理，负责保养维护。应日常检查仪器仪表的运行状况，按规定进行保养，出现故障及时安排维修。

（3）企业集中调配的仪器仪表或施工机械领用时需办理资产领用表；施工班组个人使用的仪器仪表、工机具领用时需办理出库单。前者必须明确使用责任人，并配备随机履历本，由使用人填写使用日志，包括使用情况、运行状况及维修记录等，按规定进行日常清洁保养与维护。

（4）各类仪器仪表、工机具使用责任人必须按使用规程严格操作，杜绝因使用不当造成的损坏；非使用责任人操作仪器仪表或工机具的，必须由使用责任人现场指导、考核合格后方可使用。

（5）各类仪表使用过程中严禁擅自拆卸机身与后盖，严禁将未经检测的移动 U 盘与仪表直接进行连接。

(6) 严禁擅自将仪表及工机具用于本项目以外的工程中。各类仪器仪表在当天使用完后必须及时入库或随身保管，不得随意存放在车上、宿舍或其他地方。

(7) 工程巡检中，应对仪器仪表和工具使用情况进行检查。

3. 仪器仪表的选用原则

(1) 检测器具必须满足被测对象及检测内容的要求，使被测对象在量程范围内。

(2) 检测器具的测量极限误差必须小于或等于被测工件或物体所能允许的测量极限误差。

(3) 经济合理，降低测量成本。

4. 工机具、仪器仪表维护和保养

(1) 工机具、仪器仪表使用过程中应按规定做好日常保养与检测，发现问题及时安排维修，严禁将出现问题的仪表留置在项目部或工程现场，造成资源浪费或引发工程检测质量问题。

(2) 工机具、仪器仪表出现故障后，项目部应提交维修申请，详细说明故障现象，落实专业维修机构进行检测，查明损坏部位（件）、仪表的损坏原因、维修内容和报价，并形成初步意见提交项目部审批，按审批意见落实维修。

(3) 工机具、仪器仪表维修完成后，应组织对维修结果进行检测，合格后发往使用部门，检测不合格的需及时与维修机构联系、处理。

(4) 检测工具的周期鉴定、校验控制应根据相关规定进行，以防止检测器具的自身误差而造成工程质量不合格。

（四）设备、材料管理

施工项目设备、材料管理是指对施工生产所需的全部设备、材料，运用管理职能进行的设备、材料的计划、订货、采购、运输、验收保管、定额供应、使用与消耗的管理。

对于弱电工的设备、材料管理主要包括设备、材料需求计划；设备、材料验收与入库，设备、材料领用；设备、材料退库，设备、材料实际用量统计；设备、材料的现场管理等内容。

1. 设备、材料的需求计划

弱电工班组长或工长应根据现场工程需求编制材料需求计划，并报项目经理部以便采购。设备、材料需用量计划样表如表7-3所示。

设备、材料需用量计划样表　　表7-3

<table>
<tr><td colspan="7">工程名称：</td></tr>
<tr><td>序号</td><td>设备、材料名称</td><td>规格型号</td><td>单位</td><td>数量</td><td>计划到场日期</td><td>备注</td></tr>
<tr><td></td><td></td><td></td><td></td><td></td><td></td><td></td></tr>
<tr><td></td><td></td><td></td><td></td><td></td><td></td><td></td></tr>
<tr><td colspan="2">填报人</td><td colspan="2"></td><td>填报日期</td><td colspan="2"></td></tr>
</table>

2. 设备、材料验收与入库

设备、材料验收入库时必须向供应商索要国家规定的有关质量合格及生产许可证明。项目采用的设备、材料应经检验合格，并符合设计及相应现行标准要求。弱电工应协助材料员、资料员填写《设备、材料报审表》、《设备、材料验收入库单》，《设备、材料验收入库单》（样表）如表7-4所示。

设备、材料验收入库单（样表）　　表7-4

<table>
<tr><td>项目名称</td><td colspan="17"></td></tr>
<tr><td rowspan="2">品名</td><td rowspan="2">规格型号</td><td rowspan="2">供方名称</td><td rowspan="2">厂家名称</td><td rowspan="2">生产日期</td><td rowspan="2">批号</td><td rowspan="2">进货日期</td><td rowspan="2">用途</td><td rowspan="2">数量</td><td rowspan="2">价格</td><td rowspan="2">采购人</td><td colspan="5">监理意见</td><td rowspan="2">存放位置</td><td rowspan="2">备注</td></tr>
<tr><td>外观</td><td>合格证明</td><td>复试检验</td><td>检验结论</td><td>监理</td></tr>
<tr><td></td><td></td><td></td><td></td><td></td><td></td><td></td><td></td><td></td><td></td><td></td><td></td><td></td><td></td><td></td><td></td><td></td><td></td></tr>
<tr><td></td><td></td><td></td><td></td><td></td><td></td><td></td><td></td><td></td><td></td><td></td><td></td><td></td><td></td><td></td><td></td><td></td><td></td></tr>
</table>

3. 设备、材料的现场管理

（1）设备、材料存放

弱电工程的设备、材料应根据其不同性质存放于符合要求的专门库房，应避免潮湿、雨淋，防爆、防腐蚀；一个弱电工程项目所用弱电设备（包括配品配件）或材料（线缆、光纤、桥架、管材、辅料等）的种类和数量较多，所以各种设备、材料应标识清楚，分类存放。确保仓库、料场材料规格不串，材质不混，数量准确，质量完好，防止材料过期变质造成经济损失。

（2）设备、材料出库

设备、材料的发放与领用应严格实行出库单管理制度，领用人应按要求履行领用手续，材料员按实发器材的品名、规格、数量、用途，填写出库单，领用和发放人须在《设备、材料领用单》（样表如表 7-5 所示）上签字。

设备、材料领用单（样表）　　表 7-5

工程名称					项目经理			
日期	名称	规格型号	单位	数量	使用部位	发放人	领用人	备注

对不适宜入库保管的材料送达后及时交给施工队保管使用，材料员及时填写出库单并协助施工班组办理领用手续。施工完成后对材料的供应数量、使用数量、剩余数量进行核实并签字，材料领用表等资料作为项目资料在工程完工后作为材料决算依据。

项目部的物资耗用应结合分部、子分部或分项工程的核算，严格实行领用制度，在施工前由项目施工人员开签领用单，领用单必须按栏目要求填写，不可缺项。

对贵重和用量较大的弱电设备或器材，可以根据使用情况，凭领用小票分多次发放。对易破损的器材，材料员在发放时需作较详细的验交，并由领用发放双方在凭证上签字认可。

（3）施工现场设备、材料管理要求

施工现场设备、材料管理责任者应对现场设备、材料的使用进行分工监督。监督的内容包括：是否合理用料，是否认真执行领发料手续，是否做到谁用谁清，工完、料退、场清，是否按规定进行用料交底和工序交接，是否做到按平面图堆料，是否按要求保护材料等。检查是监督的手段，检查要做到情况有记录、原因有分析、责任明确、处理有结果。具体要求如下：

1）现场材料平面布置规划，做好场地、仓库、道路等设施的准备；

2）履行供应合同，保证施工需要，合理安排材料进场，对现场材料进行验收；

3）掌握施工进度变化，及时调整材料配套供应计划；

4）加强现场物资保管，减少损失和浪费，防止物资丢失；

5）施工收尾阶段，组织多余料具退库，做好废旧物资的回收和利用。

（五）进 度 管 理

弱电工程是在动态条件下实施的，因此进度控制也必须是一个动态的管理过程。弱电工程管理过程中，施工进度管理是在保证安全和质量的前提下重点管理的内容。进度管理包括进度目标的分析与论证、进度计划的编制、进度计划的跟踪检查与调整三个方面。进度管理主要是项目管理人员完成，弱电班组长、工长应配合项目管理人员做好施工进度计划，并落实好项目施工进度计划。

1. 为进度计划编制提供依据

弱电班组长、工长应按照项目总工期要求，给项目部提供具体的材料需用量计划（样表如表 7-3 所示）、劳动力需用量计划（样表如表 7-6 所示）、机械需用量计划（样表如表 7-7 所示），并考虑施工过程的连续性、协调性、均衡性和经济性，为项目部编制施工进度计划提供依据。

劳动力需用量计划样表 表 7-6

项目名称						
工种	计划工日数	计划工作天数	现有人数	计划人数	计划使用日期	备注
填报人				填报日期		

机械需用量计划样表 表 7-7

项目名称						
序号	机械名称	规格型号	计划台数	计划工作天数	计划使用日期	备注
填报人				填报日期		

2. 施工进度计划编制

（1）划分工序

根据施工图纸，列出工程的全部项目，不得遗漏，列出各项目施工顺序。为使计划简明扼要，可将相近的项目合并，减少计划的烦琐性。

（2）计算工程量

工程量的计算单位应和施工定额或劳动定额一致。施工图预算中的工程量也可以利用，但应按一定的系数要求，换算成施工定额或劳动定额的工程量。

（3）确定施工天数

施工天数应按照施工天数＝工日数/(人数×班次)计算。

（4）绘制施工进度计划图表

施工进度计划通常使用横道图和网络图表示。弱电班组长、工长应能识别横道图和简单的网络计划图。某通信工程进度计划样图如图 7-3 所示。

（5）进度计划图的优化

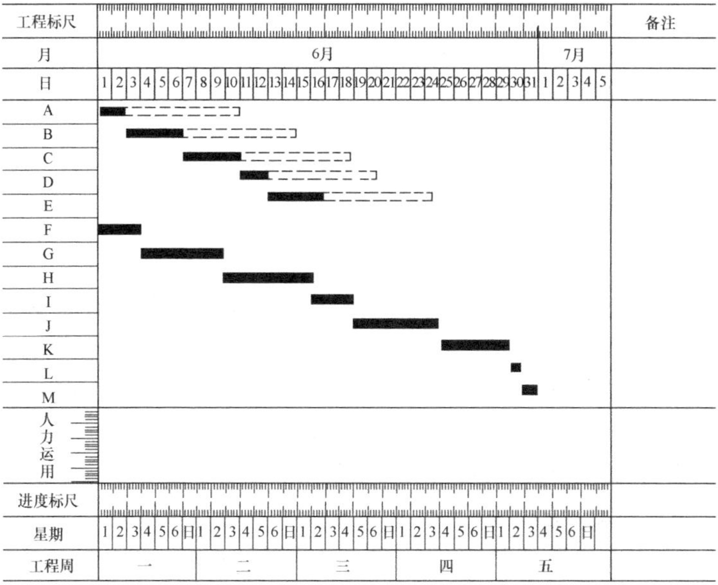
工程标尺
备注
月
6月
7月
日
1 2 3 4 5 6 7 8 9 10 11 12 13 14 15 16 17 18 19 20 21 22 23 24 25 26 27 28 29 30 31 1 2 3 4 5
A
B
C
D
E
F
G
H
I
J
K
L
M
人力运用
进度标尺
星期
1 2 3 4 5 6 日 1 2 3 4 5 6 日 1 2 3 4 5 6 日 1 2 3 4 5 6 日 1 2 3 4 5 6 日
工程周
一
二
三
四
五

(a)

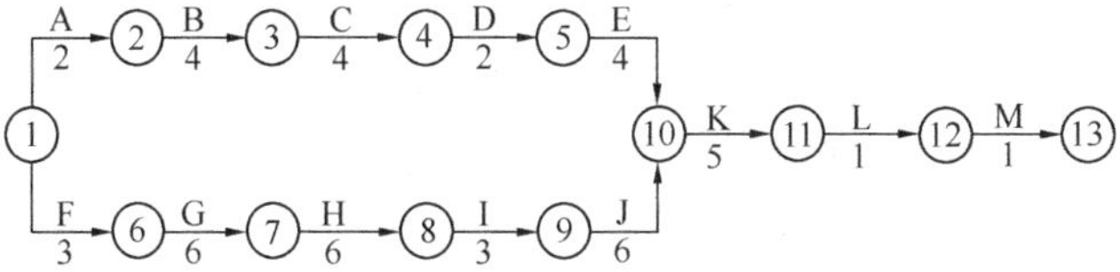
A 2
B 4
C 4
D 2
E 4
F 3
G 6
H 6
I 3
J 6
K 5
L 1
M 1
1
2
3
4
5
6
7
8
9
10
11
12
13

(b)

工作名称	工作内容	持续时间	工作名称	工作内容	持续时间
A	第1组路由复测	2	H	第2组制装拉线	6
B	第1组立杆	4	I	第2组架设吊线	3
C	第1组制装拉线	4	J	第2组敷设光缆	6
D	第1组架设吊线	2	K	光缆接头	5
E	第1组敷设光缆	4	L	光缆成端	1
F	第2组路由复测	3	M	中继段测试	1
G	第2组立杆	6			

(c)

图 7-3　某通信工程进度计划图表

(a) 横道图；(b) 双代号网络图；(c) 事件列表

进度计划图的优化包括工期优化、费用优化、资源优化。

3. 进度计划落实

弱电工班组长、工长应根据进度计划，调配好人力、材料、机械等资源，安排各工序的施工，并通过不断地调整，使各工序之间的搭配合理。

（六）质 量 管 理

弱电工程项目质量是一个动态概念，随着客观条件而变化，必须加强动态控制，把可能出现质量问题的隐患消灭在萌芽状态。因此，弱电工程项目质量管理的重点应放在实施前和实施中的控制与指导，贯彻预防为主的原则，从“人、机、料、法、环”诸方面制定质量管理与保证措施。

1. 施工工艺交底

施工准备阶段质量控制的一个重要环节是组织施工工艺交底。

施工工艺的先进合理性是直接影响工程质量、工程进度及工程造价的关键因素，施工工艺是否合理、可靠还直接影响到工程施工安全。因此，在工程项目质量控制系统中，制订和采用先进合理的施工工艺是工程质量控制的重要环节。涉及施工工艺的质量控制主要包括以下内容：

（1）全面正确地分析工程特征、技术关键及环境条件等资料，明确质量目标、验收标准、控制的重点和难点。

（2）制订合理有效的施工技术方案和组织方案，前者包括施工工艺、施工方法；后者包括施工区段划分、施工流向及劳动组织等。

（3）合理选用施工机械设备和施工临时设施，合理布置施工总平面图和各阶段施工平面图；选用和设计保证质量和安全的施工设备。

（4）编制工程所采用的新技术、新工艺、新材料的专项技术方案和质量管理方案。

（5）为确保工程质量，还应针对工程具体情况，编写气象地质等环境不利因素对施工的影响及其应对措施。

2. 施工质量保证措施

（1）工程质量保证措施流程

工程质量保证措施流程如图 7-4 所示。

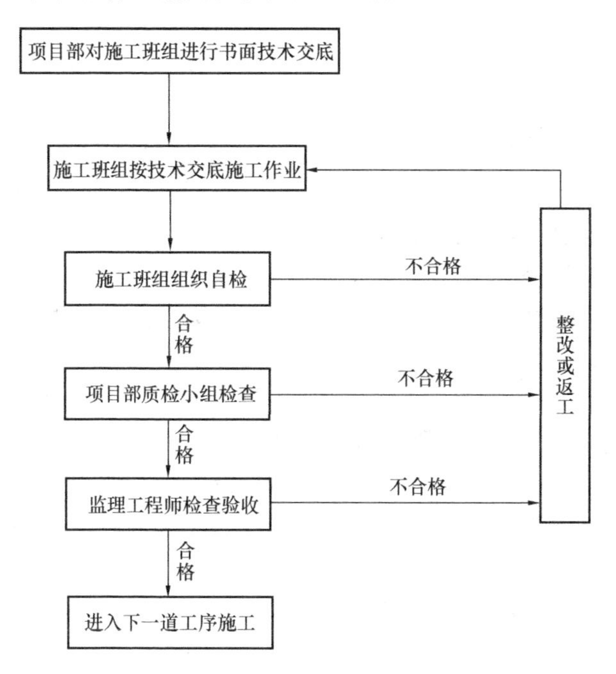

图 7-4　工程质量保证措施流程图

（2）工程设备、材料的质量控制措施

1）设备、材料采购控制。

2）工程设备、材料的报批和确认。

3）设备、材料样品的报批和确认。

4）加强工程设备、材料的进场验证和校验。

5）标识工程所用设备、材料，保证可追溯性。

（3）施工工序的质量控制措施

1）事前控制：事前控制是在正式施工活动开始前进行的质量控制，事前控制是先导。主要是建立完善的质量保证体系、质量管理体系，编制《质量保证计划》，制定现场的各种管理制度，完善计量及质量检测技术和手段。

对弱电工程项目施工所需的设备、原材料、半成品、构配件等进行质量检查和控制，并编制相应的检验计划。进行设计交底、图纸会审等工作，并根据工程特点确定施工流程、工艺及方法。对工程采用的新技术、新工艺、新材料应审核其技术可靠性及运用范围。

2）事中控制：弱电的事中控制是指在弱电施工过程中进行的质量控制。主要内容包括完善弱电工程工序质量控制，把影响工序质量的因素都纳入管理范围。

及时检查和审核质量统计分析资料和质量控制图表，抓住影响质量的关键问题进行处理和解决；严格执行弱电工程工序间的交接检查，做好各项隐蔽验收工作，加强交检制度的落实，对达不到质量要求的前道工序绝不交给下道工序施工，直至质量符合要求为止；对完成的分部、子分部或分项工程，按照相应的质量验收标准和办法进行检查、验收；审核设计变更和图纸修改。同时，当施工中出现特殊情况，如隐蔽工程未经验收而擅自封闭、掩盖或使用无合格证的工程材料，或擅自变更替换工程材料等，总监理工程师有权下达停工令。

3）事后控制：事后控制是指对施工过的产品进行的质量控制。按规定的质量验收标准和办法，对完成的单位工程、单项工程、分部工程、子分部或分项工程进行检查验收。整理所有的技术资料，并编目、建档。

（4）技术措施

1）设备、材料、器具等进场必须进行质量检测，需要进行质量检查的产品应包括弱电工程各子系统中使用的材料、硬件设备、软件产品和工程中应用的各种系统接口；列入中华人民共和国实施强制性产品认证的产品目录或实施生产许可证和上网许可证管理的产品应进行产品质量检查，未列入的产品也应按规定程序通过产品质量检测后方可使用。

2）按照国家相关标准对材料及主要设备进行检测。按照合同文件和工程设计文件进行的进场验收，应有书面记录和参加人签字，并应经监理工程师或建设单位验收人员确认；对材料、设备的外观、规格、型号、数量及产地等进行检查复核；主要设备或材料应有生产厂家的质量合格证明文件及性能的检测报告。

3）设备及材料的质量检查应包括安全性、可靠性及电磁兼容性等项目，并应由生产厂家出具相应检测报告。

4）弱电工程各子系统安装质量除应符合国家标准《智能建筑工程施工规范》GB 50606 规定外，尚应符合下列要求：

① 安装、调试人员应具有相应的专业资格或专项资格。

② 作业人员应经培训合格并持有上岗证。

③ 仪器仪表及计量器具应具有在有效期内的检验、校验合格证。

5）设备安装后应进行质量检测，并应符合下列要求：

① 各子系统的安装质量检测应执行现行国家或行业标准。

② 施工单位在安装完成后，应对系统进行自检，自检时应对检测项目逐项检测并做好记录。

③ 各子系统的所有接口由接口供应商提交接口规范和接口测试大纲，接口规范和接口测试大纲宜在合同签订时由弱电工程施工单位参与审定，施工单位应根据测试大纲予以实施，并应保证系统接口的安装质量。

④ 施工单位应组织有关人员依据合同技术文件、设计文件和本规范的相应规定，制定系统检测方案。

⑤ 按《智能建筑工程质量验收规范》GB 50339 要求填写检测记录。

6）软件产品质量保证措施

软件产品的使用许可证及使用范围须符合设计要求；用户应用软件、设计的软件组态及接口软件等，应进行功能测试和系统测试，并应提供包括程序结构说明、安装调试说明、使用和维护说明书等的完整文档。

3. 施工质量通病预防

弱电工程项目施工中的有些质量问题，由于其时常发生、重复出现，故称之为质量通病。质量通病在各专业施工中都有不同程度的存在，其量大面广，虽不影响使用功能，但有碍观感质量，影响工程质量。消除质量通病，是提高工程产品质量的关键环节之一。

(1) 质量通病的分析

在调查的基础上分析产生质量通病的原因，一般常用质量管理的方法分析原因。在分析原因时要注意四个方面的问题：

1) 要针对存在问题分析原因。

2) 分析原因要展示问题的全貌。

3) 分析原因要彻底，要一层一层解剖、分析，分析到能直接采取对策的具体因素为止。

4) 要正确恰当地应用统计方法。常用的方法有因果图、系统图、关联图等，从“人、机、料、法、环”各种因素查找原因。

(2) 弱电系统施工常见质量通病

1) 电源和信号线共管或同一线槽敷设。

2) 不同系统线缆共管敷设。

3) 盒、箱内进管，管口超过 5mm。

4) 电线管没有护口。

5) 钢管安装时，弯曲半径小，弯扁度超标，转弯处出现褶皱，造成穿线困难。

6) 线缆标识少于两个或标识不清。

7) 线槽之间没有等电位跨接线连接。

8) 蛇皮管和线槽连接未使用标准接头。

9) 管口不整齐有毛刺。

10) 线管之间连接直接采用对焊。

11）管子外保护层小于25mm。

12）线槽垂直干缆没有固定点。

13）室外电缆未采用低温电缆。

14）线缆没有防水、防鼠措施。

15）配线没有线号标识。

16）导线连接不牢固，连接处过热，配电箱内接线断股连接。

17）线缆中间接头不能检修。

18）管线穿过设备基础、卫生间或易受损伤地方。

19）线缆中间接头处理不可靠。

20）面板安装不牢靠。

21）室外和公共部位设备安装箱不上锁。

22）线-件连接不规范、不可靠。

23）控制台设备开口尺寸不合适。

24）室外电子设备不能满足冬季低温要求。

25）线架没有标识或标识为手写。

26）系统没有接地，或接地线连接不实（包括管、箱、设备、线槽的接地等）。

27）等电位连接或局部等电位连接不完善，存在安全隐患。

28）地面插座安装，地砖开孔过大。

29）卫生间开关面板处，瓷砖开孔过大。

30）同一墙面箱、盒的高度不一致。

31）综合布线测试报告没有电子文档。

32）综合布线离电气线路、电气设备太近，或离高温源太近，导致测试不合格。

33）综合布线信息插座没有标识。

34）信息插座或综合布线机柜缺电源插座等。

（3）弱电系统施工常见质量通病的预防

1）加强质量意识教育，牢固树立“质量第一”的观念。虽在工程项目上制定了防治质量通病的有效措施，然而，产生质量通病的根本原因往往并非技术原因，而是管理原因和员工质量意识不强等。

2）加强组织管理和协调工作，认真贯彻执行质量技术责任制。

3）坚持质量标准、严格检查。实行层层把关，协调各专业之间和相关方之间的相互配合协作，处理好接口关系。

4）针对分析的原因，根据现场实际情况，采取相应的防治对策。

5）对质量通病除进行必要的防治外，还必须对所采取的措施进行巩固。

6）防治质量通病，不仅仅是一个治理问题，应该“防”“治”结合，标本兼治，重在预防。质量控制的三个过程是“事前预防、过程控制和事后改进”，其核心是“事前预防”，应针对工程施工过程中可能出现的质量通病设立质量控制点，采取相应的预防措施。

7）认真研读弱电工程建设相关标准、规范、规程，提高工程建设的标准意识。

8）认真阅读和研究施工图纸等工程设计文件、弱电工程施工图册、产品说明书等技术资料，提高施工技能水平。

9）加强工程质量管理，严格执行各项工程质量管理与控制措施，以避免不合格情况的发生。

4. 成品保护

弱电的成品保护包括弱电成品与半成品的保护，既是对弱电工程施工产品的保护，也包含对现场其他专业施工成品、半成品的保护。

每道工序完成后所产生的成果，都应做好保护。对于弱电专业，主要包括管、线、桥架、箱体、机柜、井（盖）、设备以及软件等。

正确的施工顺序是做好成品保护的前提。颠倒施工顺序，将造成工序的交叉污染，而且防不胜防。组织施工前，应编制详细的施工计划，审核其工序的合理性，按经批准后的施工计划实施。

弱电工程成品保护的具体措施如下：

（1）针对不同子系统设备的特点，应制定成品保护措施。

（2）对现场安装完成的设备，应采取包裹、遮盖、隔离等必要的防护措施，并应避免碰撞及损坏。

（3）在施工现场存放的设备，应采取防尘、防潮、防碰、防砸、防压及防盗等措施。

（4）施工过程中，遇有雷电、阴雨、潮湿天气或者长时间停用设备时，应关闭设备电源总闸。

（5）软件和系统配置的保护应符合下列规定：

1）更改软件和系统的配置应做好记录。

2）在调试过程中应每天对软件进行备份，备份内容应包括系统软件、数据库、配置参数、系统镜像。

3）备份文件应保存在独立的存储设备上。

4）系统设备的登录密码应有专人管理，不得泄露。

5）计算机无人操作时应锁定。

除了采取正确的成品保护方法，还应建立相应的成品保护责任制度，将责任落实到人，加强对成品保护的工作巡查。

（七）成本管理

弱电工程项目成本管理是指在工程项目实施过程中，计划和控制成本，以确保项目在成本预算的约束条件下完成。成本管理也是在保证工期和质量、满足工程目标要求的情况下，利用组织措施、经济措施、技术措施以及合同措施把成本控制在计划范围内，并进一步寻求最大程度的成本节约。

对于弱电工程一线施工班组来讲，与成本管理密切相关的主要工作包括用工统计，设备、材料耗量统计以及工程量统计与上报等内容，这也是成本管理中最基本的基础性工作。

1. 用工统计

用工统计属于人工成本控制的范畴，其主要措施有：①严密劳动组织，合理安排生产工人进出场的时间；②严格劳动定额管理，实行计件工资制；③强化工程技术工人素质，提高劳动生产率等。

用工统计是工程建设成本核算的基础性工作，是人工费核算的重要依据之一。弱电用工统计范围是指在弱电工程施工过程中直接从事工程施工的弱电技术人员以及在施工现场直接为智能化工程制作配件和运料、配料的工人。班组长（工长）负责用工统计的具体事项，并按要求填报《用工统计表》。

2. 设备、材料耗量统计

弱电工程设备、材料耗量统计是弱电工程建设成本核算的基础性工作，是直接费核算的重要依据之一。做好设备、材料耗量统计工作的前提是熟悉智能化工程施工图纸、工程洽商与变更等相关技术资料。班组长（工长）负责设备、材料耗量统计的具体事项，并按要求组织填报《设备、材料耗量统计表》（如表 7-8 所示）。

设备、材料耗量统计表（样表） **表 7-8**

编号： 日期： 年 月 日

工程名称				期间			
序号	名称	单位	数量	单价	总价	说明	备注
填报人签字		班组长（工长）签字				项目负责人签字	

3. 工程量统计与上报

（1）工程量统计的意义

正确统计工程量，其意义主要表现在以下几个方面：

① 工程计价以工程量为基本依据，因此，工程量统计的准

确与否，直接影响工程造价的准确性，以及工程建设的投资控制效果。

② 工程量是施工企业编制施工作业计划，合理安排施工进度，组织现场劳动力、设备、材料以及施工机械的重要依据。

③ 工程量是施工企业编制工程形象进度统计报表，向工程建设投资方结算工程价款的重要依据。

（2）工程量统计的依据

工程量统计的依据主要包括以下几个方面：

① 施工图纸及配套的标准图集

弱电施工图纸及配套的标准图集，是弱电工程量计算的基础资料和基本依据。因为，施工图纸全面反映弱电施工的内容、设备安装与线缆敷设的路径和部位、各部位的尺寸及工程做法。

② 施工组织设计或施工方案

施工图纸主要表现拟建工程的实体项目、分项工程的具体施工方法及措施，应按相关弱电工程规范、施工组织设计或施工方案确定。

施工班组负责工程量的具体统计工作，并按要求填报《工程量统计表》，样表如表 7-9 所示。

工程量统计样表 **表 7-9**

编号：　　　　　　　　　　　　　　　　　　　　日期：　年　月　日

<table>
<tr><td>序号</td><td colspan="3">工程名称</td><td>单位</td><td colspan="2">数量</td><td colspan="2">备注</td></tr>
<tr><td></td><td colspan="3"></td><td></td><td colspan="2"></td><td colspan="2"></td></tr>
<tr><td></td><td colspan="3"></td><td></td><td colspan="2"></td><td colspan="2"></td></tr>
<tr><td colspan="2">填报人
签字</td><td></td><td>班组长（工长）
签字</td><td colspan="2"></td><td colspan="2">项目负责人
签字</td><td></td></tr>
</table>

（八）安全文明施工

1. 安全文明施工管理

（1）安全施工管理

安全施工是指处于避免人身伤害、设备损坏以及其他不可接受的损害风险状态下进行的施工活动。而安全施工管理则是指对施工过程中涉及安全方面的事宜进行计划、组织、协调和控制等一系列的管理活动，从而保证施工中的人身、设备、财产安全和适宜的施工环境。

1）安全施工管理的基本程序

工程施工安全管理是指对建设活动过程中所涉及的安全事项进行的管理，包括建设行政主管部门对建设活动中的安全问题所进行的行业管理和从事建设活动的主体对自己建设活动的安全施工所进行的企业管理。从事建设活动的主体所进行的安全施工管理包括建设单位对安全施工的管理，设计单位对安全施工的管理，施工单位对安全施工的管理等。

安全管理的基本程序如图 7-5 所示。

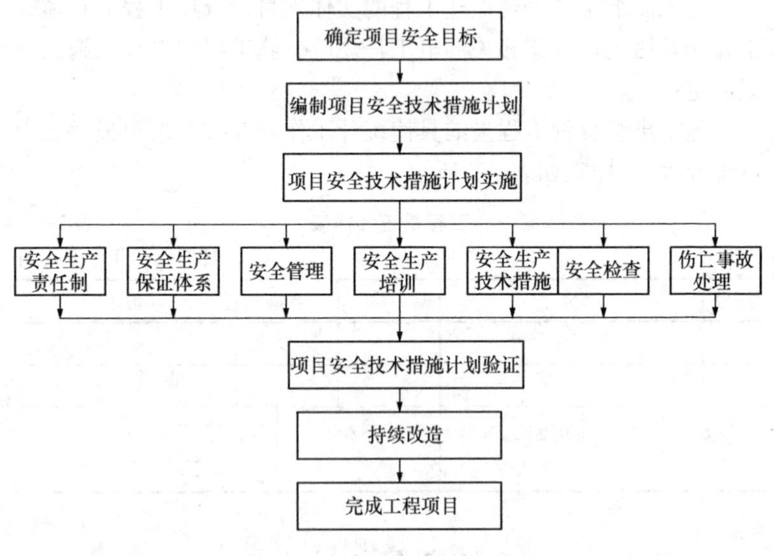

图 7-5　安全管理基本程序

2）安全施工管理的主要内容

① 建立安全施工责任制

安全施工责任制是根据“安全第一，预防为主”的方针和“管施工的同时必须管安全”的原则，将企业各级领导、各职能部门和各类工程人员在施工活动所负的安全职责进行明确规定的一种制度。

安全责任制有项目经理岗位职责、技术负责人安全施工职责、工长安全施工职责、安全员的安全职责、施工员安全职责、班组长安全责任、质量安全员职责、工程建设人员安全施工职责等。

② 设定施工安全管理目标

施工安全管理目标应依据国家的有关法律法规、安全管理的主要方针以及施工企业的发展目标来制定。

施工安全管理目标应包括生产安全事故控制指标、安全生产隐患治理目标，以及安全施工、文明施工管理目标等，安全管理目标应量化。如在某工程的施工组织设计中，将安全管理目标设定为：确保无重大工伤事故、无消防事故、无重要设备损坏事故、杜绝死亡事故、轻伤率控制在千分之三以内等。

③ 编制安全专项施工方案，制定安全技术措施

(a) 安全专项施工方案

对于建筑智能化施工项目来说，施工单位一般应在开工前编制施工现场临时用电专项方案，并提交监理工程师审批。

(b) 安全技术措施

弱电施工项目的安全技术措施如表 7-10 所示。

弱电施工项目的安全技术措施　　表 7-10

序号	安全技术措施	备注
1	进入施工现场，应佩戴安全帽，有高空作业时，必须系好安全带	
2	对于采用的新工艺、新材料、新技术等施工项目，制定有针对性的、行之有效的专门安全技术措施	
3	施工前及施工期间应进行安全技术交底	

续表

序号	安全技术措施	备注
4	施工现场用电必须按照《建设工程施工现场供用电安全规范》GB 50194 的规定执行	
5	搬运设备、器材应保证人身及器材安全	
6	采用光功率计测量光缆，不应用肉眼直接观测	
7	登高作业，必须系好安全带，脚手架和梯子应安全可靠，梯子应有防滑措施，严禁两人同梯作业	
8	风力大于四级或雷雨天气，严禁进行高空或户外安装作业	
9	在安装、清洁有源设备前，必须先将设备断电，不得用液体、潮湿的布料清洗或擦拭带电设备	
10	设备必须放置稳固，并防止水或湿气进入有源硬件设备机壳	
11	确认工作电压同有源设备额定电压一致	
12	弱电硬件设备工作时不得打开外壳	
13	在更换电源插接板时宜使用防静电手套	
14	应避免践踏和拉拽电源线	
15	带电作业必须两人（或多人）进行，禁止一个人操作，所有用电设备必须装设漏电保护器，并严格执行定期检查维修制度	
16	使用手动电气设备时，设备外壳必须接地，潮湿处应穿绝缘鞋，戴绝缘手套，以防触电；使用电焊、气焊时，应戴防护帽和手套，配合人员戴护目镜	
17	使用摇表测试绝缘电阻时，应防止触及正在测试中的线路或设备，测定后立即放电	
18	禁止带强电操作，禁止带负荷送电或断电，试灯或通电试验时的导线接头必须包好绝缘胶布，导体不得裸露在外，带电设备应挂警告牌	
19	施工中使用的临时线路，必须布置整齐、安全，不得有破裂和线芯裸露在外的现象，用完后应立即断电	

④ 安全技术交底

(a) 安全技术交底的内容

安全技术交底是一项技术性很强的工作，对于贯彻设计意图、严格实施技术方案、按图施工、循规操作、保证施工质量和施工安全至关重要。

安全技术交底须对公司、项目部、施工班组层层进行。一般来说在不同层次之间，以及针对不同的分部、分项工程进行的安全技术交底，其内容和深度也不尽相同。

(b) 安全技术交底的要求

项目经理部必须实行逐级安全技术交底制度，纵向延伸到班组全体作业人员。技术交底必须具体、明确，针对性强，交底内容应针对分部、分项工程施工中给作业人员可能带来的潜在危险因素和问题，应优先采用新的安全技术措施，对于涉及“四新”项目或技术含量高、技术难度大的单项技术设计，必须经过两阶段技术交底，即初步设计技术交底和实施性施工图技术设计交底。

安全技术交底还应将工程概况、施工方法、施工程序、安全技术措施等向工长、班组长进行详细说明，定期向由两个以上作业队和多工种进行交叉施工的作业队伍进行书面交底。安全技术交底应做记录等。安全技术交底记录格式如表 7-11 所示。

某弱电工程安全技术交底记录格（样表）　　**表 7-11**

工程名称	×××工程	施工单位	×××公司
分部工程	建筑智能化系统	分项工程	停车场管理系统

交底内容：

为确保安全生产和施工质量，杜绝一切不安全事故和质量事故的发生，结合本工程施工特点，特作如下安全技术交底。

1. 凡参加施工的人员必须严格遵守《电工安全技术操作规范》通用部分的全部条款。

2. 进入施工现场必须正确戴好安全帽，系紧帽带，在施工过程中，严禁脱帽，严禁穿拖鞋、带钉易滑鞋、高跟鞋、短裤、短衫等上班。严禁酒后上班。

续表

工程名称	×××工程	施工单位	×××公司
分部工程	建筑智能化系统	分项工程	停车场管理系统

3. 施工前，应检查周围环境是否符合安全生产要求，劳动保护用户是否完好，如发现危及安全工作的因素，应立即向技安部门或施工负责人报告，清除不安全因素后，方能进入工作。

4. 各专业交叉施工过程中，应按指定的现场道路行走，不能从危险区域通过，尽可能地避开土建塔吊物运行轨迹，不能在吊物下通过、停留。要注意与运转着的机械保持一定的安全距离。

5. 在预埋管道时，应注意操作区域内的钢筋及模板，防止铁钉扎脚和被钢筋绊倒，同时也要注意上方的脚手架临时走道，防止高处物体坠落打击伤人。

6. 在高空作业时，(2.5m 以上) 要正确佩戴牢固无损的安全带，被挂点要牢固可靠，安全带实行高挂低用，严禁在高处向下抛物。

7. 使用人字梯时，必须垫平放稳，两梯脚与地面的夹角应不大于 60°，且两梯面应用挂钩或索具接牢，不允许两人或两人以上在同一张人字梯上作业。使用单面梯时，低脚与地面的角度应不小于 45°，在梯上操作时，地面应有专人配合和监护，严禁借身体来缩短与施工点的水平距离，把重心移至人字梯外，操作时应用绊位人字梯挡。

8. 使用各种电动工具时，必须采用一机一闸一保一箱一锁等保护措施，电源线路必须回空引走，架空线路以高于人体头部 0.5m 为宜。严禁将线路直接拖挂或绑扎在钢管脚手架上，使用手持电动工具必须戴好绝缘手套。

9. 使用电焊机设备，首先要进行绝缘测试，符合标准方可使用，并要定期测试，做好记录，在使用过程中，焊机一次线不得超过 5m，二次线不得超过 30m，并做好焊机的防潮与防雨水措施。

10. 使用气焊设备时必须采用检验合格的氧气表，乙炔瓶上必须配有回火装置。严禁在气焊瓶处明火抽烟，使用气焊设备时，氧气乙炔瓶与割焊点必须保持 10m 以上距离。气焊设备旁严禁堆放易燃物品。

11. 施工现场临时用电线路严禁乱接，在施工中需要用电时，必须由现场专职电工进行搭接，所用的电箱必须符合“临电规范”要求

交底人签字		交底日期	20　　年　月　日
接受人签字			

⑤ 安全教育

安全教育是为了让参加工程项目建设的各类人员提高安全意识，掌握安全操作规程，减少和消灭不安全行为。下列人员应该进行安全教育：

(a) 企业领导、企业安全管理人员、项目经理、技术负责人、项目专（兼）安全员应参加地方政府、上级安全主管部门举办的安全教育培训，取得上岗资格证和专职安全员证；

(b) 电工、焊工、机动车驾驶员、起重机械作业、登高架设、压力容器操作等特种作业人员，必须经过专门的安全技术培训，并考核合格，取得有效的《特种作业人员操作证》后方可上岗作业；

(c) 凡进入施工现场作业的人员（包括临时工、实习生、新入场工人），都必须接受公司、项目、班组“三级”安全教育培训合格后，方可上岗；

(d) 项目施工人员在安全技术新标准、新规程的颁布，重大安全技术措施的实施，新工艺新技术的推广应用，伤亡事故的发生情况下，必须接受专门的安全教育培训。

另外，在施工期间不限于进行一次安全教育，安全教育必须坚持不懈，经常不断地进行，形成经常性的安全教育，其形式包括：班前班后安全活动，安全生产会议，事故现场会，安全宣传标语、标志等。

⑥ 安全检查

工程项目安全检查的目的是为了清除隐患、防止事故发生、改善劳动条件及提高员工安全生产意识。施工项目的安全检查应由项目经理组织，定期进行。

安全检查的主要类型有：全面安全检查、经常性安全检查、专业或专职安全管理人员的专业安全检查、节假日检查和不定期检查等。

安全检查的主要内容包括：检查人们的安全意识是否淡漠，检查安全制度的制定和落实情况，检查安全管理工作是否做到位，现场的安全隐患、安全整改措施和安全事故的处理情况等。

建筑智能化施工项目安全检查的重点是检查违章指挥和违章作业情况。在安全检查过程中应编制安全检查报告，说明已达标项目或未达标项目、存在的问题和原因分析，以及纠正和预防措施。

安全检查方法包括一般检查法和安全检查表法，实际工程中往往是二者结合起来使用。一般检查方法主要有：听、问、嗅、看、量、测、试运转等；安全检查表是通过事先拟定的安全检查明细表或清单，对安全施工情况进行初步诊断和控制。安全检查表种类繁多，应根据项目的具体特点来选用。

（2）文明施工管理

文明施工是指保持施工现场良好的作业环境、卫生环境和工作秩序。因此，文明施工管理也是保护环境的一项重要措施。

1）文明施工管理的主要内容

① 规范施工现场的场容，保持作业环境的整洁卫生；

② 科学组织施工，使施工有序进行；

③ 减少施工对周围居民和环境的影响；

④ 保证职工的安全和身体健康。

2）文明施工的组织和制度管理

施工现场应成立以项目经理为第一责任人的文明施工管理组织。分包单位应服从总包单位的文明施工管理组织的统一管理，并接受监督检查。

各项施工现场管理制度应有文明施工的规定。包括个人岗位责任制、经济责任制、安全检查制度、持证上岗制度、奖惩制度、竞赛制度和各项专业管理制度等。

加强和落实现场文明检查、考核及奖惩管理，以促进施工文明管理工作质量提高。检查范围和内容应全面周到，包括施工现场、生活区、场容场貌、环境文明及制度落实等内容。检查发现的问题应及时采取整改措施。

3）文明施工的资料管理

工程项目部应建立完善的文明施工资料管理制度，其文明施工管理资料主要包括下列内容：

① 上级关于文明施工的标准、规定、法律法规等资料；

② 施工组织设计（方案）中对文明施工的管理规定，各阶段施工现场文明施工的措施；

③ 文明施工自检资料；

④ 文明施工教育、培训、考核计划的资料；

⑤ 文明施工活动各项记录资料等。

2. 现场文明施工的基本要求

（1）施工现场应做到围挡、大门、标牌标准化，材料码放整齐化，安全设施规范化，生活设施整洁化，职工行为文明化，工作生活秩序化。

（2）施工中要做到工完场清、施工不扰民、现场不扬尘、运输无遗洒、垃圾不乱弃，努力营造良好的施工环境。

3. 文明施工的保证措施

（1）施工现场要按照施工平面图的要求进行布置，施工单位应当将施工现场的办公、生活区与作业区分开设置，并保持安全距离；办公、生活区的选址应当符合安全性要求。职工的膳食、饮水、休息场所等应当符合卫生标准。施工单位不得在尚未竣工的建筑物内设置员工集体宿舍。

（2）施工现场必须实行封闭管理，设置进出口大门，制定门卫管理制度，严格执行外来人员登记制度。沿工地四周连续设置围挡，市区主要路段和其他涉及市容景观的路段，工地的围挡高度不低于2.5m，工地其他的围挡高度不低于1.8m，围挡材料要求坚固、稳定、统一、整洁。

（3）施工现场必须设有“五牌二图”，即工程概况牌、管理人员名单及监督电话牌、消防保卫牌、安全生产牌、文明施工牌、施工现场平面布置图和施工进度图。

（4）施工现场应推行硬地坪施工，作业区、生活区的地面应用混凝土进行硬化处理；现场的泥浆、污水、废水严禁外流或堵塞下水道和排水河道，现场道路每天设专人清扫。

（5）建筑材料、构配件、料具做到安全、分门别类整齐堆放，悬挂标牌，不用的施工机具和设备应及时安排出场。

（6）现场宿舍应保持通风良好、整洁、安全，宿舍内的床铺不得超过 2 层，严禁使用通铺；食堂应有良好的通风和洁卫措施，炊事员须持健康证上岗；现场还应设置男女分开的淋浴室和厕所。

（7）建立消防管理制度和火灾应急响应机制，并落实责任人员和防火措施，配备防火器材；需要使用明火的，严格按动用明火规定执行。

（8）现场应配备医疗急救药品和急救箱。

（9）建立安全保卫制度，落实责任人，加强治安综合治理和社区服务工作，避免盗窃事件和扰民事件的发生。

（10）现场应设宣传栏、报刊栏，悬挂安全标语和安全警示标志等。

4. 安全应急预案的编制

工程承包单位应在施工前制定安全生产应急预案，适应可能发生的各类安全生产事故应急救援工作的需要。安全生产应急预案应当根据施工项的危险性分析状况、重大危险源情况以及本行业、本地区易发事故等因素编制。

（1）安全应急预案内容的体系框架

安全生产应急预案包括综合应急预案、专项应急预案和现场处置方案，三者要相互衔接，形成预案体系。并应及时报送当地政府安监管理部门审批。

安全生产应急预案应满足以下要求：

1）符合国家相关法律、法规、规章和政策规定。

2）与相关应急预案有效衔接。

3）与事故风险和应急能力相适应。

4）组织机构分工明确、责任落实。

5）应急程序和保障措施清晰具体、操作性强。

6）要素完整，文字简洁，信息准确。

施工单位生产安全事故应急预案的体系框架或主要内容如下：

1）总则。

2）组织机构和职责。

3）应急预案的启动依据。

4）报警及通信、联络方式。

5）重大事故应急救援程序（各类事故应急救援专项预案）。

6）应急程序技能的培训与演习。

施工现场应急预案的主要内容包括：

1）目的。

2）适用范围。

3）组织机构和职责。

4）应急救援指挥流程图。

5）救护器材、人员培训与演习。

6）应急响应和救援程序。

（2）建立项目部安全生产事故应急预案

1）根据对施工现场危险源的辨识，预测出可能发生伤亡事故的类型、区域。

2）制定相应的应急预案和相应计划，并绘制“项目部应急救援程序图”（图 7-6）。应急预案应包括下列内容：

① 当紧急情况发生时，应规定报警、联络方式和报告内容，

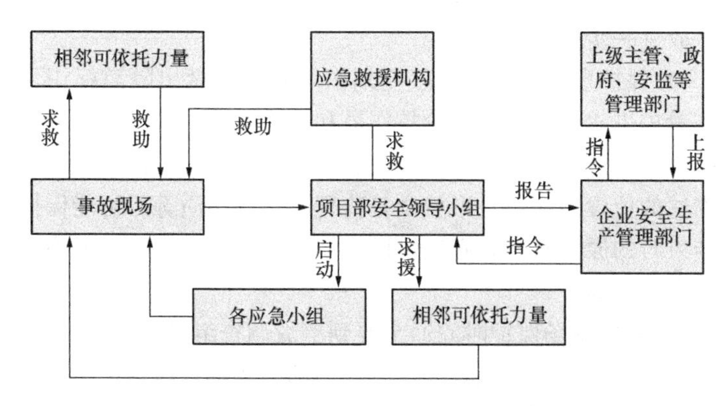

图 7-6　项目部应急救援程序图

确定指挥者、参与者及其责任和义务以及信息沟通的方式，保证预案内部的协调。

② 确定与外部的联系。包括政府有关机构、近邻单位和居民、消防、医院等部门，请求外部援助或及时通知外部人员疏散。

③ 明确施工作业场所内的人员，包括急救、医疗救援、消防等应急人员的疏散方式和途径。

④ 应配备必要的应急设备，如报警系统、应急照明、消防设备、急救设备、通信设备等。

3）应急预案落实到相关的每一个人、每台应急设备，必要时应进行演练，确保应急预案的有效性和适用性。

（3）伤亡事故发生时的应急预措施

施工现场伤亡事故发生后，项目部应立即启动“安全生产事故应急救援预案”，各单位或部门应根据预案的组织分工和预定程序立即开始抢救工作。

1）施工现场人员要有组织、听指挥，首先抢救伤员。除现场对伤员进行必要的紧急处理外，要根据预案的安排，立即联系有关急救医院进行抢救，争取抢救时间，尽一切可能减少伤势的恶化和死亡的发生。

2）在抢救伤员的同时，应迅速排除险情，采取必要措施防止事故进一步扩大。

3）保护事故现场，一般要划出隔离区，做出隔离标识，并设人看护事故现场。确因抢救伤员和排险要求，而必须移动现场物品时，应当做好标记和书面记录，妥善保管有关证物；现场各种物件的位置、颜色、形状及其物理、化学性质等尽可能保持事故结束时的原来状态，必须采取一切可能的措施，防止人为或自然因素的破坏。

4）事故现场保护时间通常要到事故调查组对事故现场调查、现场取证完毕，或当地政府行政管理部门或调查组认定事实原因已清楚时，现场保护方可解除。

参考文献

[1] 中国建筑业协会智能建筑分会. 中国智能建筑行业发展报告[M]. 北京：中国建筑工业出版社，2013.

[2] 程大章. 智能建筑理论与工程实践[M]. 北京：机械工业出版社，2009.

[3] 建筑施工特种作业人员培训教材编审委员会. 建筑电工 [M] . 北京：中国建筑工业出版社，2017.

[4] 中国建筑标准设计研究院. 国家标准图集，09X700 智能建筑弱电工程设计与施工. 北京：中国计划出版社，2010.

[5] 五洲工程设计研究院. 04D701—3 电缆桥架安装图集. 中国建筑标准设计研究院，2004.

[6] 符长青，毛剑英. 智能建筑工程项目管理[M] . 北京：中国建筑工业出版社，2007.